U0303206

科 学 史 译 丛

无限与视角

〔美〕卡斯滕·哈里斯 著

张卜天 译

商务印书馆
创于1897　The Commercial Press

Karsten Harries

INFINITY AND PERSPECTIVE

Copyright © 2001 Massachusetts Institute of Technology

根据麻省理工学院出版社 2001 年版译出

本书翻译受北京大学人文社会科学研究院资助

插图 1：《墓地圣妇面对复活天使》（*Holy Women at the Sepulchre Confronted by the Angel of the Resurrection*），出自《亨利二世福音摘录》（*King Henry II's Book of Pericopes*, 1002—1014）

插图 2：安布罗焦·洛伦采蒂（Ambrogio Lorenzetti），
《圣母领报》（*Annunciation*, 1344）

插图 3：圣母生活大师作坊（Workshop of the Master
of the Life of the Virgin），《圣休伯特的皈依》
（*Conversion of St. Hubert*，约 1480—1485）

插图 4：罗吉尔·范德韦登（Rogier van der Weyden），
《圣路加绘制圣母像》（*St. Luke Drawing the Virgin*, 1435）

插图 5：汉斯·荷尔拜因（Hans Holbein the Younger），《出访英国宫廷的法国大使》（*The French Ambassadors of King Henri II at the court of the English King Henry VIII*, 1533）

插图 6：彼得·勃鲁盖尔（Pieter Brueghel the Elder），
《伊卡洛斯的坠落》（*Landscape with the Fall of Icarus*, 1558）

《科学史译丛》总序

现代科学的兴起堪称世界现代史上最重大的事件,对人类现代文明的塑造起着极为关键的作用,许多新观念的产生都与科学变革有着直接关系。可以说,后世建立的一切人文社会学科都蕴含着一种基本动机:要么迎合科学,要么对抗科学。在不少人眼中,科学已然成为历史的中心,是最独特、最重要的人类成就,是人类进步的唯一体现。不深入了解科学的发展,就很难看清楚人类思想发展的契机和原动力。对中国而言,现代科学的传入乃是数千年未有之大变局的中枢,它打破了中国传统学术的基本框架,彻底改变了中国思想文化的面貌,极大地冲击了中国的政治、经济、文化和社会生活,导致了中华文明全方位的重构。如今,科学作为一种新的"意识形态"和"世界观",业已融入中国人的主流文化血脉。

科学首先是一个西方概念,脱胎于西方文明这一母体。通过科学来认识西方文明的特质、思索人类的未来,是我们这个时代的迫切需要,也是科学史研究最重要的意义。明末以降,西学东渐,西方科技著作陆续被译成汉语。20世纪80年代以来,更有一批西方传统科学哲学著作陆续得到译介。然而在此过程中,一个关键环节始终阙如,那就是对西方科学之起源的深入理解和反思。应该说直到20世纪末,中国学者才开始有意识地在西方文明的背景下研究科学的孕育和发展过程,着手系统译介早已蔚为大观的西方科学思想史著作。时至今日,在科学史这个重要领域,中国的学术研究依然严重滞后,以致间接制约了其他相关学术领域的发展。长期以来,我们对作为西方文化组成部分的科学缺乏深入认识,对科学的看法过于简单粗陋,比如至今仍然意识不到基督教神学对现代科学的兴起产生了莫大的推动作用,误以为科学从一开始就在寻找客观"自然规律",等等。此外,科学史在国家学科分类体系中从属于理学,也导致这门学科难以起到沟通科学与人文的作用。

有鉴于此,在整个20世纪于西学传播厥功至伟的商务印书馆决定推出《科学史译丛》,继续深化这场虽已持续数百年但还未结束的西学东渐运动。西方科学史著作汗牛充栋,限于编者对科学史价值的理解,本译丛的著作遴选会侧重于以下几个方面:

一、将科学现象置于西方文明的大背景中,从思想史和观念史角度切入,探讨人、神和自然的关系变迁背后折射出的世界观转变以及现代世界观的形成,着力揭示科学所植根的哲学、宗教及文化等思想渊源。

二、注重科学与人类终极意义和道德价值的关系。在现代以前,对人生意义和价值的思考很少脱离对宇宙本性的理解,但后来科学领域与道德、宗教领域逐渐分离。研究这种分离过程如何发生,必将启发对当代各种问题的思考。

三、注重对科学技术和现代工业文明的反思和批判。在西方历史上,科学技术绝非只受到赞美和弘扬,对其弊端的认识和警惕其实一直贯穿西方思想发展进程始终。中国对这一深厚的批判传统仍不甚了解,它对当代中国的意义也毋庸讳言。

四、注重西方神秘学(esotericism)传统。这个鱼龙混杂的领域类似于中国的术数或玄学,包含魔法、巫术、炼金术、占星学、灵知主义、赫尔墨斯主义及其他许多内容,中国人对它十分陌生。事实上,神秘学传统可谓西方思想文化中足以与"理性"、"信仰"三足鼎立的重要传统,与科学尤其是技术传统有密切的关系。不了解神秘学传统,我们对西方科学、技术、宗教、文学、艺术等的理解就无法真正深入。

五、借西方科学史研究来促进对中国文化的理解和反思。从某种角度来说,中国的科学"思想史"研究才刚刚开始,中国"科"、"技"背后的"术"、"道"层面值得深究。在什么意义上能在中国语境下谈论和使用"科学"、"技术"、"宗教"、"自然"等一系列来自西方的概念,都是亟待界定和深思的论题。只有本着"求异存同"而非"求同存异"的精神来比较中西方的科技与文明,才能更好地认识中西方各自的特质。

在科技文明主宰一切的当代世界,人们常常悲叹人文精神的丧失。然而,口号式地呼吁人文、空洞地强调精神的重要性显得苍白无力。若非基于理解,简单地推崇或拒斥均属无益,真正需要的是深远的思考和探索。回到西方文明的母体,正本清源地揭示西方科学技术的孕育和发展过程,是中国学术研究的必由之路。愿本译丛能为此目标贡献一份力量。

张卜天

2016 年 4 月 8 日

中译本序

我在本书第十六章提到,海森伯在《当代物理学的自然图景》(*Das Naturbild der heutigen Physik*)①中引用庄子的一则故事来表达他的担忧:我们的技术已经不再是一种帮助我们活得更加人性的工具,而是可能剥夺人性,成为第二种本性。2007年,我在上海复旦大学作系列讲座时又一次想到了这个故事。② 在我看来,与技术和地球达成一种真正恰当的关系,实在太过重要。多年来,这些关切一直萦绕在我心中,这正是我撰写《无限与视角》的动机。该书考察了我们现代世界的起源,以更好地理解我们对实在的理解(这是现代科学技术的前提)的正当性和局限性。我的关切正如庄子在2500多年前那则故事中所说:

> 子贡南游于楚,反于晋,过汉阴,见一丈人方将为圃畦,凿隧而入井,抱瓮而出灌,搰搰然用力甚多而见功寡。子贡曰:"有械于此,一日浸百畦,用力甚寡而见功多,夫子不欲乎?"为圃者仰而视之曰:"奈何?"曰:"凿木为机,后重前轻,挈水若

---

① Werner Heisenberg, *Das Naturbild der heutigen Physik* (Hamburg: Rowohlt, 1955), pp. 15 – 16.

② 参见 Karsten Harries, *Why Art Matters. The China Lectures*, April 5 – April 8, 2007, Shanghai, Fudan University, http://karstenharries. commons. yale. edu。

抽,数如泆汤,其名为槔。"为圃者忿然作色而笑曰:"吾闻之吾师,有机械者必有机事,有机事者必有机心。机心存于胸中则纯白不备。纯白不备则神生不定。神生不定者,道之所不载也。吾非不知,羞而不为也。"子贡瞒然惭,俯而不对。

在海森伯看来,这则故事在今天仍有重大意义。他指出,精神的不安"也许是在目前的危机中对人类状态的一种恰如其分的描述"。[①] 这种不安的根源在于一种持续改变世界的进步精神。不断进步的技术开辟了无数超乎想象的可能性,但同时也可能使我们疏离自身。自由的增长使一个问题比以往任何时候都更加紧迫:什么能够约束这种自由? 什么能够应对我们的不安?

当然,这是一则十分古老的故事,反映了一种非常不同的生活方式。技术和机器在世界各地的蔓延程度已经远远超出了中国圣贤的想象。但海森伯说的难道不对吗? 我们难道不是必须学会让中国圣贤的智慧与机器共存吗? 诚然,如果我们今天效法庄子笔下的为圃者,那将是完全不负责任的:无数问题要求我们接受他要我们拒绝的东西。拒绝技术就是拒绝面对我们今天的问题。我们需要更多、更好的技术。我们必须负责任地使用技术,这是毋庸置疑的。

然而,应当如何理解这种责任? 海森伯认为,认真吸取这则故事的教益非常重要。关于现代世界图景的前提以及现代世界图景是如何由科学技术塑造的,我们理解得越深入,那位为圃者的忧虑

① Heisenberg,p. 16.

就越显得有道理。今天的世界使我们不可能没有"机事"。为圃者说的不错:"有机事者必有机心。"本书正是源于这样的忧虑,它试图帮助阐明现代世界的谱系,以更好地理解其正当性和局限性。

这一谱系的关键在于我所谓的"视角原理"(principle of perspective)。它可以很一般地表述如下:要把一个视角作为一个视角来思考,在某种意义上就已经超越了它,就已经认识到了它的局限。我们只能看到无法如其自身地显示自己的某种东西的一种视角性显现。要想意识到视角,不仅要意识到所看到的东西,而且要意识到我们特定的视角是如何让所看到的东西以那种方式显现的。

意识到我的视角如何让事物那样显现给我,不能脱离另一种认识:对某一特定视角的意识必然伴随着对其他可能视角的意识。这种意识是一种解放。当我认识到此时此地对我之所见施加的限制时,我必定在某种意义上已经超越了这些限制,能够想象和构想彼时彼地。我现在碰巧所处的位置并非牢狱。我不仅能够移动,而且在想象和思想中,我即使没有移动也能超越这些限制。自我能把自身提升到超越于最初束缚它的各种视角,这种能力要求作出越来越恰当的(即较少受视角束缚的)、在理想状况下真正客观的描述,从而要求一种越来越摆脱视角性扭曲的对实在的理解。正如本书试图表明的,科学的进步回应了这一要求。追求真理要求自由,而自由不承认任何限制。自由的理智使我们认为,甚至理性也对我们的见解构成了束缚。正如库萨的尼古拉、布鲁诺和笛卡儿所认识到的,我们的自由不可避免会把我们引向理性所无法把握的无限。庄子的为圃者所谴责的不安与我们的自由密不可分。作为本质上自由的存在者，我们只能梦想在天堂中获得安宁。

弗朗西斯·培根和笛卡儿等现代世界的创始人梦想有一种科学和技术能够创建这样一个天堂。这一梦想至今仍然很有活力，但它对理性要求太高，只可能是一个白日梦。尼采宣布上帝死了之后，人们意识到单凭理性无法提供真正的居所。我们内心深处对我们的客观化理性所提供的精神环境和物质环境感到不满。我们还想要某种不同的东西。但我们想要的是什么呢？

我们是两栖动物，既属于大地，又属于自由精神。于是，我们一方面试图亲近大地，梦想着庇护所和天堂；另一方面又要求自由，梦想着探索未知。我们还梦想有一种生存方式能够弥合归家的渴望与探索太空的向往之间的裂隙。但只有保持这一裂隙（它把我们沿着相反的方向拉扯），一种真正人性的栖居才有可能。

作为科学进步的代价，料想的中心和根基的不断丧失是否意味着人类不应试图使自己成为中心？人难道不是万物的量度吗？15世纪上半叶，阿尔贝蒂和库萨的尼古拉重新发现了普罗泰戈拉这一名言的重大意义，标志着现代世界图景开始出现，没过多久，该图景便会否认地球在宇宙中的中心位置。正如现代世界图景的开端所暗示的，地心说与人类中心主义之间并无逻辑关联，这也意味着，科学上宇宙中心的必然丧失与生存论上人类中心的丧失之间并无逻辑关联。毫无疑问，哥白尼革命以及后续革命否认我们的位置近乎于某个料想的宇宙中心。我这里不仅想到了康德的哥白尼式的革命，它否认我们能够认识事物本身；而且想到了达尔文革命，它要求把人理解成按照猿的形象而非神的形象创造的；我还想到了弗洛伊德革命，它要我们把自我理解成受制于无意识的冲动,这些冲动使我们无法做自己的主人。在某种意义上,科学的进步已经把人类远远抛在后面,抛得是如此之远,以致科学尽管致力于客观性,却不再能够看到完整的人,看到自由的、负责任的人。我们的生活世界虽然日益为技术所塑造,但并不能按照海德格尔所设想的技术世界图景,被客观化的理性所充分理解。海德格尔的《世界图景的时代》(Die Zeit des Weltbildes)一文①虽然把握了某种本质,但仍然只是一幅漫画。科学技术尽管把我们远远抛在后面,但把我们留在了家里,给我们留下了家。

科学的进步,特别是天文学和宇宙航行学的进步,的确已经使世界祛魅。维特鲁威笔下的原始人仰望星空时,体验到那里有一种更高的、无时间的逻各斯。人类的居所曾在这种超越的逻各斯中找到了自己的量度。中世纪的人对星空的体验与此大体相同。但星空对我们意味着什么呢? 人造光和空气污染已经使我们越来越难看到群星。把黑夜变成白昼的人造光、电脑屏幕的光不是已经足够亮了吗? 我们的理性之光,这一"自然之光"(lumen natu-rale)不也是一样吗? 科学使我们认为它与其说是一种天赋,不如说它本身就是自然的产物。哪里还需要神的存在?

然而,在地心说世界图景终结之后,在上帝死了之后,仍然有一种需求留存了下来:不在宇宙中感到孤独,希望体验到某种精神能对我们自己的精神作出回应。我们的科学难道不是要求有地外智能生命存在吗? 现代世界图景让我们把地球看成绝不是独一无

---

① Martin Heidegger, "Die Zeit des Weltbildes," in *Holzwege, Gesamtausgabe*, vol. 5(Frankfurt am Main: Klostermann, 1977), pp. 75 – 113.

二的，与此同样古老的是相信我们迟早会在某处遇到智能生命。库萨的尼古拉从古代和中世纪家园般的宇宙中剥夺了地球的中心位置，并用一个无限宇宙取而代之。他已经设想其他星球上可能存在着智慧居民，这种想法将在布鲁诺、开普勒乃至开明的康德那里一再重现。尽管这些期待一再受挫，尽管目前的细节仍然模糊不清，但我们的科学依然试图证明这些期待是正当的，因为它坚称智能生命是自然过程的产物。物质从一开始就必定会产生精神。考虑到我们的准无限宇宙，认为智能生命只出现过一次，也就是在这个地球上，这难道不是另一种人类中心主义偏见吗？科学不会为真正独一无二的东西留出余地。科学所能理解的一切都是原则上可重复的。

不幸的是，除地球以外，事实证明我们的行星系非常不适合居住。虽然在月亮和火星上据说已经发现了冰的遗迹，但并未发现智能生命的遗迹。我们的天文学家用望远镜探入了更远的太空，也就是更远地追溯宇宙的历史，但并未发现我们所希望或畏惧的地外生命。天文学每进展一步，我们就越确信自己是孤独的。汉斯·布鲁门伯格（我追随他思考这些问题，并把本书献给他）把自己视为被技术留在家里的人。他促请我们也把自己视为被科学、技术和宇宙航行学的进步留在家里的人。留在家里！这可能意味着没有充分享用精神的发展及其承诺，但也可能意味着，进步为我们留下了我们的家，没有摧毁我们人类将永远拥有的这个唯一的家。虽然我们的理性已经把地球移出了宇宙的中心，但这并不妨碍我们把地球体验为我们生活的中心。把一个人当作一个人来体验是体验某种独特的东西，把一朵美丽的花当作这朵花来体验也是如此。客观化的理性无法公正对待这种体验。我们必须牢记这种局限性。

伊卡洛斯受太阳光芒的引诱，在地球上方展翅高飞，最终却坠落海洋。我们这些随同布鲁门伯格把自己视为被技术进步留在家里的人，不会受这种伊卡洛斯式飞翔前景的诱惑，尽管为了满足自己的好奇心，我们可以安详地坐在房间里，饶有兴致地读着各种勇敢探险家的经历，即使他们的飞翔有时会以灾难而告终。我们知道，追求真理需要这样的飞翔。但我们也了解到，单凭理性不足以为生活赋予意义，那需要与他人一起居住在这个独特的地球上。因此，我们不会受太空探索的诱惑，设想有朝一日能够离开地球，在火星或其他某个天体上找到殖民地。恰恰相反！对这些旅行的思考只会使地球变得更加可爱和像家，一如冬季屋外肆虐的暴风雪会使我们更加感怀屋内的温暖。

只有在一种熟悉的精神显示自身的地方，我们才能体验到家的感觉。精神必须回应精神。因此，维特鲁威笔下的原始人才会以他们所理解的星空中的精神秩序为形象来建造房屋，它所庇护的是灵魂而非身体。但这种叙述在多大程度上对我们还有意义？今天还有谁在仰望星空时还能体验到一种更高的逻各斯的存在？科学的进步，特别是天文学的进步所带来的祛魅无法撤销。但这种祛魅正开始让位于一种越来越深的、日益增长的对我们脆弱地球的独特性的认识。不论是否喜欢，我们人类仍然与这个家园紧密联系着，它仍是我们生活世界的中心。我们出于自身的本性而与这个地球、与人类栖居的大地联系在一起，所有意义的根源都在其中。由这种洞见应当产生一种新的责任，它源于同时洞察到客观化理性的正当性和局限性。[①] 我们应当带着这种责任而在这个脆弱的地球上生活。我们需要一种新的地心说。通过探究现代世界图景的根基,本书在结尾处作出了这一呼吁,当今的中国对此应有特殊的共鸣。

卡斯滕·哈里斯

2013 年 10 月

[①] 参见 Kartsen Harries, *Wahrheit : Die Architektur der Welt* (Paderborn : Wilhelm Fink, 2012)。

谨以此书

纪念汉斯·布鲁门伯格

（Hans Blumenberg, 1920 年 7 月 13 日—1996 年 3 月 28 日）

目　　录

第三部分：地球的丧失

前　言

《无限与视角》与我的旧作《建筑的伦理功能》(*The Ethical Function of Architecture*, Cambridge, Mass.: MIT Press, 1996)虽然讨论的议题非常不同,却是有关联的。我在《建筑的伦理功能》开头写道,"一段时间以来,建筑的道路一直昏暗不明",并且引用了阿尔贝托·佩雷兹-戈麦兹(Alberto Pérez-Gómez)的说法,他将这种昏暗不明与伽利略科学和牛顿哲学所开创的世界观联系起来,认为这种世界观导致了建筑的理性化和功能化,曾为"一切有意义的建筑提供最终参照系"的"实在的诗意内容"(poetical content of reality)不得不被抛弃。《建筑的伦理功能》正试图对这一内容作出阐释。

然而,那里有关建筑所说的内容也可以用来言说现代世界:一段时间以来,现代世界的道路一直昏暗不明;这种昏暗不明同样可以与一种对实在的特殊理解联系起来。这种理解与科学技术密切相关,它使我们用来肯定生活意义的那些实在层面遭到抛弃。本书的一个目标就是对这些层面作出阐释。

我们迷路时,自然会寻找地图来帮助重新定向,不仅要反思我们旅行的目标,而且要反思我们到达此处的过程以及尚未走过的道路。《无限与视角》简略描绘了这样一幅地图,在它之上回溯我

XI 们走过的道路,确定现代世界的开端位于何处,从而暗示我们本可以去哪里,以及应当往何处去。本书源于 40 年前的反思,它促使我撰写了关于虚无主义问题的博士论文《身处异乡:虚无主义研究》(*In a Strange Land. An Exploration of Nihilism*, Ph. D. dissertation, Yale University, 1961)。在这篇论文中,我的讨论对象已经包括了库萨的尼古拉,我试图从他那里找到一些线索,以帮助我们摆脱笼罩于现代世界的虚无主义阴影。本书正是要寻找这样一些线索。当然,库萨的尼古拉只是我较为详细地讨论的思想家之一,但他的工作仍然有助于指明本书的秘密核心:对我们来说,他的思辨远比其伟大仰慕者乔尔达诺·布鲁诺(Giordano Bruno)的著作更富有挑战性。

　　我这里提到布鲁诺是想暗示我对现代性的理解是多么不同于汉斯·布鲁门伯格(Hans Blumenberg)。布鲁门伯格的著作给了我极大启发,本书正是为了纪念他而作。在《现代的正当性》(*The Legitimacy of the Modern Age*, trans. Robert M. Wallace, Cambridge, Mass.: MIT Press, 1983)中,布鲁门伯格把库萨的尼古拉仍然当作一位中世纪思想家,认为他远不如布鲁诺距离我们更近,据说布鲁诺已经跨越了时代门槛。然而,我们不仅试图理解现代的正当性,而且试图理解现代的限度,正因为库萨的尼古拉横跨在这一门槛两端,他才能给予我们更多教益。

XII 　　本书的一些想法可以追溯到我的学生时代。我很幸运地遇到了对我关怀备至的导师:Robert S. Brumbaugh、Charles W. Hendel、George Lindbeck、George Schrader、Wilfrid Sellars 和 Rulon Wells。他们以各种不同方式帮我找到了道路。在过去 20 年里,我断断续续讲了一门课,课名与本书标题相同,对我聚焦思想和精炼论证很有帮助。围绕库萨的尼古拉、阿尔贝蒂和笛卡儿而开设的研究生讨论班帮我检验了自己的思想。需要感谢的学生很多,我无法一一记起,这里只提 Karl Ameriks、Scott Austin、Elizabeth Brient、Peter Casarella、Michael Halberstam、Hagi Kenaan、Lee Miller、Dermot Moran 等人。我曾在许多地方就相关主题做过报告,也发表过关于库萨的尼古拉和笛卡儿的一些论文,书中使用了其中的部分内容。与 Louis Dupré、Jasper Hopkins 和 R. I. G. Hughes 的交谈尤其使我受益匪浅。

Roger Conover 在我最初联系他时即给予热情回应,否则本书不可能现在就出版。我很幸运能够碰到 Alice Falk 这位细心的编辑。还要感谢 Jean Wilcox 的设计工作,以及 Judy Feldmann 监督使手稿成书。最要感谢我的妻子 Elizabeth Langhorne,她以自己的方式让我认识到了自己的无知。

第一章 导言:现代的问题

一

数秘主义(number mysticism)从未引起我的兴趣。跨进2000年之时,我并没有醒着见证第三个千年的到来,而是未到子夜时分便沉沉睡去。周围的人兴奋异常,而我却在睡梦中跨进了2000年,这让我感到有些羞愧。然而,即使不赋予新千年以过分的重要性,我们今天不是也卷入了一个承诺或威胁要改变我们文化面貌的进程吗?如果是这样,我们难道不应对自己的前进方向至少担负些责任,而不是任凭自己随波逐流吗?

的确,我们正在跨越某个重要的文化门槛,"后现代"和"后现代主义"等术语便是暗示。后现代似乎随现代而来,并将现代抛在后面。但这种说法必定会引出如下问题:我们所说的"现代"是什么意思?我们难道不是把与昨日旧物相对照的今日新物称作"现代"吗?于是,"现代主义"暗示着某种类似于意识形态的东西,它信奉主导着我们的世界及其进步的那种精神,无论这里的精神和进步作何理解。由此,"后现代主义"大概意味着"现代主义"的反面:这种意识形态源于对此种精神的不满,倾向于让我们接受不同于现代性的东西。

和新千年的狂热一样,后现代主义也暗示了我们文明的不满,
即对这个现代世界的广泛不满。这种不满既可以追溯前现代的过
往,也可以展望后现代的未来。也就是说,不满可能会导向怀
旧——悲叹现代性不再允许人把世界体验为一个为个体指定可靠
位置的、秩序井然的有限宇宙(cosmos),悲叹随着尼采宣布上帝
死了,我们的精神世界似乎已经丧失根基,遍布了缝隙和裂痕,本
以为坚实的支撑物开始摇摇欲坠,使精神世界成为废墟。这种悲
叹促使一些人尝试修葺或重建那个精神家园,以某种方式恢复业
已失去的东西。但不满也可能拒绝怀旧,它确信,恢复过往的所有
这些努力都无法面对这个业已改变的、无法恢复的世界,无法应对
未来的挑战与承诺,没有认识到今天的问题与其说是失去了家园,
不如说是现代世界(那个曾经富有意义且秩序井然的宇宙的相似
物)把我们安顿得太好,以致已成废墟的东西仍然充当着窒息自由
的牢狱。废墟和牢狱:对各种建筑的后现代怀疑在这些隐喻中得
到了表达。(图1)

因此,把某种东西(比如艺术或思想)称为"后现代",就意味着
拒绝接受现代性宣称要建立的东西,反对启蒙运动那种现在常被
认为幼稚的乐观主义,这种乐观主义不仅支持了科学、自由民主和
国际共产主义,而且也支持了现代主义。"后现代"一词越过所有
纯粹现代的东西,指向了某种模糊不清的"他者",指向了某个众所
希冀的、即将到来的更光明的未来,即使它并未真正到来,即使其
轮廓仍然晦暗不明。然而,考虑到后现代艺术和理论所创造的作
品,这种理解也许显得仍然太过理想,过于接近启蒙运动的乐观主
义。后现代主义和乐观主义并不那么合拍。20世纪的恐怖让我们

图 1　　Giambattista Piranesi, Prison(Carceri)(1745).

学会了对革命狂热以及驱使它的信念保持怀疑。原教旨主义和极权主义也都来源于对现代世界的不满,在这个意义上,它们同样表达了一种后现代的敏感性。难怪残存的文化先锋派的心态已经"从激烈变成了颓废,变成了萎靡的犬儒主义"。①

　　把后现代主义理解成晚于现代主义的事物是错误的。后现代主义反映了现代性的良心愧疚,显示了对现代性缺乏正当性

① Suzi Gablik, *Has Modernism Failed?*（New York: Thames and Hudson, 1984), p. 114.

的怀疑，这种怀疑从一开始就为现代世界投下了阴影。在 20 世纪，特别是在过去的 30 年里，这种怀疑日渐增长。在美国，对越战的深刻反省削弱了美国那种幼稚的自信，加深了这种怀疑，而在全球范围内，这种怀疑则被棘手的经济、社会、种族、性别、宗教和生态问题所强化。后现代主义言辞表达了一种日益加深的怀疑，即这种逻各斯中心主义的、欧洲中心论的文化所走的道路必将导向灾难。绝望与希望（绝望要比希望更清晰）在这种自我怀疑中混合在一起，二者往往都聚焦于现代科学，尤其是科学所造就的不断扩张的技术。

我认为，我们现代人不再把世界体验为一个秩序井然的有限宇宙，一个为我们遮风挡雨、提供居所的房屋。那个比喻促使我们以建筑师的形象来思考上帝，以上帝的形象来思考建筑师，以上帝和建筑师的形象来思考试图重建宇宙秩序的哲学家。哲学家也想成为建筑师，成为教诲者——"教诲"（edify）一词引人深思：这个词原先仅指建造一座房屋或建筑物，后来开始指"在道德或精神上有所改进"，今天则往往有一种负面含义。为什么会对各种教诲持有怀疑呢？这个词在含义和内涵上的转变促使我们审视最近流行的对建筑的攻击。考虑"解构"一词及其所有含义。例如，我们如何理解伯纳德·屈米（Bernard Tschumi）尝试在拉维莱特公园（Parc de la Villette）建造一座反建筑的建筑，或者雅克·德里达（Jacques Derrida）合作参与这一项目呢？德尼·奥利耶（Denis Hollier）指出："这样一个项目要求意义的丧失，赋予它一种酒神的层面：它与屈米所谓的建筑学的一个基本前提——'建筑结构中固有的意义观念'——明显相冲突。拉维莱特公园是后现代'对意义的攻击',它称其主要目的就在于'拆解意义'。"①

我们是因为深受意义过量之苦,才希望拆解意义的吗? 意义是否成了阻碍我们通达酒神迷狂的牢狱? 我们如何来理解为乔治·巴塔耶(Georges Bataille)反对建筑的立场所欣赏的当今时尚? 巴塔耶认为,建筑代表了一种囚禁我们的秩序,因此应当被摧毁,即使这种摧毁会带来混乱和兽性(图2)。奥利耶引用巴塔耶的话说:"显然,纪念碑会在社会中激励良好品行(good behavior),甚至激起真正的恐惧。巴士底狱的骚乱正是这一事态的象征:若非通过人民对作为其真正主宰的纪念碑的敌意,就很难解释这一群众运动。"②然而,即使我们承认纪念碑有时会激励良好品行,甚至是真正的恐惧,它因此就显然应当拆除吗? 这个社会,这个世界,难道因为过多的"良好行为"而苦不堪言? 我们应当释放弥诺陶洛斯(Minotaur)③吗? 这种信念透露出一种深深的自我仇恨。正如巴塔耶认识到的,这种对于作为我们真正主宰的纪念碑的仇

---

① Denis Hollier, *Against Architecture*: *The Writings of Georges Bataille*, trans. Betsy Wing(Cambridge, Mass.: MIT Press, 1989), p. xi.

② Ibid., p. ix; quoting Georges Bataille, "Architecture," in *Oeuvres Complètes*, 12 vols. (Paris: Gallimard, 1971 - 1988), 1: 171 - 172.

③ 弥诺陶洛斯:希腊神话中克里特岛上的半人半牛怪,克里特岛国王弥诺斯之妻帕西法厄与波塞冬派来的牛的产物,拥有人的身体和牛的头,弥诺斯在克里特岛为它修建了一个迷宫。由于弥诺斯的儿子安德洛革俄斯在阿提喀被人阴谋杀害,弥诺斯起兵为儿子报仇,给那里的居民造成很大的灾难,为了平息弥诺斯的愤恨,解除雅典的灾难,雅典人向弥诺斯求和,答应每九年送七对童男童女到克里特作为进贡,弥诺斯接到童男童女后,将他们关进半人半牛怪弥诺陶洛斯居住的克里特迷宫里,由弥诺陶洛斯把他们杀死。在第三次进贡的时候,年轻的忒修斯带着抽中签的童男童女来到克里特,在克里特公主阿里阿德涅的帮助下,用一个线团解破了迷宫,又用她交给自己的一把利剑斩杀了弥诺陶洛斯。——译者注

恨最终也是对我们自身的仇恨:

图2 Denis Hollier, *Against Architecture*: *The Writings of Georges Bataille*
(**Cambridge, Mass.**: **MIT Press, 1989**)封面.

　　在巴塔耶看来,这正是无头怪这一神话形象旨在表明的 7
东西:人要想逃脱建筑的锁链,不成为囚犯,唯一的途径就是
逃脱他的外形,失去他的头。事实上,对一个人自身外形的这
种自我猛攻要求一种比简单的毁灭或逃生卑劣得多的策略。
因此,应把无头怪的形象视为一种掩饰,视为涉及拆解“意义”
的那种反纪念碑疯狂的否定形象。画家安德烈·马松
(André Masson)画出了这一形象,巴塔耶写了一则格言与之

相配:"人会像犯人逃脱监狱一样逃脱他的头。"[1]

　　这种对建筑的攻击(也是对意义的攻击)的前提是一种诺斯替主义(gnostic)欲望,想要逃脱人的外形这一自由精神的监狱,即使这种解放的代价是失去一个人的头。正是运用这里使监狱成为建筑作品之典范(一种透镜,透过它来看所有建筑)的那种推理,陀思妥耶夫斯基笔下的地下室人称2+2=4是厚颜无耻,而把2+2=5誉为自由的最终避难所,这种自由可以抵制安排,梦想迷宫和混乱:我们的头难道不是成了我们的监狱吗?但这样一种脱离原位的自由最终也会连同身体和头而失去自身吗?现代主义和后现代主义的问题归根结底只不过是自由问题。

二

　　可以预见,后现代主义言辞也时常包括对启蒙运动及其创始人的批判,如康德、笛卡儿和哥白尼等"死去的白人男性"。他们的遗产和建筑物现在受到质疑,是因为他们帮助建立的东西无法回答我们深切的渴望。本书的一个目的便是通过处理这个模糊不清的失败来阐明自由问题。对于把现代世界建成一座理性建筑的质疑并非新的现象:早在1887年,最常被后现代主义者引用的先驱者尼采就已经悲叹:"自哥白尼以后,人似乎被置于一个斜坡上,人已经越来越快地滑离了中心位置——滑向何方?滑向虚无?滑向

---

[1]　Denis Hollier, *Against Architecture : The Writings of Georges Bataille*, trans. Betsy Wing(Cambridge, Mass. ; MIT Press, 1989), p. xii.

一种**彻骨的他自身的虚无感**?"①希腊或中世纪的宇宙为人类赋予了临近中心的位置,而哥白尼革命却似乎宣告我们处于偏心位置。诚然,偏心仍然预设了一个中心:正如我们所预料的,鉴于哥白尼仍然处于现代世界与中世纪世界之间的门槛上,他本人仅仅是一个半心半意的现代主义者,他仍然坚持认为宇宙有一个中心,继续援引一位神圣的建筑师以及一个秩序井然的有界宇宙的观念;他只是否认地球处于那个中心位置,而把中心留给了太阳。但我们也会看到,与从地心宇宙观转变为日心宇宙观相比,远为重要的是人的理性被赋予的自我提升能力,它能把思维主体从任何特定位置解放出来。这种自我提升,这种新的自由,这种新的人类中心主义,是与一种新的无家可归感联系在一起的。这些特征并不专属于哥白尼:亚里士多德和托勒密那个有界的、家园般的宇宙早在化为废墟和遭到遗弃之前很久就已经遭到了动摇。

很难说是尼采第一次用华丽的词藻揭示了后哥白尼宇宙的虚无主义内涵。叔本华在《作为意志和表象的世界》(*World as Will and Representation*, 1819)第二卷开头说道:"在无尽的空间中有无数发光球体,每一个球体周围都有十几个较小的发光球体绕之旋转,它们核心滚烫,外面包裹着一个坚硬冰冷的壳;这个壳上一个发霉的薄层产生了有生命和能认知的存在者;这就是经验真理,

---

① Friedrich Nietzsche, *Zur Genealogie der Moral*, III, par. 25, in *Sämtliche Werke: Kritische Studienausgabe*, ed. Giorgio Colli and Mazzino Montinari (Munich: Deutscher Taschenbuch Verlag; Berlin: de Gruyter, 1980), 5:404 (本版此后缩写为 KSA). Trans. Walter Kaufmann and R. J. Hollingdale as *On the Genealogy of Morals and Ecce Homo* (New York: Vintage, 1989), p. 155.

真实的东西，这个世界。"①如此理解的经验真理，亦即我们的科学，对特有的位置、对绝对价值、对家一无所知。如果那个真理被等同于**唯一**真理，那么我们若是想摆脱虚无主义，难道不是必须掩盖这一真理，或者干脆放弃它吗？莫非坚持**唯一**真理是好生活的一个障碍？

在年轻时写的片断《论道德意义之外的真理与谎言》（"On Truth and Lie in an Extra-Moral Sense"）一开头，尼采便采用了叔本华那阴郁而又崇高的看法。这种看法颇受厌倦了所有中心的后现代批评者欢迎，它应使我们扪心自问，为什么这种厌倦要比怀旧更好。一个回答是继续坚持一种相当现代的自由。然而，这种自由漂浮的自由需要被具体化（如果不是破灭的话）；因此，对家的一切代用品持怀疑态度的后现代主义者曾梦想在酒神的狂喜中失去自己。

让我们回到尼采对叔本华故事的复述："从前，在分散成无数闪烁的太阳系的宇宙的某个偏远一隅有一颗星，在它之上有聪明的野兽发明了认知。这是'世界历史'最为傲慢和虚假的时刻，但尽管如此，它只有片刻光景。自然呼吸了几下之后，这颗星便冷却和凝结了，聪明的野兽不得不死去。"②尼采强调了我们的生活时

---

①　Arthur Schopenhauer. *The World as Will and Representation*, trans. E. F. J. Payne, 2 vols. (New York: Dover, 1966), p. 2; 3.

②　Friedrich Nietzsche, "Über Wahrheit und Lüge im aussermoralischen Sinne," KSA 1: 875. Trans. as "On Truth and Lie in an Unmoral Sense," in *Philosophy and Truth: Selections from Nietzsche's Notebooks of the Early 1870's*, trans. and ed. Daniel Breazeale(Atlantic Highlands, N. J. : Humanities Press, 1979), p. 79.

间与世界时间之间巨大的比例失调：①这个几乎把分配给我们的时间和空间归于毫无意义的宇宙关心我们吗？屠格涅夫（Turgenev）让他笔下的虚无主义者巴扎罗夫（Bazarov）在《父与子》（*Fathers and Sons*,1862）中表达的也是这种比例失调：

> 我在想，我父母倒也活得自在！父亲已六十余岁，一大把年纪了，可还在谈论"安慰剂"，还在治病，与农民交往中讲究宽容、厚道，一句话，自得自在。母亲也不错：整天忙吃的，吃得了打哼哼，压根儿想不到别的。可我……我想到，躺在这干草垛旁边。我所占有的这一小块地方比起广大空间来是如此地狭小，而广大空间里不存我，与我无关。我得以度过的时间在永恒中非常渺小，我到不了永恒，永恒中无我。但在这个原子中，在这个数学点上，我的血液却在循环，头脑却在工作，却有所冀盼。……这不令人作呕吗？这不琐碎无聊吗？②

这里幸福与积极忘我地投入生活联系在一起，虚无主义与思想者本人茫然出神的视角联系在一起。巴扎罗夫百无聊赖地躺在干草垛旁，体验自己在无限中漂流，宛如一个异乡人，找不到地方来安顿自己。有什么东西可做根基？有什么中心可定方位？这里，无限宇宙的思想也与虚无主义和自我厌恶联系在一起。

里尔克《马尔特手记》（*Notes of Malte Laurids Brigge*,1910）中　10

---

① Hans Blumenberg, *Lebenszeit und Weltzeit* (Frankfurt am Main: Suhrkamp, 1986).

② Ivan Turgenev, *Fathers and Sons*, trans. Constance Garnett (New York: Modern Library, 1950), pp. 148 – 149.

的尼古拉·库斯米奇(Nikolaj Kusmitsch)表达了相关情绪。库斯米奇不安地发现，我们这个看似很稳定的地球，这个据信坚固的大地，事实上在运动：

> 就在他的脚底下，似乎有什么东西在动，不是只动了一下，而是连续动了好几下，混合着奇怪的晃动。他吓呆了：难道是地球在动？真的，确实是地球。确实是地球在动。他曾在学校里学过这方面的知识，但当时只是蜻蜓点水地学了一下，之后就束之高阁，再也不愿做深入探究了。况且，地球运动也不是什么适合谈论的话题。……其他人也能感觉到地球运动吗？或许能，只是他们心照不宣而已。或许对那些水手来说，这根本算不了什么。①

可以肯定的是，和我们所有人一样，库斯米奇知道地球在运动。但社会及其关于坚实大地的虚构掩盖了他在学校里学到的东西。这样看来，现代性是一个混合体，既接受科学，又掩盖了其关于存在的意涵。后现代主义称得上更为诚实，因其愿意面对这些意涵。于是，库斯米奇被一种体验吓坏了，即他已经知道运动的东西事实上在运动，我们的地球是一艘船。② 正如布莱斯·帕斯卡

---

① Rainer Maria Rilke, *Die Aufzeichnungen des Malte Laurids Brigge*, in *Werke in drei Bänden*(Frankfurt am Main：Insel, 1966)，3：269. Trans. Walter Kaufmann in *Existentialism from Dostoevsky to Sartre*(New York：Meridian, 1956)，p. 119.

② Cf. Hans Blumenberg, *Schiffbruch mit Zuschauer：Paradigma einer Daseinsmetapher*(Frankfurt am Main：Suhrkamp, 1979).

(Blaise Pascal)所认识到的,我们在不止一种意义上位于汪洋大海中,踏上了一段没有明显目标的旅程。

难怪尼采会把哥白尼与虚无主义联系起来:"人的自我贬低和如此做的意志,自哥白尼以来难道不一直在加剧吗? 唉,对人的尊严的信仰、对人的独特性的信仰、对人在存在的巨链(the great chain of being)中具有不可替代性的信仰已成过去:人变成了动物,不折不扣、毫无保留地变成了动物。而根据旧时的信仰,他几乎就是神('神之子','神创造的人')。"①正如我们将要看到的,对于哥白尼还有另一种积极得多的解读,启蒙运动因此把哥白尼誉为一位伟大的人类解放者。但这两种反应都认为哥白尼标志着我们现代世界模糊的开端,现代世界被自由问题的阴影所笼罩,自由问题不可避免也是意义问题,是意义有可能丧失这一问题。

这种现代理解背后隐含着这样一种信念,即现代与中世纪有 11
决定性的不同,将两者分隔开来的东西堪称一场革命。要想理解现代世界的起源,理解它的状况、正当性或非正当性,就必须理解这场革命的实质(如果这里确实有权谈及革命的话):我必须回到这一点。

三

正如我们已经看到的,尼采把哥白尼革命与人类自我认识的

---

① Nietzsche, *Zur Genealogie der Moral*, III, par. 25, KSA 5:404; trans., *On the Genealogy of Morals*, p. 155.

一场转变联系了起来，这场转变还远远没有完成，因为它尚未面对上帝之死的全部含意；因为它已经掩盖了自己的含意，一如库斯米奇认为"他们"掩盖了他在学校里学到的地球的运动。在"他们"看来，他的焦虑似乎是一个狂人的焦虑，是尼采笔下那个狂人的被驯化的继任者的焦虑。关于这个狂人，尼采在《快乐的科学》(*Gay Science*, 1882) 中是这样说的：

> 你听过狂人的故事吗？他大白天打着灯笼跑到市场上不停地喊叫："我找上帝！""我找上帝！"……
>
> "上帝到哪里去了？"他喊道，"我来告诉你们！是我们杀死了他——你们和我！我们都是他的谋杀者！但我们是如何做到这一点的呢？我们有能力喝干海水吗？谁给我们海绵去擦掉整个地平线？当我们把这个地球从它的太阳那里释放时我们做了什么？现在它将向何方运动？远离一切太阳吗？我们不是正在持续地下落吗？向后、向旁、向前、向各个方向？有任何向上或向下的可能吗？我们不是像穿越无尽的虚无一样迷路了吗？难道我们没有感觉到空荡荡的空间的呼吸吗？它不是更冷了吗？不是一直有越来越多的黑夜在降临吗？上午不是必须点灯笼吗？我们没有听到正在掩埋上帝的掘墓人的喧闹声吗？没有闻到上帝腐朽的气息吗？——上帝也在腐朽。上帝死了。上帝永远死了。我们已经杀死了他。我们，所有谋杀者中的谋杀者，将如何来安慰自己？世界上所有拥有权能者中最神圣、最有权能者，已经在我们的刀下流血而死。谁来擦去我们身上的血迹？用什么水可以把我们洗净？

我们需要发明什么赎罪节和什么神圣的游戏?①

上帝死了,尼采写道。这不仅仅是说"我们已经失去了对上帝的信仰"。这种信仰有朝一日也许可以重新获得。但被谋杀的上帝永远死了。虽然是我们杀死了他,但我们并不能使他复活。这个过程是不可逆的——这种不对称需要作更多讨论。

上帝之死暗示着虚无主义的兴起,即使这种暗示可能需要几个世纪才会变得明显。因此尼采认为,现代尚未正视它自己的虚无主义基础。正是由于这种盲目,我们仍然在一座其实已是废墟的价值建筑物中寻求庇护。"我们所相信的一切都已变得空虚不实;一切都是有条件的和相对的;没有理由,没有绝对,没有存在本身。一切都是可疑的,没有什么是真的,一切都是允许的。"②这里雅斯贝尔斯(Karl Jaspers)仿照尼采把虚无主义称为一种命运,我们作为哥白尼的继承者都身陷其中,无论是否乐意。然而,把虚无主义描述成一种我们必须承受的命运,这受到了屠格涅夫的质疑,在他的描述中,虚无主义者"不屈从于任何权威,不把任何准则当作信仰,无论这准则是多么受人尊重"。③屠格涅夫笔下的虚无主义者宁愿只依赖批判性的理智;在把理智运用于继承下来的价值时,他发现它们是不够格的。难怪他对支持、指导、法则和爱的追

12

---

① Friedrich Nietzsche, *Die fröliche Wissenschaft*, III, par. 125, KSA 3:480 - 481; trans. Walter Kaufmann, as *The Gay Science*, in *The Portable Nietzsche* (New York: Viking, 1959), pp. 95 - 96.

② Karl Jaspers, *Der philosophische Glaube* (Frankfurt am Main: Fischer, 1958), p. 116.

③ Turgenev, *Fathers and Sons*, p. ix. Cf. pp. 24 ff.

寻最终都以失望而告终。这些东西与他不愿屈服的东西不相调和:一种除自身之外不承认任何权威的自由,没有什么东西把它与某种更大的秩序联系在一起。

这里,我们可以回答尼采笔下那个狂人的问题:我们是如何做到这一点的呢?我将会较为详细地表明,人类能以某种方式超越自己,使得上帝之死——连同中世纪宇宙的瓦解以及为我们指定位置的各种建筑物的倒塌——就像是我们自由的必然推论。这种自由似乎是追求真理的一个先决条件,从而是追求科学技术的一个先决条件,即使(正如陀思妥耶夫斯基笔下的地下室人所表明的)自由可能会继续提升自己,使那种追求本身受到质疑。因此,自由既像是支撑现代世界的基础,又像是有可能导致其毁灭的深渊。

我们能够忍受这种自由的重负吗?[1] 我们是否可能一直是一个虚无主义者?或者,失去信仰必定会产生自欺(bad faith)吗?为什么把自欺称为"坏的"(bad)呢?在生活中,什么东西可以为虚无主义者提供意义和方向?屠格涅夫没有回答。巴扎罗夫最后死于不慎,[2]这种不慎缘于他没有能力充分照顾生命以保护生命。

---

[1]　希特勒是这样向赫尔曼·劳施宁(Hermann Rauschning)解释自己的使命的:"神意已经注定我要成为人类最伟大的解放者。我把人类从一种已经成为其自身目的的精神的胁迫中解放出来,从一个被称为良心和道德的假想怪物的肮脏而贬低身份的自我撕裂中解放出来,从对自由和个人自治的需求中解放出来,只有极少数人能够担当此任。"引自 Joseph Wulf, *Die bildenden Künste im Dritten Reich : Eine Dokumentation*(Hamburg:Rowohlt,1966),p. 12。

[2]　巴扎罗夫在为伤寒病死者解剖尸体时割破了手指,受感染而死。——译者注

四

但我们现在已经习惯于把导致现代世界的革命与科学态度在 16、17 世纪的出现，尤其是哥白尼联系在一起。难怪汉斯·布鲁门伯格在完成他那权威性的辩护《现代的正当性》(*The Legitimacy of the Modern Age*)之后，会开始写那部更加伟大和不朽的论著《哥白尼世界的起源》(*The Genesis of the Copernican World*)。[①] 本书的目标与此相关。不过，虽然我也关注如何面对某些批评者为现代的正当性作辩护，但我更看重理解那种正当性的限度，理解现代主义的自我肯定(self-assertion)如何必然笼罩着虚无主义的阴影，并且暗示走出这一阴影可能意味着什么。我对现代世界起源的理解也有所不同，在某种意义上是更加黑格尔式的，我将表明，现代世界一般形态的最深基础在于我们对真理的日常理解。这种理解(请海德格尔[Martin Heidegger]原谅)远比柏拉图甚或希腊人更古老，它与自由这一事实联系在一起。最后，我的做法有所不同：我选择了一块小得多的画布，较为仔细地考察了少量文本和一些绘画，希望能从它们那里就现代世界的出现至少得出一个明晰的、虽说可能还相当有限的模型(也许只是一幅漫画)。我希

---

① Hans Blumenberg, *Die Legitimität der Neuzeit*(Frankfurt am Main: Suhrkamp, 1966), trans. Robert M. Wallace as *The Legitimacy of the Modern Age*(Cambridge, Mass. : MIT Press, 1983); and *Die Genesis der kopernikanischen Welt*(Frankfurt am Main: Suhrkamp, 1975), trans. Robert M. Wallace as *The Genesis of the Copernican World*(Cambridge, Mass. : MIT Press, 1987).

望它和任何成功的漫画一样，能够阐明被画成漫画的东西：不仅是将现代世界与前现代世界分开的门槛，而且也是将现代世界与后现代世界分开的门槛。

　　起初，我对这些问题的反思还很散乱。更多是亚历山大·柯瓦雷（Alexandre Koyré），而不是布鲁门伯格，往往是通过激起不同意见的方式，第一次使我的反思有了方向。我们来看看他的《从封闭世界到无限宇宙》（*From the Closed World to the Infinite Universe*）的导言。柯瓦雷在那篇导言一开始就给出了一句看似不成问题的断言："人们普遍承认，17 世纪经历并完成了一场非常彻底的精神革命，现代科学既是其根源又是其成果。"[1]他在前言中同样谈到了一场"深刻的革命"，它在 16、17 世纪"改变了我们的思维框架和模式，现代科学和哲学既是其根源又是其成果"。[2] 我不同意这个论断：更准确的说法是，现代科学并非既是革命的根源又是革命的成果，而是只是成果，或者更恰当地说，只是成果之一。关于其根源，我们必须追溯得比 16、17 世纪的科学发现和思辨更远。正如皮埃尔·迪昂（Pierre Duhem）所表明的，

　　　　从 14 世纪开始，亚里士多德主义物理学的宏伟大厦注定要倒塌。基督教信仰破坏了它的所有基本原理；观测科学，或至少是那门较为发达的观测科学——天文学——拒绝接受它

---

　　① 　Alexander Koyré, *From the Closed World to the Infinite Universe* (New York: Harper Torchbook, 1958), p. 3.

　　② 　Ibid. , p. v.

的结论。古老的纪念碑即将消失,现代科学将要取而代之。亚里士多德主义物理学的崩溃并非突然发生,现代物理学的大厦也不是在一无所有的空地上建立起来的。从一个状态过渡到另一个状态是通过一连串部分转变实现的,每一次转变都号称仅仅是为了修整或扩大整个建筑物的某些部分而不会改变整体。然而,当所有这些细节修改完成之后,如果我们总览这一漫长劳动的成果,就会惊讶地发现,旧的宫殿已经荡然无存,一座新的宫殿矗立在那里。①

将科学与宫殿联系起来的隐喻促使我们追问:这座宫殿是如何与我们的实际生活世界联系在一起的?中世纪的人或希腊人生活在不同的世界里吗?回答似乎只能是,既是又不是。我们仍然会生老病死,在这个意义上,我们几乎是《会饮篇》(*Symposium*)或《斐多篇》(*Phaedo*)中苏格拉底的同时代人,我们仍然生活在同一座房子里,即使那座房子几乎称不上是宫殿。那座房子是如何与科学的宫殿联系在一起的?那座宫殿可以居住吗?

我们还会回到这些问题。不过它们虽然重要,却并没有挑战迪昂的看法,即新科学预设了一种改变了的世界理解。要想理解 15 这种改变,我们就必须超越迪昂详细描述的宇宙论学说史,因为任何宇宙论都预设了某种世界理解和自我理解。16 世纪的世界理解和自我理解有一段漫长的史前史。在这里,艺术史、特别是透视

① Pierre Duhem, *Medieval Cosmology*, ed. and trans. Roger Ariew (Chicago: University of Chicago Press, 1985), p. 3.

学理论的历史，提供了一些有用的暗示，因此我会较为详细地讨论这段历史的某些方面。

更为重要的是神学思辨，以及更一般地，基督教对上帝的理解。我们的现代文化，包括它目前向着多元文化的开放，只能被理解成一种后基督教现象。我要捍卫的一个论点是，开创现代科学并且帮助塑造了我们技术世界的那场革命是以人类自我理解的一种转变为前提的，这种转变更清晰地反映在埃克哈特大师（Meister Eckhart）的布道中，而不是反映在同时代那些更具科学倾向的经院学者的学术论文中。这并不是说我们需要单单挑选出埃克哈特大师：他只是特别有力地表达了雅斯贝尔斯所谓他那个时代的精神状况。对同一状况的一种非常不同的、但根本上与之相关的表达可见于彼特拉克（Petrarch）稍晚些时候关于攀登旺图山（Mount Ventoux）的自述。在对科学革命史前史的这一记述中，它也值得拥有一席之地。

正如这些文本所表明的，人类自我理解的转变是与对上帝、对上帝与人、对上帝与自然的关系的不断变化的理解密不可分的。如果牢记这一史前史，柯瓦雷提醒我们注意的革命似乎就远不那么具有革命性了。现代科学和我们自己的文化是中世纪基督教文化自我演进的一个产物，这样说更接近于正确。类似的意思已经隐含在黑格尔对现代世界的理解中。

五

但是，让我们回到柯瓦雷著作的导言和前言：如何才能描述

"现代科学[我们可以加上'哲学']既是其根源又是其成果"的那场彻底的精神革命呢? 柯瓦雷考察了若干常见回答,①所有这些回答看起来都不无道理,值得我们关注:

1. 一些人对中世纪与现代的区分是"人类心灵从理论(*theoria*) 16 转向实践(*praxis*)",从中世纪"沉思的科学(*scientia contemplativa*) 转向一种行动和操作的科学(*scientia activa et operativa*)",即以支配和控制为目标的现代科学。我们可以援引笛卡儿的说法作为支持,他在《方法谈》(*Discourse on Method*,1637)中坚持的正是这种区分,他向读者承诺,

> 我们有可能获得一些对人生非常有用的知识,我们可以撇开经院里讲授的那种思辨哲学,找到一种实践哲学,借此把火、水、气、星辰、天以及周围所有其他物体的力量和作用认识得一清二楚,就像熟知什么工匠做什么活一样,然后就可以把这些力量和作用运用于所有那些合适的地方,从而使我们成为自然的主人和拥有者。②

这里,笛卡儿把中世纪的思辨哲学与这样一种思考对立起来,这种思考消除了哲学与技艺的分离,把理论与技术结合了起来。这

---

① Koyré,*From the Closed World to the Infinite Universe*,pp. v – vi,3 – 4.

② René Descartes, *Discourse on the Method VI*, in *The Philosophical Works*, trans. Elizabeth Haldane and G. R. T. Ross, 2 vols. (New York: Dover, 1955), 1:119; *Oeuvres de Descartes*, ed. Charles Adam and Paul Tannery, 8 vols. (Paris: J. Vrin, 1964), 6:62.

种桥接的典型特征是笛卡儿从少数精英的语言拉丁语转向了工匠的语言即本国语。这种思想转变的一个早期例子是莱昂·巴蒂斯塔·阿尔贝蒂(Leon Battista Alberti)的《论绘画》(*On Painting*，1435)。我们将会看到，阿尔贝蒂也承诺了某种类似于通过数学表示来控制自然的东西。在他的论著中，理论起着重要作用，但远为重要的则是一种将理论付诸运用的新的渴望。事实上，就理论而言，阿尔贝蒂的说法并不比中世纪光学有很大进步。关键是一种新的意愿，想把早已熟知的见解运用于画家在试图令人信服地描绘物体时所面临的问题。理论与实践之间、科学和技术之间的这种联系是笛卡儿所设想的实践哲学的特点。艺术家处于这一发展的最前沿。因此，正如莱昂纳多·奥尔什基(Leonardo Olschki)所表明的，阿尔贝蒂的《论绘画》(以及之后的许多类似论著)在现代科学的史前史中应有一席之地。[1] 绘画只是把数学付诸运用的活动之一：商人和银行家，砖瓦匠和金匠都强调对数学要有一定程度的掌握。追求世俗利益的世界对数学的这种欣然接受暗示着一种社会变化，这是从沉思科学转向一种旨在控制世界的科学的先决条件。[2]

17　　　2. 柯瓦雷提醒我们注意的第二个特征是常被人指出的"用机械论的因果关系模式来取代目的论和有机论的思维模式和解释模

---

[1]　Leonardo Olschki，*Die Literatur der Technik und der angewandten Wissenschaften vom Mittelalter bis zur Renaissance*(Leipzig：Olschki，1919)，p. 59.

[2]　J. V. Field，*The Invention of Infinity：Mathematics and Art in the Renaissance* (Oxford：Oxford University Press，1997)，pp. 4 - 19. 另见 Richard Hadden，*On the Shoulders of Merchants：Exchange and the Mathematical Conception of Nature in Early Modern Europe*(Albany：State University of New York Press，1994).

式"。笛卡儿同样是一个明显的例子。但他坚持用机械论模型来解释自然的运作,是在一个漫长的过程行将结束之时发生的,这表明对目的论解释的坚持是多么根深蒂固。考虑哥白尼的以下论证:"宇宙是球形的。这或是因为在一切形体中,球形是最完美的,它是一个完整的整体,不需要连接;或是因为它的体积最大,因此特别适合包容和保持万物;或是因为宇宙的各个部分即日月星辰看起来都是球形。"[①]宇宙是球形的,是因为这种最完美的形状最适合包容所有东西,因此是天体的自然形状。目的论推理也显见于下面这段话:"位于中央的就是太阳。在这个华美的殿堂里,谁能把这盏明灯放到比能够同时照亮一切更好的位置呢? 事实上,有人把太阳称为宇宙之灯、宇宙之灵魂、宇宙之主宰,这都没有什么不妥。三重伟大的赫尔墨斯(Hermes Trismegistus)把太阳称为'可见之神',索福克勒斯(Sophocles)笔下的埃莱克特拉(Electra)则称其为'洞悉万物者'。于是,太阳仿佛端坐在王位上统领着行星家族绕其运转。"[②]我们将回到这个家族隐喻及其政治意涵,也会回到哥白尼对传说中全知的三重伟大的赫尔墨斯的援引,这暗示正在出现的新科学过了多久才从文艺复兴时期的魔法中挣脱出来。[③]但这里我仅仅是想强调柯瓦雷的说法,即现代科学演

---

① Nicolaus Copernicus, *De revolutionibus Orbium Caelestium* I. 1, in *Das Neue Weltbild*, *Drei Texte*: *Commentariolus*, *Brief gegen Werner*, *De revolutionibus I*, Lateinisch-deutsch, trans., ed., and intro. Hans Gunter Zekl(Hamburg: Meiner, 1990), p. 86; trans. in Koyré, *From the Closed World to the Infinite Universe*, p. 31.

② Ibid., I. 10, p. 136; trans., p. 33.

③ Cf. Frances A. Yates, *Giordano Bruno and the Hermetic Tradition*(Chicago: University of Chicago Press, 1979).

进的典型特征是拒斥由这些引语所例证的那种思维。而究竟是什么使这种拒斥变得如此必不可少,以及这样做可能有什么代价,需要作进一步讨论。

3. 同样常见的是用"绝望和混乱"来解释到现代世界观的转变。所引用的叔本华、尼采、屠格涅夫和里尔克的段落便说明了这一点。而柯瓦雷则提到,"无限空间的永恒沉默使帕斯卡无神论的'自由至上主义者'(libertin)感到恐惧",①以及约翰·多恩(John Donne)在其《世界的解剖》(*Anatomy of the World*, 1611)中对"新哲学"作出的忧郁反应:

18
　　　　　……新哲学置一切于怀疑之中,

　　　　　火元素已被扑灭,没有了痕迹;

　　　　　丢掉了太阳和地球,

　　　　　人的智慧无法很好地引导人到哪里去找寻它。

　　　　　人们坦言这个世界已经耗尽,

　　　　　他们在行星中,在天穹里,找到了许多新的世界,

　　　　　然后凝视他的世界碎成原子。

　　　　　它分崩离析,一切条理都已丧失;

　　　　　一切都只是提供,一切都只是关系。②

　　正如我们已经提到的,对哥白尼的新科学也有一种非常不同

---

①　Koyré, *From the Closed World to the Infinite Universe*, p. 43.

②　John Donne, "An Anatomie of the World," "The first Anniversary," in *Poetical Works*, ed. J. L. Grierson(Oxford: Oxford University Press, 1971), pp. 212 - 213.

的、更加欢欣鼓舞的接受。16世纪的布鲁诺便是最明确的代表。我们将在第十三章关注他对无限的赞美。

4. 柯瓦雷的第四种刻画受到了布鲁门伯格的挑战,[①]即援引所谓的意识的世俗化。"世俗化"首先指世俗权力对教会财产的非法占有:尘世接管了曾经属于上帝的东西。换言之,人类试图把自己置于上帝的位置。用传统的语言来说,世俗化是与傲慢之罪分不开的。于是,主张现代性涉及对所继承的基督教内容的世俗化,暗示着现代性源于傲慢。多恩《世界的解剖》的诗句再次指出了至关重要的东西:

> 人类用经线和纬线,
>
> 编织出一张网,
>
> 这张网被抛于天界,
>
> 现在天界为人所有。
>
> 我们不愿上山或上天,
>
> 遂让天界降临人间;
>
> 我们驱策星辰,我们驾驭星辰,
>
> 它们怀着各不相同的满足感服从于我们的命令。[②]

在这里,现代天文学家显得像是某个把自然甚至天空归为己有的人,他让星辰接受我们的试验,一如农夫迫使他的马服从其命 19

---

① Blumenberg, *Legitimität*, pp. 11 - 74.

② Donne, "An Anatomie of the World," pp. 215 - 216.

令。世俗化假说提出了这个问题:应当把这里所谓的"世俗化"通过傲慢之罪解释成恩典的丧失,还是解释成人类正在成熟,终于把握住了本来就属于我们的东西?笛卡儿试图证明的正是后者,从而终结了标志着现代开端的有宗教动机的怀疑论。他的证明帮助奠定了现代世界的基础。然而,正如许多后现代思考所见证的那样,怀疑论以一种世俗样式回归了。因此,呈现给我们的现代性的两端都是怀疑论反思。

5.最后柯瓦雷提请我们注意,有些人将现代主观主义与古代和中世纪的客观主义对立起来。为了公正对待这一点,我们必须更细致地考察"客观主义"与"主观主义"是什么意思:在某种意义上,我们现代人变得比中世纪的人更主观,也更客观。

柯瓦雷的结论是,所有这些变化都可以纳入一两种密切相关的发展之中:它们都可以被理解成中世纪有限世界的瓦解和作为现代科学典型特征的空间几何化所导致的结果。这两者是密切相关的。但对我来说更重要的是表明,中世纪宇宙的瓦解源于一种不同的自我理解,这种自我理解是与一种新的自由含义联系在一起的。一种对透视法和视角的强烈兴趣有助于刻画那种自我理解,它是现代性形态的一个关键。这种对视角的兴趣又转而与关于上帝无限性的神学思辨相联系。只有理解了中世纪宇宙瓦解的这些前提,我们才能开始理解这种瓦解的理由(或缺乏理由);只有这样,我们才能开始探究现代世界的正当性或非正当性。没有这样的探究,步出那个世界的所有尝试都将是浅薄和盲目的。

第一部分:视角的力量与贫乏

第二章　视角和宇宙的无限

一

　　柯瓦雷告诉我们,现代科学革命既是在 16、17 世纪产生现代世界的那场革命的根源,又是其成果。但那场"革命"(如果"革命"一词确实正确的话)有很长的史前史,它预设了一种业已改变的对世界的理解,这种理解早在 16 世纪之前很久就已经有所预示,而且与一种改变了的自我理解密不可分,而后者又可以与关于基督教上帝的思辨联系起来。这里我所感兴趣的是新科学的历史前提。在追溯这些前提的过程中,我想把"视角"(perspective)这一主题用作指导线索。它将把我们从世界的无限性引向自我的无限性,最终引向上帝的无限性。

　　柯瓦雷在《从封闭世界到无限宇宙》开头告诉我们,

　　　　和其他大多数观念一样,无限宇宙的观念当然也是源于希腊人。毋庸置疑,古希腊思想家关于无限空间和多重世界的思辨在我们即将探讨的历史中起着非常重要的作用。然而在我看来,尽管新近发现的卢克莱修(Lucretius,活跃于公元前 1 世纪)的著作或者第欧根尼·拉尔修(Diogenes Laertius,

23　活跃于公元前 3 世纪)的著作译本能使我们更好地了解原子论者的观点,我们却不能将宇宙无限化的历史简单地归结为重新发现了古希腊原子论者的世界观。①

该书脚注告诉我们,卢克莱修《物性论》(De rerum natura)的手稿于 1417 年被发现,而第欧根尼·拉尔修的《哲人言行录》(De vita et moribus philosophorum)的拉丁文译本第一版则于 1475 年在威尼斯问世,1476 年和 1479 年在纽伦堡重印,尽管该译本在那之前便可看到。② 毫无疑问,这些文本为无限宇宙得到广泛接受作了重要准备。但正如柯瓦雷所指出的,希腊原子论世界观的重新发现难以解释中世纪的有限宇宙为何会瓦解,而是引出了另一个问题:人们为何会对这种无限宇宙的观念产生新的兴趣,从而使这些文本第一次得到认真对待? 重新发现必然要有先决条件,即对往往已经存在了相当长一段时间的观念有一种新的接受能力。

在这方面,柯瓦雷提到了 15 世纪的红衣主教库萨的尼古拉(Nicolaus Cusanus),说他往往因为瓦解了中世纪的宇宙而备受赞扬或指责——他也将是本书接下来的中心议题。但柯瓦雷并不情愿赋予库萨的尼古拉太多的重要性,而是认为开创了我们现代世界的那场革命始于哥白尼(即 16 世纪),而不是在哥白尼之前100 年。柯瓦雷的确指出,开普勒、布鲁诺甚至笛卡儿都承认库萨

---

① Alexander Koyré, *From the Closed World to the Infinite Universe*, (New York: Harper Torchbook, 1958), p. 5.

② Ibid., p. 278 nn. 5, 6.

的尼古拉是先驱者,但如果柯瓦雷是正确的,那么这位红衣主教的思想必定有一些特点使之与新科学的诸位创始人截然区分开来:"库萨的尼古拉的世界观念并非基于对当时天文学和宇宙论的批判,至少在他本人看来,并不会导致科学中的革命。库萨的尼古拉并非哥白尼的先驱,尽管这种说法时有耳闻。不过,他的构想倒极为有趣,他所提出的一些大胆断言或否定说法走得如此之远,哥白尼对它们甚至连想都不敢想。"①

尽管大胆,但在柯瓦雷看来,我们之所以不能把库萨的尼古拉的思辨解释为预示了哥白尼的成就,首先是因为这些思辨并非对科学的贡献。在很大程度上,我们不得不承认这一点:正如托马斯·麦克蒂格(Thomas McTighe)所指出的,库萨的尼古拉"并没有为物理学或天文学作出任何真正实质性的贡献"。② 但我们也应注意到,今天被认为与神学无关的科学,其自治本身是相对晚近的事情。事实上,现代科学已经变得非常自主,以至于在讨论科学和撰写其历史时,不必过于关注它所处的更广泛的背景。但对科学的开端而言却并非如此。《无限与视角》将会表明,在考察 16、17 世纪的科学及其史前史时,只要把这种自治视为理所当然,而

24

---

① Alexander Koyré, *From the Closed World to the Infinite Universe*, (New York: Harper Torchbook, 1958), p. 8.

② Thomas P. McTighe, "Nicholas of Cusa's Theory of Science and its Metaphysical Background," in *Nicolò Cusano: Agli Inizi del Mondo Moderno*, Atti del Congraso internazionale in occasione del V centenario della morte di Nicolo Cusano, Bressanone, 6 - 10 settembre 1964(Florence: Sansoni, 1970), p. 317. 另见 A. Richard Hunter, "What Did Nicholas of Cusa Contribute to Science?" in *Nicholas of Cusa: In Search of God and Wisdom*, ed. Gerald Christianson and Thomas M. Izbecki(Leiden: Brill, 1991), pp. 101 - 115。

不是把它当成一种历史产物，那么关于科学变化的任何论述都必定是不充分的。库萨的尼古拉的思辨对科学的确有暗示和影响。[1] 认真对待这些暗示和影响的人必定会拒斥当时仍然占统治地位的亚里士多德主义科学观。虽然库萨的尼古拉首先是教会的仆人，但他其实也对当时的科学技术以及如何推进它们感兴趣。

那么，库萨的尼古拉的思辨的大胆之处在哪里呢？我再次引用柯瓦雷的话："我们不得不称赞库萨的尼古拉宇宙论思辨的大胆和深刻，特别是，他竟然把上帝的伪赫尔墨斯主义（pseudo-Hermetic）特征转加给了宇宙：'一个中心无处不在、圆周处处不在的球体。'"[2] 在以下章节，我将详细考察这个隐喻，它的确为我们提供了一把理解库萨的尼古拉的思辨的钥匙。稍后我将尝试指出这些思辨与新科学之间的概念联系。

二

在转向无限球体的隐喻之前，我们先交代一下这位红衣主教的生平，他将是以下章节的谈论重点。[3] 他的哲学和神学著

---

[1]　参见 Günter Gawlick, "Zur Nachwirkung cusanischer Ideen im Siebzehnten und Achtzehnten Jahrhundert,"in *Nicolò Cusano*, pp. 225 – 239。

[2]　Koyré, *From the Closed World to the Infinite Universe*, p. 18. 另见 Karsten Harries, "The Infinite Sphere: Comments on the History of a Metaphor," *Journal of the History of Philosophy* 13, no. 1(1975), pp. 5 – 15. 本章和下一章发展了我这篇论文的论证。

[3]　参见 Edmond Vansteenberghe, *Le cardinal Nicolas de Cues* (1401 – 1464), *l'action, la pensée* (Frankfurt am Main: Minerva, 1963); Maurice de Gandillac, *La philosophie de Nicolas de Cues* (Paris: Aubier, 1942), and thoroughly rev. German ed. , *Nikolaus von Cues: Studien*

作必须在其生活和时代的背景下来解读，因为库萨的尼古拉或许比前苏格拉底哲学家以来的任何哲学家都更深谙世道，他看到旧世界正在逐渐瓦解。宗教改革即将发生，[①]库萨的尼古拉认为应当为教会的改革出力，以维护教会。其神学和哲学思辨的目的也别无二致。在某种意义上，他在生活中也把"行动和操作的科学"置于"沉思的科学"之前，虽然不是在笛卡儿的意义上。

　　1401 年，库萨的尼古拉生于库萨（Kues，拉丁文为 Cusa），这是摩泽尔（Moselle）河畔距离特里尔不远的一座村庄，今天以葡萄酒而闻名。他的家庭显然相当富有，[②]主要靠河运谋生。这种与河的关联从其姓氏"克雷布斯"（Krebs 或 Chryfftz）就可以暗示出来，意思是"小龙虾"，这种动物被画在这位红衣主教的盾形纹章上。我们仍然可以从与他相关的一些教堂中、在 1488 年被覆于他心脏的铜牌上看到这些纹章，根据他的遗愿，这块铜牌被葬于他在家乡创建的临终病人安养所小教堂的祭坛前。

　　关于库萨的尼古拉的童年，我们知之甚少。有一些旁证表明，他在德文特（Deventer）著名的拉丁学校随同"共同生活弟兄会"（Brothers of the Common Life）学习，60 年后，鹿特丹的伊拉斯谟

zu seiner Philosophie und philosophischen Weltanschauung, trans. Karl Fleischmann (Dusseldorf: Schwann, 1953); Erich Meuthen, *Nikolaus von Kues 1401 – 1464: Skizze einer Biographie*, 2nd rev. ed. (Munster: Aschendorff, 1992)。

　　① 参见 Will-Erich Peuckert, *Die Große Wende: Das apokalyptische Saeculum und Martin Luther*, 2 vols. (Darmstadt: Wissenschaftliche Buchgesellschaft, 1948), 2: 501 – 505。

　　② 参见 *Acta Cusana: Quellen zur Lebensgeschichte des Nikolaus von Kues*, ed. Erich Meuthen, Bd. I, 1 (Hamburg: Meiner, 1976), Nrs. 2 – 10, 13。

(Erasmus of Rotterdam)也是如此。[①] 我们可以猜想,他这些年已经熟知莱茵河流域的神秘主义。库萨的尼古拉就读于唯名论的中心之一海德堡大学时只有 15 岁,当时他已是一名教士。也许一年后,[②]他离开海德堡去了帕多瓦,后者是当时欧洲领先的大学,特别是在自然研究方面——100 年后,哥白尼正是在这里完成了学业。库萨的尼古拉在帕多瓦大学待了 6 年,1423 年获得了法学博士学位。除了教会法,他还学习了数学和天文学。在帕多瓦他结识了一些朋友,其中最重要的是数学家兼医生保罗·托斯卡内利(Paolo Toscanelli),并终生与之保持着密切关系。在罗马短暂逗留之后,库萨的尼古拉又回到了莱茵兰,我们可以从其领取的教士俸禄得知,特里尔大主教非常敬重这位年轻的教士。有了这一支持,库萨的尼古拉得以于 1425 年在科隆大学继续其神学和哲学研究。在那里,崇拜大阿尔伯特(Albert the Great)和雷蒙德·鲁尔(Raymond Lull)的学者海梅里克·德坎普(Heimeric de Campo)似乎成了他的导师。与此同时,库萨的尼古拉作为一名教会法教师似乎已经声名远播,否则便很难理解为什么 1428 年鲁汶大学会为他提供教授职位。他没有接受这一职位,或许是因为大主教奥托·冯·齐根海因(Otto von Ziegenhain)对其另有安排,当时把他召回了特里尔(这份邀请 1435 年又发了一次,但再次被拒绝)。1427 年,库萨的尼古拉回到罗马担任大主教的代表。

---

① Gerd Heinz-Mohr,"Bemerkungen zur Spiritualität der Brüder vom gemeinsamen Leben,"in *Nicolò Cusano*,p. 471.

② 参见 *Acta Cusana*,Nr. 11,pp. 3 - 4。

在随后几年,库萨的尼古拉积极参与教会政治。大主教奥托 26
在 1430 年的去世导致特里尔出现了一场有争议的主教选举,由大
教堂多数教士选出的候选人雅各布·冯·西尔克(Jacob von
Sirck)与乌尔里希·冯·曼德沙伊德(Ulrich von Manderscheid)
相互较量;后者最初只获得两票,但是得到了当地贵族的支持。这
是天主教会大分裂在当地的重复,不久前,天主教会大分裂使教会
在罗马和阿维尼翁的教皇之间分裂了 40 年(有 10 年还要加上第
三位教皇,当时比萨会议徒劳地试图废黜两位竞争对手,自立候选
人)。① 大分裂直到 1417 年才随着康斯坦茨会议而宣告结束,这
次会议宣布,这样一次大公会议优先于所有个人,甚至包括教皇,
它以马丁五世(Martin V)取代了所有三位教皇。这位教皇试图通
过任命自己的候选人施派尔(Speyer)主教拉班(Raban)来结束特
里尔的分裂,尽管大教堂的全体教士当时已经团结在乌尔里希·
冯·曼德沙伊德周围。乌尔里希已经选择了这位精通宗教法规的
年轻学者作为他的秘书,以在巴塞尔会议上(旨在完成始于康斯坦
斯会议的工作)当众为地位不稳的他作辩护。库萨的尼古拉对拉
丁文手稿的兴趣结出了硕果,他重新发现了普劳图斯(Plautus)的
十二部喜剧,这已经使他在意大利人文主义者中获得了一定知名
度。尽管做过多次陈词,库萨的尼古拉仍然没能说服那些人相信
他的赞助人的优点,但他很快就成为巴塞尔最善于表达和富有影
响力的政治家之一。

---

① 参见 Paul E. Sigmund, *Nicholas of Cusa and Medieval Political Thought*
(Cambridge,Mass.:Harvard University Press,1963),pp.11-38。

库萨的尼古拉 1432 年刚到巴塞尔时，巴塞尔会议正陷于一片混乱。他在帕多瓦的一位老朋友，即此时的红衣主教朱利亚诺·切萨里尼(Giuliano Cesarini, 1398—1444)，1431 年曾被教皇马丁五世任命为特使来主持巴塞尔会议。现在他辞了职，以抗议马丁五世的继任者尤金四世(Eugenius IV)颁布的一份诏书。尤金四世宣布解散巴塞尔会议，作为回应，巴塞尔会议重申教皇要服从康斯坦茨大公会议的声明。在皇帝的支持下，巴塞尔会议决定勒令教皇暂时停职——为免于此，教皇抢先屈服于会议的命令，撤销了其早先的解散诏书。毫不奇怪，库萨的尼古拉一到巴塞尔就积极支持巴塞尔会议与教皇做斗争——他在其第一部作品《论公教和谐》(De Concordantia Catholica, 1433)中便显示为这样一位支持者。

27   但著名的或臭名昭著的是，库萨的尼古拉没过多久便倒戈支持了教皇。是因为他输了官司而转而反对巴塞尔会议吗？抑或巴塞尔会议上似乎徒劳的无休止争论使他不再信任民主进程，而更加相信专制统治？使巴塞尔会议发生分裂的各个派别、巴塞尔会议的激进化、其日益尖锐地反对教皇，都必定使终生追求和谐的库萨的尼古拉心烦意乱。巴塞尔会议竟然将自己确立为教会的最高管理机构，坚持教皇的收税员今后要把钱送到巴塞尔而不是罗马，并自称有权发行赎罪券和追封圣徒。[①] 使巴塞尔会议发生分裂的一个议题是其民主化决定，即声称普通的教区教士或艺学硕士拥有与主教或红衣主教相同的选举权——这一发展致使大多数高层

---

①　参见 Paul E. Sigmund, *Nicholas of Cusa and Medieval Political Thought* (Cambridge, Mass. : Harvard University Press, 1963), 221, 227。

神职人员重新思考他们对教皇的质疑。这样一个分裂的会议能要求什么权力？库萨的尼古拉本人也指出，一次有效会议的标志"是最终达成和谐，他这样说的意思似乎是一致同意"。[1] 被其记录者之一埃涅阿斯·西尔维乌斯（Aeneas Sylvius）比作"酒馆里的一群醉汉之言"[2]的巴塞尔会议上的谈判，怎能要求高于教皇呢？用保罗·西格蒙德（Paul E. Sigmund）的话说："在库萨的尼古拉看来，这次部派分裂的会议不是上帝的教会，而是撒旦的犹太会堂。"[3]

在一个教会和欧洲可能因离心力而分崩离析的世界中，库萨的尼古拉努力争取统一性；因此，在大教堂的一次纷乱喧嚣的会面（1437 年 5 月 7 日）之后，他与支离破碎的、乖张的巴塞尔会议最终决裂似乎并无不当。在这次会面中，面对着重新统一东西方教会的可能性，大多数人拒绝履行希腊代表的意愿，希腊人出于明显的理由坚持要求最终谈判在亚得里亚海的一个港口城市举行。[4]在赴君士坦丁堡为这次重新统一的会议做准备之前，库萨的尼古拉随同两位主教和希腊代表前往博洛尼亚，以寻求教皇批准。那年晚些时候，当教皇把会议转移到意大利时，留在巴塞尔的人试图重新确立他们的权力，勒令教皇暂时停职，并且剥夺了其支持者（包括库萨的尼古拉）在教会的职位。[5]

---

① 参见 Paul E. Sigmund, *Nicholas of Cusa and Medieval Political Thought* (Cambridge,Mass.：Harvard University Press,1963),p. 233。

② Ibid.,p. 224. Cf. Peuckert,*Die Große Wende*,2：501 – 505.

③ Sigmund,*Nicholas of Cusa*,p. 229.

④ Ibid.,p. 228.

⑤ Ibid.,p. 225.

28   毫无疑问,老友切萨里尼(当巴塞尔会议拒绝顺应希腊人的意愿时,他也与巴塞尔会议决裂)的考虑愈发促使库萨的尼古拉决定抛弃巴塞尔会议。他也像其敌人所指责的那样受到了机会主义的驱使和鼓动吗?无论出于何种原因,巴塞尔使库萨的尼古拉不知疲倦地捍卫教皇至上主义,这一逆转将使一些教会会议至上主义者成为他终生的死敌,比如被埃涅阿斯·西尔维乌斯称为"尤金的赫拉克勒斯"(the Hercules of the Eugenians)的狂热的格雷戈尔·冯·海姆堡(Gregor von Heimburg),也使他得到了教皇尤金四世及其继任者尼古拉五世、加里斯多三世(Calixtus III)和庇护二世(Pius II,即埃涅阿斯·西尔维乌斯[Aeneas Sylvius])的个人支持。我们看到,库萨的尼古拉在这些年里积极致力于使基督教世界恢复团结。作为会议成员,他与波希米亚的胡斯派进行谈判;他提出的妥协方案虽然最初遭到拒绝,但却成为 1436 年达成协议的基础。我已经提到他前往君士坦丁堡与东部教会进行协商,由于受到奥斯曼帝国扩张的威胁,当时东部教会正在寻求西部教会的支持。事实上,费拉拉会议(1439 年转到佛罗伦萨)曾经实现过短暂的统一——尽管这无法拯救君士坦丁堡,几年后的 1453 年,它便陷落于土耳其人之手。但巴塞尔会议日益增长的敌意笼罩着佛罗伦萨所获得的成就。对于教皇命令重新统一教会,巴塞尔会议的回应是罢免他,选出自己的敌对教皇。大分裂似乎又卷土重来,它使库萨的尼古拉从 1438 年起就一直忙碌着,以往任何时候都更加强烈地断言教皇的最高权威,挑战巴塞尔会议的权威。直到 1448 年,它给教皇权威造成的威胁才由《维也纳协定》(Concordat of Vienna)所终止,接下来是反教皇菲利克斯五世(Felix V)的辞职,以及 1449 年最终签署所达成的协议。

　　库萨的尼古拉为教皇和教会所做的不懈努力并非没有回报:1440 年前后,他被任命为神职人员,这首先意味着经济上的保障;教皇尤金四世 1447 年去世前任命库萨的尼古拉为红衣主教,这项任命被其继任者、于不久后的 1450 年即位的尼古拉五世重新确认,后者任命库萨的尼古拉为布伦纳(Brenner)南部布利克森(Brixen,即布雷萨诺内[Bressanone])的采邑主教(prince-bishop)。这并不是一个愉快的选择:从一开始,被教皇任命的人就被提洛尔人(Tyroleans)视为不速之客,提洛尔人已经选择了西吉斯蒙德大公(Duke Sigismund)的秘书莱昂哈德·维斯迈尔(Leonhard Wiesmayer)担任他们的主教,但迫于皇帝之命接受了教皇的决定。

　　在担任布利克森的职位之前,库萨的尼古拉受教皇派遣,赴德国和低地国家完成一项重要任务,即改革一个亟待改革的教会。大公会议至上主义(conciliarism)仍在发酵,支持它的是一些可能导致教会和帝国发生分裂的民族利益,有无数辱骂和诋毁需要应对。宗教改革表明,库萨的尼古拉不够成功,因为离心力的作用被证明过于强大,难以克服;中心不再能够维系——只要活着,库萨的尼古拉就要努力解决这个问题。

　　直到 1452 年,库萨的尼古拉才得以在布利克森定居——但"定居"很难说是正确的词:这位顽固的红衣主教试图用威胁、教会禁令和军事力量来实现他认为必要的改革,这激起了反抗力量,甚至威胁到其生命,他最终被提洛尔人的大公西吉斯蒙德抓获。西吉斯蒙德决定抵制教皇和被教皇任命的人,库萨的尼古拉在巴塞尔时代的敌人、已成大公顾问的格雷戈尔·冯·海姆堡对此表示支持。直到作出妥协,库萨的尼古拉才得到释放(他后来撤销了这些被迫作出的妥协)。1460 年,他离开提洛尔前往罗马,在那里,老友埃涅阿斯·西尔维乌斯·皮科洛米尼(Aeneas Silvius Piccolomini)正急切等待他的归来。在库萨的尼古拉的支持下,皮科洛米尼已于 1456 年成为红衣主教,1458 年成为教皇庇护二世;这位新教皇学会了尊重和依靠库萨的尼古拉的判断,1458 年任命他这位盟友为教皇国的代理主教。① 他很高兴能与库萨的尼古拉再次共事,并让库萨的尼古拉在罗马忙个不停,虽然在罗马以及稍后在奥维多(Orvieto),②库萨的尼古拉的改革尝试被证明是无效的。

与此同时,布利克森的形势仍然没有得到缓解。教皇和皇帝努力数年才与提洛尔大公制定出一个妥协方案,允许库萨的尼古拉返回。但 1464 年 8 月 11 日,就在协议生效前两个星期,在奉教皇之命帮助照料聚集在安科纳(Ancona)的残余部队(正在为一次十字军东征做着徒劳的准备,因为它从未得到足够支持)期间,库萨的尼古拉在托迪(Todi)去世。他的朋友庇护二世也于 3 天后去世。③

意大利人文主义者约翰内斯·安德烈亚斯·布西(Johannes Andreas Bussi)——担任过红衣主教的秘书 6 年,在红衣主教的

---

① Erich Meuthen, *Die letzten Jahre des Nikolaus von Kues:Biographische Untersuchungen nach neuen Quellen*(Koln:Westdeutscher Verlag,1958),p. 28.

② Ibid.,pp. 116 - 122.

③ Ibid.,pp. 122 - 125.

鼓励下,他在苏比亚科(Subiaco)的本笃会修道院设立了的第一个
意大利印刷车间(1465 年)——在致教皇保罗二世的一封书信中
包括了一篇纪念库萨的尼古拉的悼词,并附有库萨的尼古拉对阿
普列乌斯(Apuleius)著作的翻译(1469 年)。他在其中称赞库萨　　30
的尼古拉是"所有人之中最好的人"(*vir eo melior nunquam sit
natus*),因为(除其他事项外)"他记忆中保存的不只是古代作家的
作品,而且也有中世纪早期和晚期直到我们这个时代的作品"。①
这似乎是我们第一次遇到"中世纪"(*media tempestas*)一词:一个
已被跨过的时代门槛。②

<h2 style="text-align:center">三</h2>

　　让我们回到无限球体,它当然不是源自库萨的尼古拉。博尔
赫斯(Borges)在《迷宫》(*Labyrinths*)的一篇小文章《帕斯卡的可
怕球体》("The Fearful Sphere of Pascal")中概述了这则隐喻的历
史。在这篇文章中,博尔赫斯将其起源追溯到前苏格拉底哲学
家——克塞诺芬尼(Xenophanes)、巴门尼德(Parmenides)和恩培
多克勒(Empedocles),然后跳过几个世纪开始谈论 12 世纪神学
家里尔的阿兰(Alan of Lille),据说他曾在一份据说是三重伟大的

---

① *Vir ipse*,*quod rarum est in Germania*,*supra opinionem eloquens et Latinus*,
historias idem omnes non priscas modo,*sed mediae tempestatis tum veteres*,*tum recen-*
tiores usque ad nostra tempora memoria retinebat. 引自 Nikolaus von Cues,*Vom Nicht-*
anderen,trans. Paul Wilpert,(Hamburg:Meiner,1952),p. 101 n. 1.

② 参见 Peuckert,*Die Große Wende*,2:333 - 344。

赫尔墨斯所写的残篇中发现了这一表述："上帝是一个可理解的球体，其中心无处不在，圆周则处处不在。"①据说此后的中世纪作者便把它用作上帝的隐喻。根据博尔赫斯的说法，直到新天文学的发现粉碎了中世纪的封闭世界之后，乔尔达诺·布鲁诺（Giordano Bruno）在"跟人讲述哥白尼学说的空间"时，才把宇宙描述为一个无限球体。然而，虽然布鲁诺为这种无限而欢欣鼓舞，但"70 年后，那种热情已经荡然无存，人们感到在时间和空间中迷失了。……对于布鲁诺来说，绝对空间意味着解放，如今它却变成了一个迷宫，对帕斯卡而言则是一个深渊"。自然已经"成为一个可怕的球体，其中心无处不在，圆周则处处不在"。②

　　博尔赫斯所讲的故事很符合柯瓦雷关于新科学的说法：新科学既是开创我们现代世界的那场革命的成果，也是其根源。我已经质疑了这种说法。我们也要质疑博尔赫斯所作的概述，它既需要充实，也需要更正。博尔赫斯强调"被给予若干隐喻的不同言说方式之历史"的重要性，并且让我们特别注意无限球体历史中的核心转变，即从上帝转移到宇宙，这是正确的。但博尔赫斯把功劳归于布鲁诺却是错误的——布鲁诺这里只是在追随库萨的尼古拉。指出这一点并非是要纠正博尔赫斯的概述，而是要赋予那个隐喻

---

①　关于三重伟大的赫尔墨斯和赫尔墨斯主义传统，参见 Frances A. Yates, *Giordano Bruno and the Hermetic Tradition*(Chicago: University of Chicago Press, 1979), pp. 1 - 19；另见 p. 247 n. 2。伊萨克·卡索邦（Isaac Casaubon）在 1614 年表明，赫尔墨斯文献的作者不可能是那位传说中的埃及人，而是源自基督教早期，实际上依赖于柏拉图主义文本和基督教文本(pp. 398 - 403)。

②　Jorge Luis Borges, "The Fearful Sphere of Pascal," in *Labyrinths: Selected Stories and Other Writings*(New York: New Directions, 1964), pp. 189 - 192.

以更大的重要性。本着柯瓦雷的精神，博尔赫斯暗示，这个隐喻是在 16 世纪的天文学发现和理论之后才从上帝转移到宇宙的。其 31 实反过来才是正确的；该隐喻的转移要先于新天文学，是为新天文学做准备的。我们不应对此感到惊讶，因为这些天文学观测和思辨预设了一种新的看世界的方式。正如托马斯·库恩（Thomas S. Kuhn）所指出的："天文学家用古老的仪器观测古老的对象，却能轻松而迅速地看到许多新东西，我们不由得要说，哥白尼之后的天文学家生活在一个不同的世界。"[①]这句话的最后一部分有些误导，它再次暗示这个新世界的基础在于哥白尼革命。然而，只有人类理解世界的方式发生了一种更加根本的转变，在知觉和思想上开启了新的可能性，那场革命才是可能的。柯瓦雷称库萨的尼古拉"令人惊讶地把上帝的伪赫尔墨斯主义特征转移给了宇宙：'一个中心无处不在、圆周处处不在的球体'"，这是对这种转变的更好理解的一部分，也是它的一个关键。

　　但库萨的尼古拉对该隐喻的转移真的如此令人惊讶吗？正如我将在下一章更详细地表明的，这难道不是此隐喻本身所暗示的东西吗？也就是说，无限球体的隐喻预设了一种对上帝和人的理解，这种理解必定会使反思超越于中世纪的宇宙。一种深刻的历史和系统关联将中世纪的神秘主义与新宇宙论联系在一起。[②] 除

　　① Thomas S. Kuhn, *The Structure of Scientific Revolutions*, 2nd ed. (Chicago: University of Chicago Press, 1970), p. 117.

　　② Dietrich Mahnke, *Unendliche Sphäre und Allmittelpunkt* (Halle: Niemeyer, 1937) 是关于无限球体历史的最佳论述。在追溯这段历史时，Mahnke 强调了库萨的尼古拉的重要性，并且表明，近代宇宙论至少有一个根源是数学神秘主义。但他的论述未能清晰阐述这种关联的哲学意义。

非已经认识到这种关联,否则像库萨的尼古拉那样的思想家将显得像是中世纪神学讨论与一些非常现代的认识论和宇宙论思辨的一种奇特混合。(对其政治思想也可给出类似说法。)不过,这种二分是错误的。在库萨的尼古拉的著作中,这两种研究紧密相关,神学很自然地导向了宇宙论。①

　　我将转向《论有学识的无知》(*De Docta Ignorantia*,1440)第二卷第12章——《论地球状况》(*De conditionibus terrae*)的开篇,这也许是其所有著作中最常被提及和讨论最广泛的片段。

　　　　古人没有提出我刚才所说的这些观点,这是因为他们缺乏有学识的无知。在我们看来已经显然,地球确实是在运动,虽然在我们看来它似乎是静止的。事实上,只有对照某种静止的东西,我们才能把握运动。例如,如果一个人站在河流中的船上,看不见河岸,也不知道水在流动,他怎么会知道船在运动呢?②

　　库萨的尼古拉邀请读者做一个简单的思想实验。这个实验对他必定有一种非常个人的意义:正如他在致红衣主教切萨里尼的信(附在该书结尾作为收场白)中告诉我们的,库萨的尼古

---

　　① 关于“对库萨的尼古拉《论有学识的无知》中无限球体的思辨解释”的出色讨论,参见 Elizabeth Brient,"The Immanence of the Infinite:A Response to Blumenberg's Reading of Modernity,"(Ph. D. diss. ,Yale University,1995),pp. 228 - 313。

　　② Nicholas of Cusa,*On Learned Ignorance*,trans. Jasper Hopkins(Minneapolis:Banning,1981),II. 12,pp. 116 - 117. 此后正文中用括号引用此版本。

拉是在 1437/1438 年冬天想出《论有学识的无知》的基本思想
的,那时他"正循海路从希腊回来"(p.158),在那里他致力于罗
马和希腊教会的重新统一,致力于对各种不同观点进行调和。
关于巴塞尔的争论,关于不同派别专注于分裂,而不是专注于
他们的共同目标即教会的统一,这些近期回忆对他当时的体验
必定有影响。

> 因此,每一个人无论是在地球上,太阳上,还是在另一颗
> 星辰上,总会有这样一种印象,认为他自己处于"不动的"中
> 心,而所有别的东西都在运动。当然,他确定的天极必定会依
> 照他位于太阳、地球、月亮、火星等等而各不相同。因此,世界
> 机器的中心可以说无处不在,而它的圆周则处处不在;因为上
> 帝乃是它的圆周与中心,而他正是无处不在而又是处处不在
> 的。(II.12;1,p.117)

我们用来给自己定位的天极是由我们创造出来的虚构之物。
因此,它们反映了观察者偶然的立足点和特殊视角。

从这段话一开始,库萨的尼古拉便诉诸有学识的无知原则。
我将在下一章回到这种观念,但这段话已能使我们初步了解它的
含义:在什么意义上古人缺乏"有学识的无知"? 有一件事情他们
没能理解,那就是视角的本性和能力。因此,他们会误把视角性显
现(perspectival appearance)当成实在(reality)。他们的地心宇宙 33
论便是源于这种错误。诚然,地球显得像是我们生活世界的稳定
中心。这种显现自然会使我们相信,地球必定也位于宇宙的中心。

但月球、火星或其他星球上的某个人难道不能得出相同观点而同样自信地宣称,他所居住的天体是宇宙的中心吗?库萨的尼古拉指出,静止和运动是相对概念;被我们视为静止的东西取决于我们的视角。通过破坏自然中心这种观念,这种思辨往往不仅削弱了中世纪的地心宇宙论,而且也削弱了即将取代它的哥白尼和开普勒的日心宇宙论。对库萨的尼古拉而言,不仅没有充分的理由把地球置于宇宙的中心,甚至连宇宙中心这种观念本身也不过是一种视角性的错觉和人的投射。我们的生活世界固然有其中心,这是由我们身体的偶然位置所确定的。但那个位置并不能限制反思。我可以想象我可能处在无数个位置,可以在思想中把自己置于最远的星星上。倘若我住在那里,我将把那颗星体验为宇宙的中心。对于与我们类似的所有众生来说也都是如此,无论它们可能是什么。在这个意义上,库萨的尼古拉可以说,"世界机器的中心无处不在,而它的圆周则处处不在"。不要把我们的生活世界与这个"世界机器"相混淆:在我们看来,地球似乎是静止的,就像太阳、月亮和星星似乎在升落一样。但它们的运动是相对于被我们当作静止的东西而言的;我们无权宣称地球其实是静止的(或者是运动的),就像已经看不到海岸的船上的旅客无法判断自己的运动一样。我们能看到前途莫测的地球这艘太空飞船所处的"海"的海岸吗?而如果我们无法理解我们宇宙的中心,我们也就不能谈及确定的边界。

《论有学识的无知》中的这段话可以与哥白尼《天球运行论》(De Revolutionibus)中旨在让读者更易接受新天文学的一段话相比较。

为什么我们不肯承认,看起来属于天界的周日旋转其实
是地球运动的反映呢? 正如维吉尔(Virgil)著作中的埃涅阿 34
斯(Aeneas)所说:"我们驶出海港前行,陆地与城市退向后
方。"当船只在平静的海面上行驶时,船员们会觉得自己与船
上的东西都没有动,而外面的一切都在运动,这其实只是反映
了船本身的运动罢了。由此可以想象,当地球运动时,地球上
的人也会觉得整个宇宙都在作圆周运动。①

哥白尼在用《埃涅阿斯纪》(Aeneid)来修饰自己的话时,也用
了船上的人的例子,以提醒读者注意视运动的相对性。反思视角
的本性可以教导我们,呈现给眼睛和知觉的东西仅仅是主观的表
象。要想达到"现实性"或客观实在,就必须对视角性显现进行反
思。原则上不能把实在看成它显现出来的样子。实在本身是不可
见的。这种对眼睛的不信任是正在兴起的现代实在观的一个鲜明
特征,我们还会回到它。库萨的尼古拉比哥白尼更为激进,这些反
思使库萨的尼古拉完全拒斥了宇宙中心的观念。我们的理解力能
够发现空间的中心吗?

这些反思对我们来说也许是显而易见的,但要看到以前作出
这些反思是多么困难,看到 15、16 世纪被认为显而易见的东西与

---

① Nicolaus Copernicus, *De revolutionibus Orbium Celestium*, I, 8 in *Das neue Welt-bild:Drei Texte:Commentariolus, Brief gegen Werner, De revolutionibus I*, Lateinisch-deutsch, trans. , ed. , and intro. Hans Gunter Zekl(Hamburg:Meiner, 1990); trans. as "The Revolutions of the Celestial Spheres," in *The Portable Renaissance Reader*, ed. James Bruce Ross and Mary Martin McLaughlin(New York:Viking, 1953), p. 591.

之是多么不同,可以考虑第谷·布拉赫(Tycho Brahe)关于 1573 年观察到一颗新星的著名报告。应当指出,第谷是当时——也就是望远镜出现之前——最敏锐的天空观察者:

　　去年[1572 年]11 月 11 日傍晚,日落之后,我正和往常一样思考晴朗天空中的星星,我注意到一颗比其他星星更亮的不同寻常的新星几乎就在我头顶上方闪耀;由于几乎从少年时代起,我就对天空中所有的星星一清二楚(获得这一知识并不太难),因此在我看来很明显,以前天空中那个地方从未有过星星,即使是最小的也没有,更不要说如此明亮的星星了。看到这一幕我非常惊讶,我不得不怀疑自己的眼睛是否可信。但是当我注意到,别人沿着我所指的方向也能看到有一颗星时,我没有再进一步怀疑。这的确是一个奇迹,要么是自创世以来整个自然界发生的最大奇迹,要么肯定可以将其列为那些已被神谕证实了的奇迹,比如约书亚的祷告使太阳停住不动,以及耶稣钉十字架时太阳的脸变暗。因为所有哲学家都同意,事实也清楚地证明是如此,在天界的以太区域没有任何生灭变化发生;天界和天体既不增大或减小,也不发生质的变化,无论在数量、大小、亮度或任何其他方面;它们总是保持不变,在各个方面都保持原样,时光不会消磨它们。①

35

---

　　① Tycho Brahe, *De Nova Stella*, trans. J. H. Walden as "The New Star" in Ross and McLaughlin, *The Portable Renaissance Reader*, pp. 593 – 597.

这里表明,第谷在许多方面都受到传统宇宙观的束缚。请注意使他难以接受他所看到的东西的那些预设:第谷同意亚里士多德的权威观点,即月亮之上的世界不会有生灭变化——唯一的例外是神迹。还有一个预设是宇宙的异质性,发生生灭变化的地界不同于不发生生灭变化的天界。

第谷的观察粉碎了传统世界观吗?肯定是一次沉重打击。但在一百多年前,库萨的尼古拉已经认为对宇宙异质性的信念乃是基于视角性的错觉和无知。考虑《论有学识的无知》第二卷第11章的结尾:

> 我们假定一个人在地球上处于北天极下面,而另一人处于北天极上,那么对那个在地球上的人来说,天极似乎就在天顶,而对那个在天极上的人来说,中心看起来就在天顶。正如那些对跖人和我们一样上方也有天空,所以,在处于南北两个天极上的人看来,地球都像是处于天顶;不论一个人处在什么地方,他都会相信自己在中心点上。因此,把所有这些你所想象的各种图像融合在一起,中心就成了天顶,而天顶也就成了中心;凭借理智(只有有学识的无知对它有帮助),你将会看到,世界及其运动和形状都不可能被理解,因为世界的样子就像是一个轮子套在一个轮子里面,一个天球套在一个天球里面——其中心和圆周处处不在,如前面已经说明的那样。
> (II. 11;p. 116)

36

该思想实验旨在破坏关于绝对中心的信念。而如果没有绝对中心，我们就不能谈及绝对运动。

第谷·布拉赫仍然依赖的传统等级宇宙观取决于中心这一概念。由于这种想法受到了质疑，一个等级分明的有序宇宙的观念也随之受到质疑。因此，这种观念早在有观测——比如第谷对新星的观测——来支持那种质疑之前很久就遭到了思辨上的挑战。更重要的是，只有这种思辨所提出的挑战才为一门注重这些观测的科学做好了准备。为什么第谷要不辞劳苦地测量其新星的视差，以表明它的确在月亮以上？第谷看到的那颗星并不是第一颗被观察到的超新星。早先的"新星"都没有产生这种影响，这表明思想气氛发生了变化。

四

这位红衣主教的思辨的前提是对视角现象有了一种非同寻常的兴趣。库萨的尼古拉喜欢玩视角变化的游戏，他请读者把自己置于其他某个位置，比如地球的另一侧、月亮、火星或者北天极。当视角发生这样一种转变时，事物会如何呈现给我们呢？这种对视角的兴趣无论在历史上还是概念上都与新科学客观的同质空间联系在一起。

在支持其宇宙同质性论点时，库萨的尼古拉用几个思想实验来质疑认为地球卑下的传统观点。他试图表明，地球的黑暗（据称证明了其卑下）本身只是一种视角性显现：

　　此外，[地球的]黑暗也不是地球卑下的证据。因为我们所能看见的太阳光亮对于处在太阳上的人来说就不可见。如果考察太阳，我们可以发现，靠近其中心处仿佛有一种"土"，周围区域有某种"火一般的"亮光，两者之间则是一种"水质的云和较明亮的气"，就像我们的地球有自己的元素一样。因此，如果一个人处在火的区域之外，而我们的地球处在这个区域周围，那么经由火这一介质，地球看起来就像是一个明亮的星体；就像我们处于太阳区域周围，在我们看来太阳显得极为明亮一样。月亮之所以看起来不是那么明亮，也许是因为我们处在其边界内部，且面对着靠近中心的部分——也可以说处于月亮的"水质区域"内。(II. 12；pp. 117－118)

37

我引用这个论证是因为它显示了库萨的尼古拉与亚里士多德宇宙的决裂是多么彻底，他对宇宙的同质性是多么确信。诚然，他仍然诉诸关于元素及其排序的传统理论，但他现在说每颗星星都是类似的：他认为，每一个天体都"可以说"有其土球层、水球层和火球层。① 如果现象似乎与此相违背，那只是因为我们有特殊的视角。我们当然知道，在这方面库萨的尼古拉是大错特错了，他这里的视角主义大大言过其实：太阳、月亮和地球之间的差异要比他所认为的更加深刻。但应该记住，他所预设的宇宙同质性观点在很大程度上仍然为我们所认可：例如，这是我们寻找外星智慧的一个前提，稍后我还会回到这一点。

与宇宙同质性的论点相一致，库萨的尼古拉坚持认为，地球是

----

① 参见第七章第三节。

无数星体中的一颗："地球乃是一颗高贵的星体，它有自己特有的光、热和影响，不同于其他一切星体，正如每颗星体都在光、本性和影响方面不同于任何其他星体。"(II. 12；p. 118)诚然，每颗星体都各有不同，但这种差异并非源于宇宙的某种等级结构。我们没有理由说一个比另一个更高贵。在某种重要的意义上，所有星体都有同等价值，因而是等价的。库萨的尼古拉以同样方式否认地球接收到的"影响"是"其不完善性的证据。因为或许正如我已经说过的，地球作为一个星体也会影响太阳和太阳区域。由于我们只能在影响汇合的中心处来经验自己，所以我们经验不到这种反影响"。(I. 12；p. 119)

死亡和朽坏同样不是地球卑下的证据：

38　　　　此外，我们在地球上所看到的物质朽坏也并非地球卑下的强有力证据。由于存在着一个共同的世界，由于所有星体之间存在着因果联系，我们决不能宣称任何一个事物是完全可朽的。毋宁说，一个事物只有根据某种存在样式才是可朽的，一旦因果影响——就好像收缩到了某一个体上——被分离，那么如此这般的存在样式就消亡了。因此，正如维吉尔所说，死亡并不占据任何空间。因为死亡似乎只是一个复合体被分解成它的各个组分。谁能知道这样的分解只在地球上发生呢？(II. 12；p. 120)

柯瓦雷本可以用这些段落来支持他的说法，即库萨的尼古拉并非作为一个科学家来写作。他确实只是在做思想实验：想象事物在完全不同的视角之下可能会怎样呈现,以防我们把碰巧属于地球视角的东西错误地绝对化。但是说库萨的尼古拉这里**仅仅**是在从事思想实验,并不是说他不希望读者认真对待这些实验。库萨的尼古拉会说服他们相信,我们的世界经验被碰巧属于我们视角的东西所局限,我们不应认为这一视角使我们通达了事物的真相;还有无限多种其他可能的视角,每一种视角都对应着一种可能的经验,人们在这些经验中都会把自己当作中心。我们没有充分的理由认为其中一种优于另一种。支持我们地心说的仅仅是一种自然错觉——之所以自然,是因为地心说建基于经验的本性本身,这种经验不可避免会把经验主体置于事实上被它体验为中心的地方。有学识的无知将把这种中心主义错觉揭示为弗朗西斯·培根后来所谓的"部落偶像"。

早些时候我曾指出,库萨的尼古拉所预设的宇宙的同质性在很大程度上仍然为我们所认可。在这方面值得注意的是,库萨的尼古拉已经由此断言,太阳和月亮等其他天体上必定也有居民;甚至当他坚称"由于我们对整个区域一无所知,那些居民一直是完全未知的"时,他也毫不犹豫地去猜测他们可能是什么样子(II. 12;p. 120)。他知道,所有这些思辨都仅仅是猜测,不应过于严肃地对待,其中许多也的确很不切实际。但在这里,细节并不重要,重要的是对视角的反思,以及如何用视角来破坏关于中心的传统观念。有了这种破坏,对宇宙异质性的传统理解也就瓦解了。现在"上"和"下"还有什么意义?在库萨的尼古拉所设想的宇宙中,还能给天堂和地狱指定什么位置?因此,有学识的无知不仅导致了对传统地心说的拒斥,而且也远远超越了日心说。在这个意义上,柯瓦雷正确地指出，库萨的尼古拉远远超越了哥白尼。

在接下来几个世纪里，《论有学识的无知》第二卷第 12 章经常被引用。[1] 库萨的尼古拉被视为哥白尼的一个先驱。就此而言，有人希望他能够对建立新科学的合法性有所贡献：一位红衣主教曾经倚仗其免责权说过的话，不应对哥白尼的学说不利。于是，托马索·康帕内拉（Tommaso Campanella）把库萨的尼古拉用在了《为伽利略申辩》（*Apology for Galileo*）中，笛卡儿、梅森（Mersenne）和伽桑狄（Gassendi）也是这样做的。[2] 正如我们将要看到的，布鲁诺是所有这些人当中最热情的。

但是在随后几个世纪，特别有一种观点一再出现，它在从开普勒到康德的思辨中发挥了重要作用，那就是：可能有无数其他天体上居住着智能居民。正是在这种语境下，库萨的尼古拉出现在罗伯特·伯顿（Robert Burton）的《忧郁的解剖》（*Anatomy of Melancholy*，1621）中，也出现在惠更斯（Christian Huygens）和丰特奈勒（Fontenelle）等人的著作中。[3] 启蒙思想家几乎认为这种观点是理所当然的。直到今天，它仍然很有吸引力，尽管我们必须到越来越远的地方去寻找这些地外生命。

而我们现在仍然没有发现这些地外生命，对于一种认同宇宙同质性观点的科学来说，这令人倍感尴尬。[4] 20 世纪 70 年代末，

---

[1]　参见 Günter Gawlick，"Zur Nachwirkung cusanischer Ideen，"pp. 225 - 239。

[2]　Tommaso Campanella，*Apologia pro Galileo*（Frankfurt am Main：Tampach，1622），p. 9；Gawlick，"Zur Nachwirkung cusanischer Ideen，"p. 329.

[3]　Gawlick，"Zur Nachwirkung cusanischer Ideen，"p. 232.

[4]　Hans Blumenberg，*Die Genesis der kopernikanischen Welt*（Frankfurt am Main：Suhrkamp，1975），pp. 783 - 794.

天文学家、物理学家、化学家、生物学家和太空旅行专家齐聚马里兰大学帕克分校以讨论这种尴尬。会议的标题是："他们在哪里？我们未能找到地外生命意味着什么"。"他们"当然是指那些陌生的居民，被认为必定存在于太空中的某个地方，令人失望的是，我们尚未与之取得联系。据《纽约时报》报导，大多数与会者认为，这种失败将迫使我们放弃一个长期珍视的、被认为理所当然的信念。[①] 实际上，它所质疑的不仅是对地外生命的信念，而且也是宇宙的同质性原则，库萨的尼古拉在《论有学识的无知》中所揭示的正是这条原则的含意。今天，这些反思可能表现为以下形式：假定物质或多或少同质地存在于整个宇宙中。如果有一些过程可以使生命从无机物中产生，使智能从生命中产生，那么鉴于宇宙的广袤和物质的同质性，难道可以设想这种生命只出现过一次，也就是出现在地球上吗？同样的过程难道不是必定已经一次次产生了生命吗？坚持地球生命的独特性似乎就重新回到了一种前哥白尼的地心说。

　　马里兰会议上的文章标题是"与外星人亲密接触被认为不大可能"。这种失败的意义现在应该明确了：它促使我们重新思考对地球独特性的质疑，这种质疑是哥白尼传统的一部分，也是我们对实在的现代理解的一个预设。我将在本书最后一章作这种重新思考。

40

---

　　① "Close Encounters with Alien Beings Are Held Unlikely," *New York Times*, November 4, 1979, p. 12.

第三章　有学识的无知

一

《论有学识的无知》第11、12章中的宇宙论思辨依赖于我所谓的"视角原理"（principle of perspective）。它可以一般地表述如下：要把一个视角作为一个视角来思考，在某种意义上就已经超越了它，就已经认识到了它的局限。我们只能把从那个视角向我们显示的内容理解成某种东西的一种视角性显现，而这种东西不能如其本身地显示自己。要想意识到视角，就不仅要意识到所看到的东西，而且要意识到我们特定的视角是如何让所看到的东西以那种方式显现的，也就是意识到支配我们视觉的条件。透视空间的中心在感知的眼睛，更一般地说在感知的主体。任何东西在这个空间中的呈现都是相对于这个主体，都是某个对象对于主体的显现。因此，在这个空间中呈现的一切事物都仅仅是实在的显现，而实在本身在这个空间中不可能有位置。要想如其所是地显示实在本身，需要一种不同类型的空间，即客观空间，这里的"客观"被认为是与视角相对立的，即并非相对于空间中某个特定的视角。

意识到我的视角如何让事物那样显现给我，不能脱离另外一

种认识：对某个特定视角的意识不可避免会伴随着对其他可能视 43
角的意识。要想认识到此时此地对我之所见施加的限制，我就必
须在某种意义上已经超越了这些限制，能够想象和构想其他位置。
当我观看我面前的桌子时，我也知道这张桌子在不同视角之下会
显得有所不同。这表明，我现在碰巧所处的位置并不会囚禁我。
我不仅能够移动，而且即使不移动，我也能在想象和思想中超越这
些限制。自我能够提升自己，以超越最初限制它的各种视角，这促
使我们寻求一种更充分的——即较少受视角限制的、最好是真正
客观的——描述，从而要求这样一种空间观，它使我们超越于一切
纯粹视角性的描述。

　　我曾指出，一旦明白我所看到的东西是相对于我特定的视
角以及身体和眼睛的构成而言的，我就不会再把现象误当成实
在。库萨的尼古拉将地球比作茫茫大海中的一艘船，正是为了
引领我们获得这样一种认识。他认为地心说只不过表达了视角
本性的一种倾向，即我们在一切经验中都倾向于把自己置于中
心，就像感知的眼睛是透视空间的中心一样。于是，库萨的尼古
拉试图表明，亚里士多德及其继承者的地心宇宙论乃是依赖于
一种视角性的错觉。

　　库萨的尼古拉的有学识的无知学说——正如他本人所说，其
宇宙论思辨便依赖于此——与这一视角原理是分不开的。要想了
解一个人的无知，就要了解我们所谓的知识在何种程度上屈从于
视角的扭曲能力。库萨的尼古拉提醒我们注意他的学说与苏格拉
底的教诲之间的关系，苏格拉底"除了他自己的无知以外，什么也

不知道"。① 但是在《理想国》(*Republic*)的第十卷，苏格拉底提出有一种方式或许能使我们摆脱视角性显现的支配。在那里，苏格拉底指控一种旨在逼真地呈现现象的技艺利用了与身体不可分离的人的心灵的这一弱点：

> 苏：模仿是人的哪一部分的能力？
>
> 格：我不明白你的意思。
>
> 苏：我的意思是说，一个同样大小的东西远看和近看在人的眼睛里显得不一样大。
>
> 格：的确如此。
>
> 苏：同一事物在水外看是直的，在水里看则是曲的。由于视觉易出现的颜色错觉，同一事物的凹凸看起来也是不同的。我们心灵中诸如此类的混乱就这样被揭示出来。绘画之所以能发挥其魅力正是利用了我们天性中的这一弱点，魔术师和许多别的诸如此类的艺人也是利用了我们的这一弱点。
>
> 格：的确如此。
>
> 苏：度量、计算和称重的技艺为人的理解力解了围。主宰我们的不再是"看起来多或少"、"看起来大或小"和"看起来轻或重"，而是计算、度量和称重，不是吗？②

44

---

① Nicholas of Cusa, *On Learned Ignorance*, trans. Jasper Hopkins(Minneapolis：Banning,1981)，I. 1；p. 50.

② Plato,*Republic* 10. 602 c - d, trans. Benjamin Jowett(New York：Random House,1960).

苏格拉底谈到了艺人利用的"人的心灵的弱点"。这一弱点之所以产生，是因为我们首先是凭借感官来接近存在者的。但感官提供给我们的仅仅是视角性的显现。要想通达实在本身，就不应径直接受这些显现，而是需要对其进行解释。要想把握真理，就必须对感官所提供的东西进行解释，在一种不同的媒介中呈现它，将其重新置于思想媒介，在这样做的时候必须使被呈现者从所有视角性显现中摆脱出来。苏格拉底认为，这种呈现将依赖于度量、计算和称重等技艺，依赖于从质到量的转变。

苏格拉底这里要告诉我们的东西似乎是显而易见的：我在看这个房间时，我也知道每一个进入房间和在其中走动的人看到的东西会有所不同。但他们都知道自己是在同一个房间。假设要求其中一个人描述这个房间本身，而不是描述其视角性显现，他将如何做呢？他可以给出房间的尺寸，将房间置于整幢建筑中，将整幢建筑置于城市中，等等。显然，此描述应当避免一切与个人视角有关的东西。它本质上应当与某个位置完全不同的人所给出的描述相同。描述者的位置不应显示在描述中。这样一种描述应当使用颜色词吗？颜色就本质而言难道不是与我们眼睛的构造联系在一起吗？也就是说，颜色难道不是视角性显现的一部分，即使该视角可能是大多数人的视角吗？但要想从现象中摆脱出来，我们难道不是不能只摆脱颜色，而且要摆脱所有第二性质，而仅仅用第一性质来描述对象吗？当苏格拉底坚持认为我们应当转向度量、计算和称重的技艺时，就暗示了这一点：第一性质正是这些技艺所掌握的东西。但他的看法也暗

45

示,科学要想超越现象,更接近实在,就必须使用数学语言。鉴于这些考虑,亚里士多德的自然科学,无论是他的物理学还是天文学,无一例外都与现象联系过于紧密。我还会回到这一点。不过以上已经足以表明,如果在现代之初我们看到了对亚里士多德主义科学的拒斥,那么这种拒斥与柏拉图主义见解的重新获得有关。库萨的尼古拉的思想便说明了这一点。

让我们重申一下核心要点:追求知识意味着从视角的扭曲能力中解放出来。真理要求客观性,客观性则要求从特定的视角中解放出来。只有在精神对感官呈现给我们的东西作更为客观的重建过程中,实在才能向我们揭示出来。于是,对视角的反思导向了一种对不可见的实在的理解。在这个意义上我们也可以说,实在本质上是不在场的。如果把在场理解为看到形象,那么实在本身始终是不在场和不可见的。实在本身不可见,这是我们科学的一个预设。问"电子是什么颜色"是问错了问题。

二

库萨的尼古拉请读者想象自己在一艘船上,看不到岸,并把地球设想成一艘太空飞船,或者让读者思考在月球或火星上的人看起来宇宙会是什么样,此时他是想用这样的思想实验来削弱碰巧在地球上的人类受其地心视角的影响。正如我们在前一章看到的,哥白尼也用海上的船来比喻这个运动的地球,以使读者更容易接受他的日心宇宙观。但这表明,这些反思本身并不一定会引出无限宇宙的思想。虽然哥白尼坚持日心说，但是毕竟，他和后来的开普勒一样仍然坚持中心的观念以及与之相关的有限宇宙观。那么，库萨的尼古拉为何会坚称宇宙没有边界呢？

我们再来考虑《论有学识的无知》第二卷的第 11 章。该章开头便诉诸有学识的无知，据说由此产生了一条原则，即我们既不能思考绝对的极小，也不能思考绝对的极大。其关键段落如下：

> 然而，在任何种类（genus）——甚至是运动［这个种类］——中我们都达不到绝对的极大和极小。因此，如果考虑诸天球的各种运动，我们就会看到，世界机器不可能有一个固定不动的中心，无论是我们可感知的土、气、火还是其他任何东西。（II. 11；p. 114）

正如我们已经知道的，库萨的尼古拉并非持日心立场而反对地心立场。他挑战的是这两种立场的共同前提，即我们能够理解"固定不动的宇宙中心"这一观念。但是，如果我们无法获得对该中心清晰明确的理解，我们也将无法理解处于绝对静止的东西。因为如果这样一个中心不存在，"固定不动的宇宙中心"能是什么意思呢？

但库萨的尼古拉这里提出了一种完全不同的考虑，他继续说："因为［绝对的］极小必定与［绝对的］极大相一致。"（II. 11；

p. 114)。这不仅是又一则令人费解的陈述,而且也表达了库萨的尼古拉的一个核心学说——对立面的一致(coincidence of opposites)。应当如何来理解它呢?在讨论这一点之前,我要回到我会经常引用的一段话:"因此,世界的中心与圆周相一致。"世界的中47心是与世界的圆周这个极大相一致的极小。无限球体的隐喻从上帝转移到了宇宙,使中世纪的有限宇宙迅速扩展,这使柯瓦雷赞叹不已。这里,诉诸对立面的一致使这一转移变得合理。但我先继续引用他的话,再回到这种一致性:

> 因此,世界并没有一个[固定的]圆周。因为如果它有一个固定的圆心,它就一定会有一个[固定的]圆周,在这种情况下,它自身之中就会包含它本身的开端与终结;那就意味着它被另外某种东西所限制,即在世界之外还有另外某种东西和空间(位置)存在。但所有这些[推论]都是错误的。因此,既然世界不可能被包围在[一个物理的]中心和物理的圆周之间,那么没有上帝作为它的圆心和圆周就是不可理解的。虽然世界不是无限的,但它也不能被设想为有限的,因为没有界48限把它包围在里面。(图3)

有三点特别需要进一步讨论:

1.有学识的无知是什么意思?

2.有学识的无知与对立面的一致之间有什么关联?

3.无限球体的隐喻从上帝转移到宇宙有何根据?

图 3　Camille Flammarion, *Un missionaire du moyen age raconte qu'il avait trouvé le "point où le ciel et la Terre se touchent...."* illustration from *L'atmosphère: Météorologie populaire*
(Paris: Libraire Hachette, 1888), p. 163.

此图经常被认为是一幅作于约 1530 年的德国木刻画,往往与库萨的尼古拉的思想联系起来。而布鲁诺・韦伯(Bruno Weber)已经令人信服地表明,此木刻画作于 19 世纪,可能是基于弗拉马里翁(Flammarion)本人的设计图,旨在描绘他所提到的一位"中世纪幼稚的传教士",后者讲述了在寻找尘世天堂的过程中,他来到了天地相接的地平线上,发现了一个地方,在那里天与地没有接合在一起,而且能从开口处探出头去,一睹外面的景象。韦伯把"天地相接之处"(où le ciel et la Terre se touchent)这一表述追溯到了 Macarius Romanus 的传说,弗拉马里翁曾在他早期的《想象的世界与真实的世界》(*Les mondes imaginaries et les mondes réels: Voyage pittoresque dans le ciel et revue critique des théories humaines scientifiques et romanesques, anciennes et modernes, sur les habitants des astres*, 1865)中讲述过这个传说,作为思考当时宇宙界限的一次充满想象力的尝试。见 Weber, "Ubi caelum terrae se coniungit: Ein altertümlicher Aufriß des Weltgebäudes von Camille Flammarion," Gutenberg-Jahrbuch 1973, ed. Hans Widmann(Mainz: Gutenberg-Gesellschaft, 1973), pp. 381 – 408,其中包括了对相关(往往有些误导)文献的彻底考察。

三

正如我们所知，库萨的尼古拉在海上航行时产生了《论有学识的无知》的基本思想。那时他正从希腊回来，巴塞尔的混乱困扰着他，但他希望教会能够真正统一。1440 年 2 月 12 日，库萨的尼古拉这部最重要的哲学著作完成于库萨。①

尼采很清楚，与陆地的远离使我们好奇自己在哪里以及应该去哪里。于是，他笔下的查拉图斯特拉（Zarathustra）首先是向水手们提出了他的永恒轮回学说，这些水手身在海上，②远离了熟悉的、理所当然的东西。与此相关的是维特根斯坦在《哲学研究》（*Philosophical Investigations*）中的发现，即哲学问题的形式是"我不知道出路在哪里"，这种说法使我们回到了亚里士多德，他认为哲学起源于好奇。③ 哲学起源于脱离原位，告别在正常情况下为我们定位和奠基的东西，告别日常世界及其关切。这种告别使哲学在其起源处就是成问题的。第一位哲学家泰勒斯也被描述成第一位心不在焉的哲学家，这很难说是意外，他在凝视天上的星星

---

① Jasper Hopkins, preface to Nicholas of Cusa, *On Learned Ignorance*, p. vii.

② 参见 Karsten Harries, "The Philosopher at Sea," in *Nietzsche's New Seas: Explorations in Philosophy, Aesthetics, and Politics*, ed. Michael Allen Gillespie and Tracy B. Strong(Chicago: University of Chicago Press, 1988), pp. 21 - 44。

③ Ludwig Wittgenstein, *Philosophical Investigations*, trans. G. E. M. Anscombe(New York: Macmillan, 1959) par. 123; Aristotle, *Metaphysics* 1. 2, 982b1, 11 - 17, trans. W. D. Ross in *The Complete Works of Aristotle: The Revised Oxford Translation*, ed. Jonathan Barnes, 2 vols. (Princeton: Princeton University Press, 1984), vol. 2. Cf. p. 143.

（与他无关的东西）时落入井中，从而受到那位想必漂亮的色雷斯侍女的嘲笑，说他没有长眼睛。

库萨的尼古拉以"惊异"（*admiratio, admirari*）这一主题开始《论有学识的无知》时，心里想到的正是亚里士多德。他把老朋友切萨里尼当成他的理想读者，说这位"忙碌于极为重要的公共事务"的有学识的红衣主教很可能想知道，什么会促使他的年轻朋友发表其"未开化的愚蠢想法"（*barbaras ineptias*），并独选他一人作为裁决者。但库萨的尼古拉也希望这个新颖的标题能够激起这位红衣主教的好奇心："我希望这种惊异感能够吸引你那渴求知识的心灵来看一看。"（序言，p. 49）

但这种对新颖性的渴望难道不应当抵制吗？库萨的尼古拉怀疑，好奇心只会使我们远离真正需要做的事情。切萨里尼忙于为罗马教廷服务，他大概有更重要的事情要做，而不是把时间浪费于这一"非常愚蠢的构想"（*ineptissimum conceptum*）。于是，通过提请读者注意其标题的新颖性以及书中不同寻常乃至"怪异的"事物，库萨的尼古拉本人提出了由约翰尼斯·文克（Johannes Wenck）提出的指控：

> 让我们看看先知的心灵：消除了令我们的神极为反感的邪恶战争之后，摧毁了背叛的武器、认识了我们的和平缔造者和捍卫者基督之后，就有了诫命"你们要休息，要知道我是神"。因为他预见到有些人会在主的葡萄园中随意消磨时光，他们在《马太福音》第20章中遭到指责："你们为什么整天在这里闲站呢？"很多人关注的并不是我们信仰的终

点——得救,而是好奇和虚荣。我们在《罗马书》第 1 章中读到了有关这些人的内容:"他们的思念变为虚妄,无知的心就昏暗了。"①

50　　库萨的尼古拉声称"不寻常的事物,即使是怪异的,也总会打动我们"(序言,p. 49),这很可能是正确的,但这并不是说,它们会按照我们应当被打动的样子去打动我们。正如泰勒斯落入井中的故事所暗示的,被库萨的尼古拉置于哲学起源处的好奇心从一开始就蒙上了遭受指责的阴影。可以肯定的是,当亚里士多德把好奇心与被他置于人性中心的求知欲联系在一起时,库萨的尼古拉是同意亚里士多德的。难道不是好奇这一能力使我们超越于动物吗?库萨的尼古拉赋予了亚里士多德所说的"人生性渴望求知"一种基督教意味,他声称,"我们看到,上帝在一切事物中都植入了一种自然欲望,力求按照各个事物的本性状况所允许的最佳方式而存在"。(I. 1;pp. 49 - 50)使我们超越于动物的是我们的理智。因此,我们最崇高的欲望是理智的求知欲。上帝把这种欲望植入我们,难道只是为了使之永远得不到满足吗?我们的求知欲不可能是徒劳的,我们必定能够辨别真理,而真理的标志就是健全而自由的理智不得不表示赞成。真理约束着理智的自由。我们判断为真的东西在我们这里的呈现必定会像实际呈现的那样。必然性与真

---

① Jasper Hopkins, *Nicholas of Cusa's Debate with John Wenck: A Translation and an Appraisal of "De Ignota Litteratura" and "Apologia Doctae Ignorantiae,"* 3rd ed. (Minneapolis: Banning, 1988), pp. 21 - 22.

理是一体的。

　　但我们果真能把握真理吗？库萨的尼古拉似乎否认这一点，他重复着苏格拉底对无知的承认："关于真理，我们知道的显然是：真理本身是无法精确把握的。因为真理既不能多于也不能少于它的本质，它是最绝对的必然性；而我们的理智只是可能性。"（I.3；pp.52-53）我们与真理的距离就如同可能性与必然性的距离。我们知道真理无法获得——这并不是说，我们因此便与真理完全隔绝。但如果"我们知道真理本身是无法精确把握的"，那么我们不是至少能够知道这条真理吗？然而，这里的"真理"并不意味着某种超越认知者的实在。当库萨的尼古拉声称真理"本身是无法精确把握的"时，他把真理与超越性联系了起来：说真理本身无法精确把握，就是暗示真理仿佛充当着我们或多或少可以成功接近的一种范导性理想；要想接近真理，就必须以某种方式瞥见它，即使我们永远也不可能完全把握它。事实上，这乃是有学识的无知学说的核心："通过避免一切粗糙（scabrositas）表达，我从一开始就表明，有学识的无知的基础就在于精确真理是无法把握的这一事实。"（I.2；p.52）

　　为了表明这一基础，库萨的尼古拉考察了理智的运作模式。《论有学识的无知》简短的开头章节对库萨的尼古拉的知识理论作了第一次概述。我在前面把有学识的无知学说与我所谓的"视角原理"联系了起来。的确可以把有学识的无知学说理解成这一原理的拓展：正如视觉官能规定了一种特殊的接近实在的模式，确保我们所看到的仅仅是主观上的显现，因此，如果库萨的尼古拉是正确的（他在这里提供的东西让我们想起了康德），那么人类理智的运作模式就规定了一种特殊的接近实在的方式，一种特殊的视角，不过是更高层次的视角。

那么理智是如何运作的呢？在《论有学识的无知》中，库萨的尼古拉指出，我们的理智依赖于比较："研究者总是通过比较那些被当作确定的东西而对不确定的东西作出比例性的判断。因此，任何研究都借助于比例而是比较性的。"(I.1；p.50)所有研究都预先假定了许多被当作确定的、可以不受质疑的东西，它们就像一块稳固的地面，这块地面是由我们的语言和相关概念所提供的，尽管如果库萨的尼古拉是正确的话，这块地面最终并不比我们所处的地球更稳定。事实上，它是一块不断移动的地面。

考虑对一棵树的观看。要把我面前的东西看成一棵树，我必须已经知道什么是树。我通过我已经知道的东西来衡量我所看到的东西，为它在概念空间或语言空间中指定一个位置。当我把某种东西称作"树"时，我声称它是某一类对象中的一个成员。我的语言中应当有"树"一词，这就好像预设了不只看到特定的树，而且看到了一种家族相似，使我能将这些树集合在一起，把每一棵特定的树都看成同一类中的一员。对差异的这样一种认同隐含着某种暴力。置身于这种暴力之下，就是置身于词与物的裂隙之下。并不是说应该把这种暴力视为我们的语言缺陷。如果没有这种暴力，语言就会失去效力。

52　　　显然，"树"这个词或概念不仅适用于这棵树，而且适用于无限数量的其他可能的树。我们的语言单位从本质上讲是普遍的，它们原则上不足以描述我们所遇到的现实。诚然，它是我看到的一棵树，但这能说出多少东西呢？这个词的确将它与一朵花或一块石头区分开来,但用"树"说出的东西太少了,虽然对于大多数实用目的而言,这样的描述已经足够好了,这种不足并不要紧。但我的语词依然说不出该事物的特殊性。当然,我可以优化我的概念,指出这是一棵橡树,它有一定的形状和高度,我可以继续寻找更加复杂的描述,但除了我碰巧看到的这棵树,始终有无数其他可能的树能够符合描述。对语言(或理智)与存在之间的这一基本裂隙的洞察是有学识的无知学说的核心。正如库萨的尼古拉在《论有学识的无知》第3章中所说:"理智与真理的关系就像一个[内接]多边形与一个圆的关系。这个内接多边形的角越多,它与圆就越相似。但是,除非把多边形变得与圆完全等同,它的角即使无限增加,也不能使多边形等于圆。"(I.3;p.52)库萨的尼古拉这里暗示,完全充分的描述只可能是树本身。存在与理智、实在与语言之间的鸿沟必须被弥合。但有限的认知者无法达到这样一种理智。只有上帝创世的道才具有这一特征,词与物、逻各斯与实在在他那里合一。上帝的道以不可理解的方式将其本身传递到我们对事物的经验中,量度着我们的理智。

我曾指出,要把一个视角当作一个视角来思考,在某种意义上就已经超越了它。将这一原理运用于这些反思,我们可以说:意识到我们的语词也仅仅提供了一个视角,就是对超语言的东西——即实在的超越性——有了一种直觉。

四

再次回到库萨的尼古拉的说法,即我们总是"通过比较那些被当作确定的东西而对不确定的东西作出成比例的（*proportionabi-liter*）判断。因此，任何研究都借助于比例（*medio proportionis*）而是比较性的"。"proportio"［比例］和"proportionabiliter"［成比例地］需要我们更进一步关注。霍普金斯（Jasper Hopkins）把"proportio"译成了"比较关系"（comparative relation），[①]但这里的关键是，这种关系被认为基于一个共同的量度：

> 但是，由于比例表达某一特定方面的某种一致，同时又表达某种差异，所以如果没有数，它就不能被理解。于是，数包括了成比例的一切事物。因此，作为比例的一个必要条件，数不仅存在于量中，而且存在于一切能以任何方式形成一致或差异的事物之中，无论这种一致或差异是实质的还是偶然的。也许正是由于这个原因，毕达哥拉斯主张一切事物都是凭借数的力量来构成和理解的。（I. 1；p. 50）

库萨的尼古拉似乎依赖于亚里士多德的说法：

> 与这些哲学家［留基伯（Leucippus）和德谟克利特（Democritus）］同时甚至早于他们，有所谓毕达哥拉斯学派致力于数学的研究；他们是最早推进这项研究的，该研究使他们认为它的本原就是所有事物的本原。因为在这些本原中数在本性上是最先的，在数中他们似乎看到了与存在和产生的事物

---

① 参见 Hopkins's note in Nicholas of Cusa, *On Learned Ignorance*, pp. 184 – 185 n. 6.

的诸多相似之处——比起在火、土和水中看到的更多些……，数似乎是整个自然中第一位的东西，他们设想数的元素就是所有事物的元素，整个天就是一个音阶和一个数。(*Metaphysics* 1.5,985b26－986a2)

因此，说理智追溯明确的关系，就是坚持理智被限制于有限的东西。理智永远无法成功地把握什么是无限。"无限本身是未知的，因为它无法用任何比例来把握。"(I.1;p.50)第3章开头也重申了这一点："无限与有限之间不存在比例，这是不言自明的。"(I.3,p.25)下面这句话提供了有学识的无知学说的关键："因此，事情已经很清楚，绝对的极大是不能在有较大和较小程度的地方找到的；因为较大和较小的事物是有限的，而绝对的极大必然是无限的。"既然无法通过这些不可避免是有限的步骤来达到无限，所以无限超越了我们的理解力。库萨的尼古拉要我们思考"极大的数"这一不可能的想法。当我们力图这样做时，我们认识到我们永远也达不到那个数，因为无论我们达到什么数，都总可以达到它的后继。对我们的计数成立的情况对我们理解实在的所有努力也成立，因为后者具有同样的形式：我们永远无法摆脱有限。我们人类的视角从根本上讲是有限的，只能容纳有限的东西。因此，我们无法理解无限，对库萨的尼古拉而言，这首先意味着我们无法理解上帝。

然而，即使是为了提出这样的观点，我们也必须已经对无限有所洞见。我所说的视角原理再次适用：把一个视角作为视角来思考，在某种意义上就已经超越了它。认为我们所能理解的一切事物本质上是有限的，这是以对无限的某种认识为前提的。但如果无限超越了我们的理解力，我们为什么还要为之操心呢？难道不是无所事事的好奇心在关注超越了我们理解力的东西吗？一个可能的回答是，通过坚持我们理智的局限性，可以防止我们把时间浪费在没有好下场的放逸上。康德在《纯粹理性批判》(1781)中给出了这样一种解释：

> 现在，我们不仅踏遍了纯粹知性的土地并仔细勘察过它的每一部分，而且还测量过它，给那上面的每一个事物规定了位置。但这片土地是一个岛屿，它本身被大自然包围在不可改变的疆界中。这就是真理之岛(一个诱人的称号)，周围是一片广阔而汹涌的海洋、亦即幻象的大本营，其中好些海市蜃楼、好些即将融化的冰山都谎称是新大陆，在不停地以空幻的希望诱骗着东奔西闯的航海家去作出种种发现，将他卷入那永远无法放弃、但也永远没有尽头的冒险。①

库萨的尼古拉在第 1 章结尾为有学识的无知作出以下辩护时，不是也在劝告我们要满足于这一理智之岛吗？

> 55　　因此，如果上述观点是真的，那么由于我们的欲望不愿落空，我们肯定想知道自己所不知道的东西。如果我们能够充

---

① Immanuel Kant, *The Critique of Pure Reason*, A 235 - 236/B 294 - 295, trans. Norman Kemp Smith(London；Macmillan，1933).

分了解我们的无知，我们就会获得有学识的无知。甚至对于最擅于求知的人来说，也不可能有别的东西比这一点对他更有益处，那就是在确实属于他本人的无知中获得最深的认识。(I.1;p.50)

但有一个决定性的差异。康德称他的岛为"真理之岛"，而库萨的尼古拉则坚持认为，人类理智的视角使我们根本把握不到真理。在支持自己的立场时，库萨的尼古拉引用了亚里士多德："即使是非常深刻的亚里士多德也在其《形而上学》中断言，一些本性上非常明显的事物也是如此——我们在这种困难面前，就像是猫头鹰试图观看太阳。"(I.1;p.50)以下是亚里士多德的话：

　　关于真理的探索，在一种意义上是困难的，在另一种意义上又是容易的。表明这一点的事实是：没有一个人能够完全获得真理，而另一方面，没有人会完全失败，而是每个人都能对事物的本性说出某些真理。虽然单个的人对真理贡献极少甚至没有，但通过所有人的联合却可以积累起相当多的真理。因此，既然真理就像谚语中所说的"无人会敲错的门"，在这个意义上它又是容易的。但我们可以拥有真理的整体，而不能拥有我们所希望把握的特定部分，这一事实表明了它的困难。

　　也许正如困难有两类，当前困难的原因不在事实而在我们。因为我们灵魂中的理性对于本性上非常明显的事物，正像蝙蝠的眼睛对于白天的光辉一样。(*Metaphysics* 2.1, 993a27 - 993b11)

没有一个人能够完全获得真理，甚至当他就事物的本性说出了某些真相，并且通过进一步的研究可能更加接近真理时也是如此，这样说是把真理作为量度来指导我们的研究。库萨的尼古拉会赞同所有这些说法，因此在他那里，有学识的无知绝不意味着满足于我们理解力的局限性，绝不意味着怀疑性地放弃认知（skeptical resignation），绝不意味着承认我们永远与真理相隔绝。有学识的无知要求我们朝着指导一切研究的超越的逻各斯开放，即使它始终是不可理解的。

56

五

回到康德关于航海家的隐喻，航海家们只有在危险时才会离开真理之岛。我们只要试图理解无限，就会离开这个岛。所有这些努力最终只能以海难而告终。"对立面的一致"标出了这次海难的位置。

于是，库萨的尼古拉指出，读者很可能会认为他的说法怪异，像下面这样的论证的确有些怪异：

　　一个事物，如果不可能有比它更大的事物存在，我就把它称为"极大"。但完满只适合于一个存在者，因此同是存在者的"一"就与极大一致了。但如果这样一个"一"完全摆脱了一切关系和限制，那么显然再没有什么东西处于它的对立面，因为它是绝对的极大。因此，绝对的极大既是一，又是一切；由于它是极大，一切事物均在它之中。并且，由于极小也与它一致,这暗示极大也在一切事物之中,因为没有任何事物是它的对立面。由于极大是绝对的,它实际上是一切可能的存在者;它限制一切事物,但不受任何事物的限制。在第一卷,我将致力于研究——不可思议地超出了人的理性——被一切民族毫无疑义地确信为神的这个极大。(I. 2;p. 51)

　　鉴于我们的理智所受到的限制,库萨的尼古拉在这里要我们思考我们无法理解的东西。"由于绝对的极大(不可能存在比它更大的东西)要大于我们可以理解的东西(因为它是无限的真理),因此我们只能通过不可理解的方式来达到它。由于它不是可以较大或较小的那些事物的本性,所以它超出了我们所能设想的范围。"(I. 2;p. 51)根据定义,没有什么东西能比极大更大。但如果我们按照字面来理解这个定义,那么他也说没有什么东西能比它更小。极大和极小是一致的。对此我们应当作何理解? 关于极大的想法不可避免显得有些怪异。

　　对于有限的事物,我们总可以想像某种更大或更小的东西。而极大依其定义就是无限的。

　　　　因此,如果在绝对的极大之外设定任何东西,那么显然总能设定某个比它更大的东西。我们看到,相等是一个程度问题:就一些相似的事物来说,一个事物同这一事物比同那一事物更相等,乃是根据它们在属、种、空间、影响或时间方面的一致或差异。我们显然不可能找到两个或更多个事物如此相似或相等,以至于再也找不到更相似的事物了。因此,量度与被

度量物无论多么相等,总会保持不同。(I.3;p.52)

　　测量带有内接多边形的圆的周长可以充当这样一个例子。它就类似于我们试图对一棵树作出充分说明,无论是用语词还是用其他某种方式。一条无法逾越的鸿沟将一切有限事物分隔开来。但我们的理智中隐含着对有限与无限之鸿沟的一种理解(将量度与被度量者、词与物分开的鸿沟仅仅是这条鸿沟的一种表达):

　　　因此,一个有限理智不可能通过相似性来获得关于事物的真理(rerum veritatem)。因为真理并不是某种或多或少的东西,而是某种不可分的东西。除真理本身以外没有任何事物能够精确度量真理。(类似地,不是一个圆就不能作为圆的量度,因为圆的存在是某种不可分的东西。)因此,由于我们的理智并不是真理,它不可能把真理理解得精确到不能以无限更精确的程度来理解。(I.3;p.52)

　　只要我们关注的是一个有限的圆,是一个边数有限的内接(或外切)多边形,那么圆和多边形将始终保持不同,就像直线和曲线不可公度一样。但是当你把圆的半径增加到无限大时,随着圆周接近于一条直线,割线(和切线)将会接近圆周。同样,逻各斯与存在,语词与实在,虽然对我们人类认知者而言有根本不同,但在上帝那里却是一致的。事实上,在这样一个圆当中,圆心将与圆周相一致。同样的结论当然也适用于无限球体。

　　把 rerum veritatem 译为"关于事物的真理"(truth about

things)也许有些误导。诚然,当一个断言或一种想法符合或未能符合相关事物时,我们把它称为真或假。如此理解的真理可以说是"关于事物的"。这样一种理解与对真理的传统理解相当一致,即"事物与理智相符"(*adaequatio rei et intellectus*)。但这个定义是模糊的,因为既可以把它理解成"真理是理智与事物相符"(*veritas est adaequatio intellectus ad rem*),也可以把它理解成"真理是事物与理智相符"(*veritas est adaequatio rei ad intellectum*)。① 对于中世纪的思想家而言,第二种理解有明显的优先性:作为认知者的人固然是依照上帝的形象被创造的,他通过有待思考的事物来度量其思想,是符合他的本质的,但那个事物在上帝的观念中也有其量度,而上帝的观念最终无法与事物本身区分开来:在上帝创世的道中,理智与事物是一致的。根据这种观点,就"关于事物的真理"而言,"事物(受造物)与理智(上帝的理智)相符"确保了"理智(人的理智)与事物(受造物)相符"。② 库萨的尼古拉按照圆的形象来思考事物的真理(truth of things),按照内接多边形的形象来思考人关于事物的真理(truth about things)。关于事物的真理的量度在于人的真理与事物的真理相一致。"因此,事物的本质,也就是存在者的真理(*Quidditas ergo rerum,qua est entium veritas*),是不可能彻底获得的;虽然所有哲学家都在寻找它,但没有人找到了它本身。我们越是深刻地领会这种无知,就越是接近于

---

① Thomas Aquinas,*De veritatem*,qu. I,art. 1 and 2.

② 关于"关于事物的真理",参见 Karsten Harries,"Truth and Freedom,"in *Edmund Husserl and the Phenomenological Tradition*,ed. Robert Sokolowski(Washington,D. C.:Catholic University of America Press,1988),pp. 136 – 139。

真理。"(I.3;p.52-53)①我们关于事物的说法从来也不能完全适合事物，它们总是可以更为恰当或更不恰当。但这种状况以另一真理为前提，在那里，理智完全适合于事物，因为理智就是这些事物，现在这些事物被理解成上帝的各种创世想法。在看这些事物的时候，我们的理智必定触及了那一真理，如果那一真理充当了我们不恰当思想的量度的话。

　　库萨的尼古拉希望通过数学思辨提供一个梯子，使我们能够瞥见上帝的无限性。可以说，他把空间的无限性理解成上帝无限性的一个象征。考虑到亚里士多德的逻辑，库萨的尼古拉知道这样的思辨可能会被斥为无稽之谈。但如果库萨的尼古拉是正确的，那么亚里士多德的逻辑也只是定义了一种视角（虽然是一种更高层次的视角），即我们有限的理性所能把握的视角。

　　库萨的尼古拉说，绝对者超越了大与小的对立。如果极小与极大一致，那么极小也将超越一切对立。但我们只能通过对立面来思考。当我们试图超越它们时（因为我们试图理解库萨的尼古拉关于极大也就是关于上帝的说法），所有意义似乎都要消散：对于一个据说超越了"一切肯定和否定"(I.4;p.53)的上帝，我们能说些什么呢？无论是肯定的神学还是否定的神学，都无法妥善处理他的存在。"理性推理"(*discursus rationis*)将无法理解对立面的一致：库萨的尼古拉所使用的"极大"和"极小""是关于绝对意义的超越性术语，所以在其绝对单纯性之中，它们包含了一切事物，超越于对体积和力量的所有限制"(I.4;p.54)。

---

　　① 参见本书 pp.81-82（页码为本书边码）。

六

现在我们可以考虑无限球体的隐喻从上帝向宇宙的转移了，柯瓦雷觉得这如此令人吃惊。[1] 库萨的尼古拉在埃克哈特大师（Meister Eckhart）那里发现了这个隐喻，埃克哈特让我们参看 12 世纪极为晦涩和简短的伪赫尔墨斯著作《二十四位哲学家之书》（*Liber XXIV philosophorum*）。[2] 在这里，我们第一次看到了"上帝是一个无限球体，其中心无处不在，圆周处处不在"这一表述。[3] 正是在这个意义上，该隐喻被用于《论有学识的无知》第一卷中："但那些认为上帝最实际地存在着的人断言说，他仿佛是一个无限

---

[1]　关于对这一转移的出色讨论，参见 Elizabeth Brient，"The Immanence of the Infinite: A Response to Blumenberg's Reading of Modernity,"（Ph. D. diss. , Yale University, 1995）, pp. 228 – 256。

[2]　参见 Dietrich Mahnke，*Unendliche Sphäre und Allmittelpunkt*（Halle: Niemeyer, 1937）, pp. 76 – 106, 144 – 158, 169 – 176, and Herbert Wackerzapp，*Der Einfluß Meister Eckharts auf die ersten philosophischen Shriften des Nikolaus von Kues*（*1440 – 1450*）（Münster: Aschendorff, 1962）, pp. 140 – 151。

[3]　Clemens Baeumker，"Das pseudo-hermetische 'Buch der 24 Meister'（Liber XXIV philosophorum）: Ein Beitrag zur Geschichte des Neupythagoreismus und Neuplatonismus im Mittelalter,"*Beiträe zur Geschichte der Philosophie und Theologie des Mittelalters 25*（1928）, p. 208, prop. 2；"神是一个无限球体，其中心无处不在，圆周处处不在。"（*Deus est sphaera infinita, cuius centrum est ubique, circumferentia nusquam*）在里尔的阿兰的 *Regulae theologicae* 中，我们看到了密切相关的支持性表述："神是一个可理解的球体，其中心无处不在，圆周处处不在。"（*Deus est sphaera intelligibilis, cuius centrum ubique, circumferentia nusquam*）因此在球体的历史中可以区分出两条线索，一个是"无限的"，另一个是"可理解的"。埃克哈特大师和库萨的尼古拉对这两个版本都很熟悉。Cf. Mahnke，*Unendliche Sphäre und Allmittelpunkt*, pp. 171 – 174；Wackerzapp，*Der Eintluβ Meister Eckharts*, pp. 141 – 144.

60　球体。"(I.12；p.63)第 23 章发展了这则隐喻，暗示上帝的创造力
完全存在于每一个事物之中：甚至在我们正在思考的那棵树中，甚
至在粪堆中，上帝也全然存在。因此，球体的隐喻暗示上帝对于每
一部分受造物都同样接近、无限接近；通过说球体的中心无处不
在，我们不仅断言上帝与万物同样接近，而且断言造物主与万物之
间完全没有距离。当我们尝试把这个隐喻与中世纪普遍接受的等
级分明的宇宙协调起来时，该隐喻就会包含一种爆炸性的成分，这
是显而易见的。如果认真对待，该隐喻有可能粉碎每一个等级。
我将在第九章回到这一点。

　　那么，库萨的尼古拉将这个隐喻从上帝转移到宇宙又如何呢？
我怀疑在库萨的尼古拉看来，这是显而易见的。① 作为一位基督
教思想家，他相信一切受造物的起源和量度都在上帝那里。正如
他在第二卷第 2 章所说："每一个受造物都仿佛是一个有限的无限

---

　　① Edward J. Butterworth 指出，"我要质疑卡斯滕·哈里斯的看法，他认为有一
种从作为上帝隐喻的无限球体到作为受造宇宙隐喻的无限球体的逐渐转移，并认为
这是必然的。我看不出这种演变有什么证据，因为早在里尔的阿兰那里，作为球体的
世界似乎就被视为作为球体的上帝的反映。库萨的尼古拉似乎完全置身于这样一种
传统，即球体几何学代表着宇宙中最完美的东西，因此也最适合揭示上帝在宇宙中的
存在。"参见"Form and Significance of the Sphere in Nicholas of Cusa's *De Ludo Globi*,"
in *Nicholas of Cusa：In Search of God and Wisdom*, ed. Gerald Christianson and Thomas
M. Izbecki(Leiden；Brill，1991)，p.99；另见 pp.89 n.4，91 n.10。虽然我认为"逐渐"一
词有些误导，但在我看来，无法否认的确存在着一种转移：里尔的阿兰对该隐喻的用
法显然不同于库萨的尼古拉，更不要说布鲁诺了。Butterworth 聚焦于里尔的阿兰的
"可理解的"，而不是《二十四位哲学家之书》的"无限的"，聚焦于库萨的尼古拉在 *De
Ludo Globi* 中对完美球形的沉思，而不是在《论有学识的无知》中对宇宙无限性的猜
想，这有助于他把库萨的尼古拉置于一种熟悉的传统中，但却没有公正对待库萨的尼
古拉对无限球体的使用如何预示了布鲁诺。

或一个被创造的上帝。"（II.2；p.93）例如，树就是这样一个有限的无限。如果库萨的尼古拉是正确的，那么和受造物的每一部分一样，树也分有了无限。它是无限的一个缩影。同样，库萨的尼古拉也把宇宙理解成这样一个有限的无限：它在无限性上与上帝类似，而与上帝不同的是，我们现在拥有的不是上帝的一，而是在空间和时间中展开的多。如果同一与差异都被接受，那么不仅该隐喻从上帝转移到宇宙显得合理，而且由于该隐喻将广延与无限联系了起来，可以说相比于超越广延的上帝，它更适合于宇宙。

将该隐喻从上帝转移到宇宙要求我们不仅要理解空间，而且要理解时间。这样一种理解可见于约翰内斯·文克在其《论无知的学识》（*De Ignota Litteratura*）中提出的一个批评意见，他将库萨的尼古拉与埃克哈特大师和"自由精神的异端"（heresy of the Free Spirit）[1]联系在一起：[2]

让我们看看在这种非常简单的有学识的无知和非常抽象的理解中，有怎样的邪恶大量存在着。正因为此，斯特拉斯堡的主教约翰于公元1317年圣母玛利亚升天节前的安息日审讯了他那个城市的平信徒，他们声称（1）从形式上讲，上帝是一切存在者；（2）他们是上帝——在本性上与之并无不同。……

---

① "自由精神"是欧洲中世纪的一种泛神论异端，秉持并实践这些信念的团体被称为"自由精神兄弟会"（Brethren of the Free Spirit）。——译者注

② 参见第九章。

61　　　这第一个论题的第一个推论[所有事物都与上帝相一致]:"通过绝对的极大,所有事物都是其所是,因为绝对的极大是绝对的,没有它就不可能有任何东西。"

　　埃克哈特在论述《创世记》和《出埃及记》的著作中,以如下方式暗示了这一点:"存在是上帝。因为如果它与上帝不同:要么上帝不会存在,要么如果他确实存在,那么他的存在将源于某种异于他本身的东西。"他补充说:"上帝创造天地之开端是永恒之中的那个首要的和简单的现在——即上帝从永久以来便居于其中的那个现在,过去是而且永远会是其诸位格的化身。因此,当有人问为什么上帝没有更早一些创造世界时,我回答:因为他不能,因为在有一个世界之前,更早的时候既不能有,也确实没有一个世界。既然他是在他所居于其中的那个即时的现在创造了世界,他如何可能创造得更早呢?"①

　　思考空间的开始和结束与思考时间的开始和结束是密切相关的。为什么上帝不更早一些创造世界呢?但是,像"更小"和"更大","更早"和"更晚"这样的东西只有在我们有限理智的视角之下才是有意义的。上帝并不受制于我们的时间,因此并没有在时间中创造天地。创世的时间是"永恒之中的那个首要的和简单的现在";正如上帝的中心与每一个受造物既无限遥远,又无限接近,所以这个现在与任一时间点既无限遥远,又无限接近。正如上帝同

---

① Hopkins, *Nicholas of Cusa's Debate with John Wenck*, pp. 26 - 27.

时是受造物球体的中心和圆周,上帝同时也是时间的中心和圆周。时间也是一个无限的圆,"其中心无处不在,圆周处处不在"。在某种意义上,库萨的尼古拉关于对立面一致的学说指向了查拉图斯特拉的永恒轮回学说。正如库萨的尼古拉在《论有学识的无知》序言中对该术语的使用,两者都是怪异的(*monstra*)。①

"上帝从永久以来便居于其中的那个现在"的思想的确有助于从基督教的上帝转向永恒轮回学说,乔治·布莱(Georges Poulet)在其《圆的变形》(*Metamorphoses of the Circle*,1961)中收集的一些引文可以支持这一点。例如,托马斯·阿奎那在反思永恒与时间的关系时便依赖于圆的隐喻:

62

> 永恒总是呈现于任何时间或时刻。我们可以在圆上看到它的一个例子:圆周上的一个给定点即使是不可分的,也不可能与所有其他点共存,因为相继的秩序构成了圆周;但位于圆周以外的圆心却与圆周上任何给定的点直接相关联。

再或者:

> 永恒类似于圆心,即使简单和不可分,也把握了整个时间

---

① 汉斯·布鲁门伯格把库萨的尼古拉关于半径变成无限的圆的思想——提出这一思想是为了表现"对立面的一致"——称为"爆破隐喻"(*Sprengmetapher*);该隐喻旨在使长时间约束我们理智的东西超出其爆破点,试图破除这些约束,同时也使我们想到它们是无法避免的。布鲁门伯格接着说,西美尔(Georg Simmel)在一篇日记里促请我们把尼采的永恒轮回思想理解成另一个这样的"爆破隐喻"。参见 *Schiffbruch mit Zuschauer:Paradigma einer Daseinsmetapher*(Frankfurt am Main:Suhrkamp,1979),p. 84。

进程，它的每一个部分都同等地存在。①

彼得·奥里奥鲁斯（Peter Auriolus）也对圆的形象作为时间的隐喻非常熟悉："有些人在圆心与圆周上所有点的关系上使用圆心的形象，他们断言这类似于永恒的现在与所有时间部分的关系。他们的意思是，永恒实际上与整个时间共存。"②

七

我曾试图表明，视角和无限的主题如何与库萨的尼古拉的思想相联系。根据赋予视角的不同含义，我们获得了关于无限的不同解释。从视角普通的空间含义，我们转到了无限宇宙的观念；从对语言之视角本性的认识，我们转到了每一个个体事物的无限丰富性；从对逻辑之视角本性的认识，我们获得了对超越了对立面一致的上帝的认识。在每一种情况下，思考无限的问题都是类似的：在每一种情况下，理性推理都会搁浅，都使我们对无限有一种直觉。此类比使库萨的尼古拉可以将空间的无限与每一个个体的无限和上帝的无限联系起来。于是，试图把握无限，尤其是化圆为方

① Thomas Aquinas, *Summa contra gentiles* I, chap. 46, and *Declaratio quorundam articulorum*, op. 2；引自 Georges Poulet, The *Metamorphoses of the Circle*, trans. Carley Dawson and Elliott Coleman in collaboration with the author (Baltimore: Johns Hopkins Press, 1967), p. 154.

② Petrus Auriolus, *Commentarii in Primum "Librum Sententiarum Pars prima"* (Rome, 1596), p. 829；引自 Poulet, *The Metamorphoses of the Circle*, p. 154.

那个古老问题,在他那里成了一种寻求上帝的象征性活动。　　63

　　我想表明,我们同样可以把罗吉尔·凡·德尔·维登(Rogier van der Weyden)等画家把握空间无限性的尝试解释为一种象征性活动,类似于我们尝试把握上帝。适用于空间的无限的东西对每一个个体的无限也适用。空间的无限和个体的无限深度都被体验为上帝的显现。因此,库萨的尼古拉在《论神视》(*De Visione Dei*)的第 1 页把凡·德尔·维登称为最伟大的画家似乎很恰当。

第四章　阿尔贝蒂与透视建构

一

上一章试图表明,对视角的反思会自然引出对无限宇宙的想象,此宇宙既无中心亦无圆周。这种反思对统治中世纪思想的等级宇宙观的挑战也会变得明显起来:不再有任何理由把宇宙分成有死亡和朽坏的月下区域以及只有无休止的完美圆周运动的月上区域。库萨的尼古拉改造的宇宙观所引出的一个困难是,它与为中世纪提供了自然科学纲要的亚里士多德物理学不相容。①

亚里士多德本人清楚地看到,他的物理学与一个无限世界是不相容的。因此,他认为必须拒斥无限世界:

> 一切运动要么是受迫的,要么是合乎自然的;而且,如果有受迫运动,就必然也有自然运动……;但是,如果在虚空或无限中没有任何差异,怎么可能有自然运动呢?因为就虚空是无限的而言,不会有上、下或中,就虚空是空的而言,上与下

---

① 参见 Edward S. Casey, *The Fate of Place: A Philosophical History* (Berkeley: University of California Press, 1997), pp. 50 – 71。

没有差异;因为正如在无中没有差异一样,在虚空中也没有差异……;但自然的位置运动似乎是有差异的,因此凭借本性而存在的事物也会有差异。于是,要么没有什么东西作自然的位置运动,要么没有虚空……

此外,没有人能够说明为什么一个原本在运动的东西会在某个地方停下来;因为,它为何要停在这里而不是那里呢?所以一个物体要么静止着,要么必然会无限地运动,除非受到某个更为强大的东西的阻碍。①

亚里士多德这里似乎持有伽利略的惯性思想,但提出它只是为了拒斥。② 然而,如果摒弃对亚里士多德来说如此自明的自然运动观念,那么牛顿第一运动定律几乎就是不可避免的,它声称,不受力的物体会保持静止或匀速直线运动。诚然,亚里士多德会把任何这种想法斥为臆想的假说,其整个运动理论都预设了我们可以理解上和下。而库萨的尼古拉则会认为,这仅仅是一种与生俱来的幻觉,我们地球居民因着这种幻觉而把自己置于宇宙中心附近。但亚里士多德确信,不应把几何空间与物理空间相混淆,要想理解我们周围的世界,就必须承认存在着自然位置这样一种东西。因此,四元素中的每一种在月下区域都有其固有位置。土会

① Aristotle, *Physics* 4. 8, 215a; trans. R. P. Hardie and R. K. Gaye. *The Complete Works of Aristotle; The Revised Oxford Translation*, ed. Jonathan Barnes, 2 vols. (Princeton; Princeton University Press, 1984), vol. 1.

② Elizabeth Brient, "The Immanence of the Infinite: A Response to Blumenberg's Reading of Modernity," (Ph. D. diss., Yale University, 1995), p. 96.

自然下降，火会自然上升，水和气的自然位置介于其间。物体会根据其元素构成来寻求固有位置。

我们也许会好奇，为什么根据这种模型，月下区域的运动不会在很长时间以后停下来，那时每一种元素都最终找到了其固有位置。是什么在推动事物不断变化？亚里士多德的回答是，在太阳的影响下，诸元素会不停地发生改变。比如冰加热会变成水，水继续加热会蒸发变成气，而气冷却时会凝结成水落下来，水继续冷却会变成固态冰。这一循环难道不能为我们提供导向自然无尽循环的初步线索吗？当太阳在白天和夏天温暖地球时，向上的倾向会更强；而当太阳在夜晚和冬天远离地球时，向下的倾向会更强。因此，由天球的运转产生了四季变化和一天之中的不同时辰，产生了万物的生长和随后的衰亡。太阳是月下区域的首要推动者。

以上仅仅是一个过于简单的概述，无法恰当描述亚里士多德的自然科学，但已经足以表明，库萨的尼古拉所设想的无限宇宙不仅与亚里士多德的天文学不相容，而且更一般地与他的自然科学不相容，后者依赖于一个等级分明的、秩序井然的宇宙，依赖于月下区域与月上区域的区分，四元素在月下区域各有其固有位置。库萨所设想的宇宙否认所有这一切，因此不可能接受亚里士多德的科学。亚里士多德是通过位置来思考自然科学的空间的。根据亚里士多德的说法，人们怀有无限宇宙的想法乃是基于几何空间与实际空间（即我们实际生活世界的空间）的混淆。几何空间源于飞翔的思想失去了与实际世界的接触。思考实际空间时，我们不得不通过位置来思考空间，这里的"位置"是指某种像容器一样的东西。亚里士多德坚称，如果否认这种看法，我们将不再能理解静止和运动以及它们的差异。

有些人可能会引述库萨的尼古拉关于对立面一致的怪异学说，用静止与运动的一致来支持亚里士多德的立场。库萨的尼古拉固然能够援引柏拉图等人的权威来反驳这些人，声称恰恰是思想飞越了常识才使我们摆脱了支配日常经验的幻觉，但对库萨的尼古拉来说，静止和运动是相对概念，绝对运动并不存在。空间渐渐被视为一个无限场域，人们试图通过把自己建构的点和线投射于空间来把握空间。

二

阿尔贝蒂的透视建构（perspective construction）背后正是这种作为无限场域的空间观。其透视理论主要针对的是画家和对理解绘画技艺有兴趣的人，教他们如何令人信服地描绘所看到的东西。于是，绘画所描绘的不是物体本身，而是其主观显现。隐含在所有这些显现之中的是一种特殊视角。所有显现都是相对于主体的看而言的。

阿尔贝蒂和库萨的尼古拉都坚持这种显现的相对性。出自 67
《论绘画》的以下这段话读起来就好像是库萨的尼古拉写的：

> 关于以上所述还应补充一些哲学家的观点，他们声称，如果上帝愿意让天空、星星、海洋、山脉和所有物体都缩小到原来的一半，那么在我们看来，任何东西都不会显得有任何减小。关于大、小、长、短、高、低、宽、窄、明、暗、光、影以及每一

种类似属性的所有知识都是通过比较而得来的。①

我们无法知道事物的绝对大小。事实上，我们甚至不知道这样的绝对大小可能意味着什么。我们对某些物体大小的认识是完全相对的。阿尔贝蒂接着给出了一些例子，比如埃涅阿斯，他与凡人站在一起，头和肩膀都会高很多，但站在独眼巨人波吕斐摩斯（Polyphemus）旁边却显得像一个侏儒。"因此，所有事物都是通过比较来认识的，因为比较本身就包含着一种力量，能够在物体中立刻显示出更多、更少或相等的东西。由此可以说，当一个东西大于某个小东西时，它就是大的，而当它大于某个大东西时，它就是非常大的。"（A55）

那么，是否存在一个自然量度，可以用它来摆脱这种相对性呢？阿尔贝蒂表明，这种量度是存在的，尽管这里的"自然"不应与"绝对"相混淆。这个自然的量杆便是人体：于是，我们用手臂、肘和脚来测量长度（臂尺[*braccia*]、厄尔和英尺）。"既然人最了解的是人，或许普罗泰戈拉说人是万物的样式和量度的意思是，所有事物的偶性都是通过与人的偶性相比较而被认识的。"（A55）我们的偶然尺寸为我们提供了万物的量度。虽然在这个意义上我们的量度是偶然的，但这绝不意味着它没有用处，或者建基于此的命题是不真的。普罗泰戈拉可能已经认识到了这一点。

---

① Leon Battista Alberti, *On Painting*, trans. and intro. John R. Spencer, rev. ed. (New Haven: Yale University Press, 1966), p. 54;在本章引做 A, 后面直接跟页码。参见 Mark Jarzombek, *On Leon Battista Alberti*(Cambridge, Mass.: MIT Press, 1989)。

　　智者普罗泰戈拉曾经受到柏拉图和亚里士多德的严厉批评，我认为阿尔贝蒂在这个特定时刻为他恢复名誉非常值得注意，我将在后面一章回到它。① 阿尔贝蒂大约在同一时间撰写的《论家庭》(*Libri della famiglia*)中也有一段类似的话。同样发人深省的是，后来库萨的尼古拉也为普罗泰戈拉恢复了名誉，他在1458年出版的《论眼镜》(*De Beryllo*)②中明确捍卫这位智者，反对亚里士多德的批判。这里库萨的尼古拉借用了较为年轻的阿尔贝蒂的说法吗？似乎有可能。事实上，我怀疑库萨的尼古拉在写《论有学识的无知》时已经知道《论绘画》。③

　　虽然我不知道有任何直接证据表明这两个人见过面，但间接证据强烈暗示，他们必定彼此知道对方。④ 看一下他们的生平。阿尔贝蒂1404年出生在热那亚。10岁或11岁时，他前往帕多瓦大学师从人文主义者巴尔齐扎(Barzizza)。库萨的尼古拉于1416

68

----

　　① 参见第十章。另见 Charles Trinkaus, "Protagoras in the Renaissance: An Exploration," in *Philosophy and Humanism: Essays in Honor of Paul Oskar Kristeller*, ed. Edward Mahoney(New York: Columbia University Press, 1976), pp. 190 - 213。

　　② 用绿柱石做眼镜片一度很流行，如德文的"眼镜"一词"Brille"便是由绿柱石"Beryllos"演变而来。在这部著作中，库萨的尼古拉用眼镜来表达人的视觉与神的(或理智的)知觉之间的关系。——译者注

　　③ 库萨的尼古拉对阿尔贝蒂的透视理论感兴趣，他拥有一本阿尔贝蒂后来写的《绘画基础》(*Elementa Picturae*)。阿尔贝蒂有一部数学论著《论新月形的求积》(*De Lunularum Quadratura*)非常直接地源于库萨的尼古拉的一本类似著作。

　　④ 参见 Joan Gadol, *Leon Battista Alberti: Universal Man of the Early Renaissance*(Chicago: University of Chicago Press, 1969), pp. 196 - 197, n. 68。另见 Ernst Cassirer, *The Individual and the Cosmos in Renaissance Philosophy*, trans. Mario Domandi(New York: Harper and Row, 1963), p. 50, 以及 Leonardo Olschki, *Die Literatur der Technik und der angewandten Wissenschaften vom Mittelalter bis zur Renaissance*(Leipzig: Olschki, 1919), pp. 42, 81, 108。

年来到帕多瓦。虽然没有任何理由认为他在那个时候见过年轻的阿尔贝蒂,但也不能完全排除这种可能性;那时人们早熟——我们还记得,库萨的尼古拉就读海德堡大学时年仅 15 岁。1421 年,阿尔贝蒂进入博洛尼亚大学学习教会法和民法。1431 年,他在罗马教廷获得了一个次要职位。和库萨的尼古拉一样,阿尔贝蒂也担任了圣职,虽然他随后的职业生涯几乎无法让我们想到这一点(不是因为有任何丑闻——他的生活似乎可作楷模)。1472 年,阿尔贝蒂在罗马去世,以艺术理论家和建筑理论家著称于世,他还是一位道德思想家,强调的不是沉思,而是努力、劳动和生产。他本人则担任建筑师和城市规划师。

库萨的尼古拉必定见过年轻一些的阿尔贝蒂的另一个旁证是,他们的朋友圈子有所重叠。也许最重要的是,他们都与伟大的数学家、地理学家、天文学家和医生保罗·托斯卡内利(Paolo Toscanelli,1397—1482)很亲近,托斯卡内利也是布鲁内莱斯基(Brunelleschi)的朋友,都对透视法感兴趣。托斯卡内利把当时讨论甚多的比亚吉奥·佩里卡尼(Biagio Pelicani)《透视问题》(*Quaestiones Perspectivae*,约 1390)的一个副本带到了佛罗伦萨,该书基于约翰·佩卡姆(John Peckham)的学说,讨论的是光学和视觉理论。① 布鲁内莱斯基和阿尔贝蒂似乎都研究过这一文本。现在认为,曾被归于阿尔贝蒂著作的《论透视》(*Della prospettiva*,在里恰尔迪[Ricciardi]图书馆)的作者是托斯卡内利,这部著作"用

---

① 参见 Hugo Damisch,*The Origin of Perspective*,trans. John Goodman(Cambridge,Mass.；MIT Press,1995),p. 71;Gadol,*Alberti*,p. 27。

'俗'意大利语概述了中世纪光学的关键概念",写作时间可能比
《论绘画》更早。[①] 托斯卡内利等人重新唤起了人们对地理学的
兴趣,尤其是绘制了更为准确的地图,库萨的尼古拉和阿尔贝蒂
对此都很感兴趣——事实上,据说托斯卡内利绘制了最先激励
哥伦布西行探索东方世界的那张地图,[②]这一重新定向预示了哥
白尼革命的精神。我们知道,阿尔贝蒂和托斯卡内利一同作过天
文观测。

　　阿尔贝蒂和库萨的尼古拉都曾把著作献给托斯卡内利——阿
尔贝蒂的是《席间漫谈》(*Intercoenales*,1429),库萨的尼古拉的则
是他的前两部几何学著作《论几何变换》(*De Transmutationibus
Geometricis*,1450)和《补充的算术思考》(*De Arithmeticis
Complementis*,1450)——这一事实表明他们两人都对这位佛罗
伦萨的博学者怀有崇高的敬意。在帕多瓦,库萨的尼古拉在新任
音乐和占星学教授贝尔多曼迪(Beldomandi)的讲座上第一次遇见
了托斯卡内利。他们一直保持着朋友关系,库萨的尼古拉在托迪
去世时,守在其床边的医生正是托斯卡内利。我们今天还能看到
托斯卡内利对库萨的尼古拉的数学著作《关于化圆为方的对话》
(*Dialogus de Circuli Quadratura*)的批评。这部数学著作似乎基
于 1457 年两人在布利克森(Brixen)的讨论。琼·加多尔(Joan
Gadol)指出:"15 世纪 50 年代末,普尔巴赫(Peurbach)、雷吉奥蒙

　　① Franco Borsi,*Leon Battista Alberti*:*The Complete Works*(New York:Rizzoli,
1989),p.205;the characterization is by Damisch,*The Origin of Perspective*,p.71.

　　② Gadol,*Alberti*,p.193.

塔努斯(Regiomontanus)和托斯卡内利等科学人物经常在库萨的尼古拉在罗马的家中聚会，阿尔贝蒂必定是其中一员。"[1]

数学家和画家之间的这种关系应当作何解释呢？在阿尔贝蒂那里，答案是显而易见的。他对数学有兴趣，是因为数学能帮助画家掌控错觉，这里的"掌控"指两件事情：既能令人信服地描绘我们所看到的世界，又能理解这些错觉的逻辑。透视理论教给我们显现的逻辑、现象的逻辑。在这个意义上，透视理论是现象学。因此，现象学让我们理解为什么事物会以那种方式向我们显现。事实上，这正是康德的同时代人约翰·海因里希·兰伯特(Johann Heinrich Lambert)对"现象学"的理解，"现象学"一词正是他发明的。对他而言，现象学意指一种"超越的光学"(transcendent optics)，即最宽泛意义上的透视理论。[2]

透视法所造就的错觉具有某种魔力，要比我们已经习惯的那种呈现生动得多；难怪阿尔贝蒂所依赖的布鲁内莱斯基被其同时代人视为代达罗斯(Daedalus)传统的一位魔法师：在佛罗伦萨大教堂中，其墓志铭称颂这位建筑师"擅长代达罗斯的技艺"，其明证不仅有"这座外观绝妙的著名神殿，而且也有这位神一般的天才发

---

[1] Gadol, *Alberti*, p. 186 n. 68.

[2] "这里我们更加注意到这一点，因为当我们把现象学视为一种超越的光学时，我们也想到了一种超越的视角和一种关于现象(*Schein*)的语言，因此可以把这些概念连同错觉概念拓展到它们真正的一般性。"Johann Heinrich Lambert, *Neues Organon oder Gedanken über die Erforschung und Bezeichnung des Wahren und dessen Unterscheidung von Irrtum und Schein*, 2 vols. (Leipzig: Wendler, 1764), 2: 220. 另见 Johannes Hoffmeister's introduction to Georg Friedrich Wilhelm Hegel, *Phänomenologie des Geistes*, 6th ed. (Hamburg: Meiner, 1952), pp. vii—xii。

明的许多机械"。① 布鲁内莱斯基对透视法的系统总结仅仅是这 70
类发明中的一项,完成这项工作的不是一位画家,而是一位建筑
师。他在职业生涯之初是一名金匠,受的是测量训练。因此,透视
理论是由一位相对而言的局外人引入绘画的。

　　阿尔贝蒂把意大利文版的《论绘画》题献给了布鲁内莱斯
基,后者与多纳泰罗(Donatello)、洛伦佐·吉贝尔蒂(Lorenzo
Ghiberti)、卢卡·德拉·罗比亚(Luca della Robbia)和马萨乔
(Masaccio)一起被提及,以证明自然仍然能够造就那些"天才或巨
人,她在更年轻、更光辉的日子里,曾经极为奇妙和丰富地造就过
天才"(A39)。毫无疑问,发展出透视理论要最多地归功于布鲁内
莱斯基,而透视理论对画家和其他工匠非常重要。② 以下是马内
蒂(Manetti)对布鲁内莱斯基原始突破的叙述:

　　　　他先是在一个 1 平方臂尺的小面板上展示了其透视系
　　统。他描绘了圣乔万尼(San Giovanni)在佛罗伦萨,这幅画
　　包含了从外面所能看到的神殿的样子。为了描绘它,他似乎
　　站在圣母百花大教堂中央大门内部约 3 臂尺处……
　　　　[接下来描述的是面板上的东西以及出色的做工。]
　　　　他把磨光银放在天空的位置,以使实际的空气和大气

---

① 　Carlo Marsuppini(1398 – 1453),"Epitaph Commemorating Brunelleschi,"in
Brunelleschi in Perspective,ed. Isabelle Hyman(Englewood Cliffs,N. J. :Prentice-Hall,
1973),p. 24.
② 　关于把单点透视法的发现归功于布鲁内莱斯基,参见 Damisch,*The Origin of
Perspective*,pp. 59 – 72,and J. V. Field,*The Invention of Infinity:Mathematics and
Art in the Renaissance*(Oxford:Oxford University Press,1997),pp. 20—42。

有所反映。①

然后,布鲁内莱斯基在面板中心钻了一个孔,观察者可以透过这个孔借助镜子注视这件作品。②

此举的目的是向惊讶的公众展示新发现的透视系统的力量:世界似乎被再次创造出来。艺术家在这里作为第二个神出现,阿尔贝蒂正是如此称呼布鲁内莱斯基的。

三

阿尔贝蒂在《论绘画》第一卷的开头便澄清了他的透视理论与数学的关系。"我首先从数学家那里取来我的主题所涉及的东西。"(A43)他从数学家那里取来的东西足以让他发展出一种数学符号系统,在物体在空间中的形状与其图像表示之间建立精确的对应关系。③ 利用这种被创造出来的语言,只要给定某一特定视点,就很容易从空间中的物体过渡到它们的图像表示,或者反过来从物体的视角性显现过渡到作为科学关注对象的物体本身。诚然,阿尔贝蒂请求读者不要把他当作数学家,"而是当作一个画家在写这些东西。数学家们单凭自己的心智去度量与所有质料相分

71

---

① Antonio di Tuccio Manetti,"From *The Life of Brunelleschi*(1480's),"in Hyman,*Brunelleschi in Perspective*,pp. 65 - 66.

② William M. Ivins,Jr.,*On the Rationalization of Sight:With an Examination of Three Renaissance Texts on Perspective*(New York:Da Capo,1973),p. 10.

③ Field,*The Invention of Infinity*,pp. 6 - 7.

离的事物的形式。既然我们希望物体能被看到,我们将使用一种更可感觉的(more sensate)智慧。"(A43)这里,我们可以追溯阿尔贝蒂对中世纪透视学(*perspectiva*)的依赖,[①]这是一门关注光的本性、视觉和眼睛的视觉科学,依赖于古代、阿拉伯和中世纪的光学(伪欧几里得光学、阿尔哈增[Alhazen]、威特罗[Vitellio])——这门科学无疑是托斯卡内利介绍给他的。但更重要的是,阿尔贝蒂承诺了一种比在大学讲授的学问"更可感觉的智慧"。这里实践变成理论不是为了洞察事物的真正本性,而是为了掌控。一如笛卡儿后来会用其实践哲学来反对经院学者的思辨哲学,阿尔贝蒂已经开始传授一门实践科学,它会把与他关心的技艺无关的那些哲学问题悬置起来,只从数学家那里取来"我的主题所涉及的那些事物"(A43)。在这方面,《论绘画》属于一种当时已经牢固确立的传统。菲尔德(J. V. Field)解释说:"至少从 13 世纪末开始,这些数学技能的用途在更广泛的背景下被承认,在专门为此建立的算盘学校(abacus schools)中被越来越多地讲授。这些算盘学校用本国语教学。……在 14 世纪末的佛罗伦萨,最好的算盘学校之一是金匠行会开设的。"[②]布鲁内莱斯基便属于该行会。

在为其关切划定界限之后,阿尔贝蒂区分了会被位置和光的变化所改变的那些空间性质以及不会被此改变的空间性质

---

① Field, *The Invention of Infinity*, 14.

② 参见 ibid., p. 7:"总体而言,和古代一样,中世纪的哲学家们都认为看是一个主动过程。也就是说,眼睛发出射线。的确有人认为眼睛只是接收来自外部物体的光,这种观点的主要提出者是伊斯兰数学家和自然哲学家伊本·海塞姆(Ibn al-Haytham,965—约 1040,在西方通常被称为阿尔哈增[Alhazen]),但很少被人关注。"

（A44）。或许可以说，他区分了事物的实际性质与显现出来的性质。画家主要关心后者。但现象有其自身的逻辑，于是我们有了一门关于如何描绘现象的科学。阿尔贝蒂进而引入了视72 锥的概念——视锥的底是观察到的东西，视锥的顶点则是观察者的眼睛（见图7）。我们再次注意到，他不愿陷入不必要的理论问题："关于这些射线到底是来自眼睛还是来自平面，古人有不少争论。这场争论非常激烈，对我们来说相当无用，我们把它搁置一边。"（A46）[①]阿尔贝蒂的实践科学只做实现其目的所必需之事。

阿尔贝蒂把连接平面与眼睛的射线比作头发或一束捆扎起来的细线，把眼睛比作苞芽，还区分了确定轮廓的外部射线、充满该区域的内部射线以及垂直于平面的中心射线。眼中所成的角越尖锐，物体就显得越小。给定物体距离越大，所成角度就越小。他还补充了一则关于空气透视的注释，表明空气湿度会使视线疲弱，导致我们看到的东西一片模糊。阿尔贝蒂进而指出，要把图画平面当作仿佛由透明玻璃制成，透过这扇窗户，我们观看似乎处于它之外的东西。由此构想便得到一条重要规则，接下来许多内容均可由此推出："让我们补充数学家的一条公理：如果一条与底边平行的直线与三角形的两条边相交形成一个新三角形，则小三角形必定与大三角形成比例。这一点已经得到证明"（A52）。

让我们转到这一建构本身（图4）：

---

① Field, *The Invention of Infinity*, pp. 29 - 40。

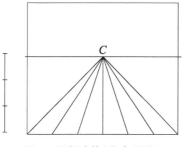

图4 透视建构(作者所绘)

　　首先,我画一个长方形,尺寸随我喜欢,我把它当成一个 73
打开的窗户,透过它我能看到所要描绘的对象。画中人物的
大小可以随意确定。我把这个人的高度分成三部分,在我看
来,这些部分与那种被称为"臂尺"的量度成比例,因为普通人
的高度大约为3臂尺。我用这些臂尺把长方形的底边分成尽
可能多的部分。对我来说,长方形的这条底边正比于在路面
上看到的最近的等距离量。接着,我在长方形内确定一点,即
中心射线所击中的位置[C],因此被称为"中心点"。该点与
长方形底边的距离不应高于所画人物的身高。

　　确定了中心点之后,我从该点到长方形底边的每一个部
分引直线。这些仿佛[延伸]至无穷远的线段向我展示了每一
个横向的量是如何在视觉上发生改变的。(A56)

　　然后,阿尔贝蒂简要讨论了当时似乎很常见的一种错误建构:
作与线段a平行的第二条平行线(b),将两条线之间的距离分成三
部分,第三条平行线(c)位于b的上方、a与b间距的2/3处,依此

类推。对我们来说，比这种错误建构更重要的是阿尔贝蒂的评注：
"要知道，如果没有一个明确的距离来看它，则所绘事物看起来永
远也不可能真实。"（A57）。需要注意的是，艺术家应当追求的与
其说是真理，不如说真理的显现。

让我们转到阿尔贝蒂的建构：他是如何画横向线的（图 5）？

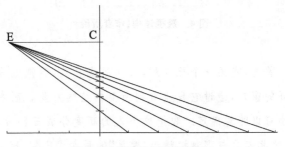

图 5　透视建构（作者所绘）.

74　　　　取一块小空间，在其中画一条直线，然后把它分成若干部
　　　分，就像我把长方形的底边分成若干部分一样。接着，确定一
　　　个点[E]，其高度等于从中心点到长方形底边的高度，从这一
　　　点向底边上的诸分点引直线。然后，我根据意愿确定眼睛与
　　　画作之间的距离[E-C]。这里我画出了数学家所谓的与直
　　　线的"垂直相交"。……这条垂线与其他直线的交点使我得到
　　　了一连串横向的量。通过这样的方法，我便画出了所有平行
　　　线，形成了画中路面的臂尺方格。（A57）

虽然我认为阿尔贝蒂在这里所说的东西足够清楚，但我的许
多学生都觉得透视建构的这部分内容难以理解。当阿尔贝蒂说

"我根据意愿确定眼睛与画作之间的距离"时,他们难以相信阿尔贝蒂指的是其字面含义。在他们看来,这种程序似乎过于随意。但阿尔贝蒂所指的的确就是其字面含义。E-C不仅表示而且等于理想的眼睛与画面的距离。该距离是画家在认为合适的地方确定的,当然,他需要了解这幅画预期放置的地方和用途。

　　要想检验已经完成的建构是否正确,有一个简单的测试:"衡量它们画得是否正确的检验方法,就是把图中画的若干四边形的对角线连接起来,看它们能否被一条直线所包含。"(A57;图6)该检验提供了另一种建构方法。[①] 再一次地,"我根据意愿确定眼睛与画作之间的距离";在地平线上从中心点绘出这个距离[C-D],其中 D(D_1 或 D_2,取决于我向右移动还是向左移动)往往会落在画面以外;连接 D 与四边形底边上的诸分点。一个正确绘制的路面的所有对角线都相交于 D(D_1 或 D_2)。但眼睛与画作的距离必须等于 C-D。因此,每一幅按照阿尔贝蒂的建构绘制的带有路面的画,都会给我们一个简单的诀窍来确定理想的视点。

　　阿尔贝蒂的建构为画家提供了一个空间框架,使画家所要描绘的对象可以安置其中。这个空间本质上也是同质的,尽管其中心在 75

---

　　① 参见 Erwin Panofsky, *Perspective as Symbolic Form*, trans. Christopher S. Wood(New York:Zone Books,1997),pp. 30-36。不过,我的确认为他所说的"精确的透视建构是对这一心理-生理(psychophysiological)空间之结构的系统抽象"(p. 30)会产生误导。"抽象"并没有把握阿尔贝蒂的建构是如何违反我们的空间经验的。正如雨果·达米什(Hugo Damisch)所指出的:"《透视作为象征形式》的作者显然混淆了视觉与导致在视网膜内凹面形成图像的光学过程之间的区分;同样清楚的是,这种这种混淆使他仅仅赋予了'合法建构'(costruzione legittima)一种相对的有效性。"(*The Origin of Perspective*,pp. 5-6)

眼睛处；事实上，它是新科学的客观空间的主观显现。注意所采用
视点的任意性！身体肯定为阿尔贝蒂提供了某种类似于天然量度
的东西——我们还记得他提到过普罗泰戈拉。在不止一种意义上，
阿尔贝蒂的透视建构本质上是人类中心主义的，因为人的身体提供
了标尺和视点，人的理性提供了准则。这种人类中心主义会遭到要
求艺术以神为中心的人的批判，一如新科学的人类中心主义会遭到要
求以神为中心来理解实在的人的批判。我将在下一章回到这一点。

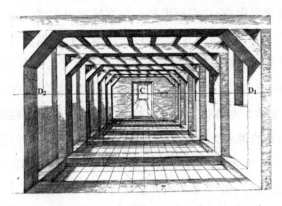

图 6　Jan Vredemann de Vries, perspective construction,
Perspective,（Leiden：Henricus Hondius, 1604）。

76

四

我想强调，阿尔贝蒂的建构是人为的。[①] 他所描绘的空间违

①　Damisch, *The Origin of Perspective*, p. 35. 另见 Martin Kemp, "Leonardo and the Visual Pyramid," *Journal of the Warburg and Courtauld Institute* 11(1977), pp. 128 – 149。

反了我们实际经验事物的方式,达·芬奇已经注意到了这一点。雨果·达米什(Hugo Damisch)在达·芬奇的《论绘画》(*Treatise on Painting*)中看到了"一个自那以来几乎没有变化的重要比喻的先兆,该比喻认为,合法建构(*costruzione legittima*)会把正在观看的主体归之于某种独眼巨人,迫使眼睛保持在一个固定的、不可分割的点上——换句话说,迫使它采取一种与知觉的有效条件和正确理解的绘画目标毫无共同之处的站立姿态"。① 在丢勒的画作《用透视法绘制裸体的艺术家》(*Artist Drawing a Nude in Perspective*,图7)中,图像对于观看者和被观看者都不符合透视法。这里丢勒不仅展示了"画家为使理性建构变得更容易而应使用的工具",②而且还附有一则关键解说:注意这幅图的两半所说的不同语言——左边的窗户为我们展现了光明的世界,而右边 77 的窗台上则摆着蓬乱的盆栽灌木,似乎要冲破束缚它的容器,挡

图7　Albrecht Dürer,*Artist Drawing a Nude in Perspective*(1527).

① Damisch,*The Origin of Perspective*,p.36.

② Martin Heidegger,"Die Zeit des Weltbildes," *Holzwege*, in *Gesamtausgabe* (Frankfurt am Main:Klostermann,1977),5:75-113.

住我们的视野。丢勒清楚地知道，我们首先和在大多数时候都是用移动的身体和所有感官来经验空间的；他也知道，欲望是这种经验的一部分。

虽然阿尔贝蒂关注的是绘画，但他只考虑了眼睛。甚至在这里，为使其建构易于操控，他假定了单眼视觉和平坦的地面。他的建构对我们实际视觉的违反是显而易见的：通常我们是用两只不断移动的眼睛来看东西的。考虑一下你是如何看某个高大物体的，比如一棵树；为了更好地看到树顶，你不会保持头部不动，而是会向后倾斜，从而改变阿尔贝蒂所谓的每只眼睛的中心点。阿尔贝蒂假定有一只固定的眼睛。在论述布鲁内莱斯基对透视力量的第一次演示时，马内蒂提醒我们注意，布鲁内莱斯基在面板中心钻了一个窥孔来确保该视觉是单眼的；同样重要的是，马内蒂指出，布鲁内莱斯基决定只绘制可以"一目了然"的东西。在理想情况下，这样一幅画会冻结时间。当你想描绘一幢非常高大的建筑比如巴别塔时，这项决定对于透视描绘的后果会变得更加清晰。阿尔贝蒂的建构要求所有不同楼层（假设高度相等）在我们的画中也必须被赋予相同尺寸，尽管这当然不是我们通常看到的样子。然而，通过假设一只固定的眼睛和一条与假定地面平行的中心线，很容易证明阿尔贝蒂的建构是正确的。但这个问题只会提醒我们，日常经验涉及眼睛、头和身体的许多运动，每一个这样的运动都意味着中心点的转移。为了掌控事物的显现，画家将经验还原为瞬间的单眼视觉，并把我们置于平坦的地面上。阿尔贝蒂的透视法使其所呈现的东西受制于一种人类量度，而这种量度本身则服从于轻松描绘的要求。

但在这个方面,透视法与新科学并无太多不同,新科学的中心和量度也是正在感知的主体。因此,阿尔贝蒂对透视法的理解是对笛卡儿方法的一种图解,透视法的绘画是对科学所描述的自然的一种图解。在这个意义上,可以说阿尔贝蒂的《论绘画》帮助开辟了海德格尔所谓的"世界图景的时代"。

第五章　奇特的透视

一

　　阿尔贝蒂的建构为画家提供了一个空间框架,画家所要描绘的任何对象都可以安置其中。此框架是欧几里得空间的透视投影,而欧几里得空间也正是新科学的无限空间。因此,它也没有绝对的中心或量度,尽管我们看到,人体(尤其是眼睛的位置)的确提供了某种天然的量度、中心和视点,使画家得以摆脱随意性。

　　亚里士多德主义者会促请我们思考,这种空间描绘如何能够很好地把握我们实际体验和生活于其中的空间。我在总结上一章时指出,阿尔贝蒂对我们视觉体验之自然视角的理性化是人为的。第一部印刷的透视学论著——1505 年出版的维亚托(Viator)的《论人工透视》(*De Artificiali Perspectiva*)——的标题便明确承认了这种人为性。① 其作者首先假定了单眼视觉,其次假定了一只固定的眼睛,第三假定了平坦的地面。这种理性化的人工透视违反了支配我们视觉体验的自然透视,对于这个事实,达·芬奇或

---

① 重印于 William M. Ivins, Jr., *On the Rationalization of Sight: With an Examination of Three Renaissance Texts on Perspective* (New York: Da Capo, 1973)。

开普勒心知肚明。但是为了作更大的数学控制，人们甘愿以这种违反为代价。因此，诉诸实在论并不能完全解释这种新透视法的胜利。更重要的是，画家现在有了一种易于使用的方法来处理对图像的描绘和虚构。新方法所能产生的近乎神奇的错觉为自己作出了辩护，"合法建构"很快就被理所当然地视为画家需要掌握的一种工具，即使画家往往会根据实际目的对它进行变通。但我们不应忽视这样一种技艺更成问题的方面，即它愿意为了理性化的描绘而牺牲实在，这种牺牲预示了科学要求用对生活世界理性化的描述来取代生活世界。

　　《论绘画》第二卷开头便暗示了一种用似像（simulacra）来代替实在的艺术所具有的可疑性。[①] 阿尔贝蒂在这里称赞画家和绘画艺术，据说绘画含有"一种神圣的力量，不仅能使不在场的人在场，就像友谊所能做到的那样，而且能使死者看起来像活着一样"。一幅画可以为不在场甚至是死去的朋友提供一个替代品："因此，绘画肯定能使一个已经死去的人长时间活着。"（A63）绘画能使生命超越死亡，尽管战胜毁灭性的时间需要依赖错觉的力量。阿尔贝蒂进而指出，绘画有助于培养宗教情怀："有些人认为绘画塑造了国民所崇拜的诸神。这肯定是诸神赐予凡人的最大礼物，因为绘画对虔诚是最有用的，那种虔诚把我们与诸神联系在一起，使我们的灵魂充满了宗教信仰。"（A63）接下来他引用三重伟大的赫尔

---

　　① 本章所有用括号标出的页码都是指 Leon Battista Alberti, *On Painting*, trans. and intro. John R. Spencer, rev. ed. (New Haven: Yale University Press, 1966)；简引做 A，后面直接跟页码。

墨斯的话说："人类在回忆自己的本性和起源时，按照自己的形象描绘了神。"（A65）这里引用的是《阿斯克勒庇俄斯》(*Asclepius*)，[①] 这是中世纪赫尔墨斯主义的一份重要文献，写于大约公元 2 世纪或 3 世纪，但当时被认为出自古埃及人之手，甚至可以追溯到摩西时代。圣奥古斯丁在《上帝之城》(*City of God*)第八卷批判魔法时引用过该文本，这有助于传播其诱人的（如果不是不虔诚的）讯息。

虽然阿尔贝蒂希望使用赫尔墨斯主义文本来美化其著作的修辞，但他似乎一直不愿像《阿斯克勒庇俄斯》清楚表明的那样把绘画艺术与魔法实际联系在一起。"哦，三重伟大的赫尔墨斯，你指的是雕像吗？"阿斯克勒庇俄斯接着说，

> 是的，阿斯克勒庇俄斯，是雕像。它们是充满感觉和精神的雕像，可以做到很多事情，预言未来，给人灾难，治愈疾病。……这些地界的或人造的诸神源于草药、石头和香料的合成，它们本身就包含着神圣功效的一种隐秘力量。如果我们试图用无数祭品、颂歌、赞歌和仙乐来取悦它们，那是为了让庄严美妙的礼仪能够帮助它们在人类当中长久居住。诸神就是这样制作出来的。[②]

80

---

① 关于对《阿斯克勒庇俄斯》的讨论和概述，参见 Frances A. Yates, *Giordano Bruno and the Hermetic Tradition* (Chicago：University of Chicago Press, 1979), especially pp. 35 - 40. 另见 St. Augustine, *The City of God*, trans. Marcus Dods(1872；reprint, New York：Modern Library, 1950), 8. 23, pp. 270 - 272。

② *Asclepius*, translated in Yates, *Bruno*, p. 37.

要不是奥古斯丁在《上帝之城》中把这称为制作神的技艺，阿尔贝蒂还能在哪里找到他所引用的那段话，称之为一种"反对神圣宗教的可憎技艺"，因此"应当被那种宗教消除"呢？奥古斯丁并非否认可能存在这样一种技艺，它能够召唤恶魔或天使的灵魂，"用这些神圣的形象和神圣的奥秘把它们统一在一起，以便经由这些灵魂，使形象能够有益或有害于人"。[①]但三重伟大的赫尔墨斯自己不是也承认这种技艺与真正的宗教不相容吗？无论如何，奥古斯丁毫不怀疑这种技艺只能源于错误和不信神。阿尔贝蒂显然会同意这种谴责，尽管他可能会赞同该引语的第一部分，让我们把艺术作品理解为"充满感觉和精神"。但这里的"精神"必定意味着人的精神，而不是恶魔或天使的精神。艺术已经取代了魔法，阿尔贝蒂援引大魔法师三重伟大的赫尔墨斯也许正是为了暗示这种取代。尽管如此，绘画与魔法的联系（任何熟悉《上帝之城》的读者都会明白这一点）给阿尔贝蒂的著作蒙上了阴影。

即使不考虑赫尔墨斯主义魔法给这段话蒙上的阴影，许多正统读者也必定会觉得阿尔贝蒂对绘画的原尼采主义（proto-Nietzschean）赞颂难以接受。有一种不虔敬的看法认为，实际上可能是绘画塑造了神，至少异教（阿尔贝蒂是用过去时谈到诸神的）是艺术的产物。但阿尔贝蒂时代的宗教情况如何呢？它不是也依赖于形象吗？想想殉道者、圣母或基督的虔诚形象。在结束对三重伟大的赫尔墨斯的批判时，奥古斯丁本人认为有必要将埃及人对

① Augustine, *The City of God* 8.24, pp. 273, 272.

其神灵的崇拜与基督徒对其殉道者的尊崇进行对比。正如阿尔贝蒂所声称的，如果艺术确实大大增强了宗教的力量，我们难道不是必须提防它所培养的虔敬是一种虚假的虔敬，为表面现象而牺牲了宗教的超越性内容，即它的实质吗？因此，宗教往往会对绘画和雕塑怀有敌意，这种敌意一次次地演变成狂暴的反偶像崇拜。"因此，绘画本身包含着这种力量，任何绘画大师看到自己的作品受到崇拜，都会觉得自己被当成了另一个神。"（A64）对于这段自豪的宣言，阿尔贝蒂时代的基督徒是如何回应的呢？作为第二个造物主，艺术家有可能篡夺上帝的地位。对绘画的这种理解的可疑性在该段末尾得到了强调，这段话不是讲给俗众听的，而是讲给那些即将被传授艺术奥秘的人听的："因此，我常常对我的朋友说，根据诗人们的说法，绘画的发明者是那喀索斯（Narcissus），他后来变成了一朵花。既然绘画是所有艺术之花，那喀索斯的故事非常切题。除了通过艺术来拥抱池塘表面，绘画还能是什么呢？"（A64）我们再次想起了《阿斯克勒庇俄斯》，因为它的开篇谈到了三重伟大的赫尔墨斯、阿斯克勒庇俄斯、塔特（Tat）和哈蒙（Hammon）在一座埃及神庙的秘密聚会：神的智慧不是面向大众的。阿尔贝蒂说，他所要告诉我们的东西也只是面向一个小的朋友圈子，这也渲染了某种类似的秘密氛围。然而，这些朋友似乎不再需要魔法，因为阿尔贝蒂用一门仅仅基于理性和自然的艺术取代了魔法，这种取代预示着笛卡儿用一门仅仅基于理性和自然的科学取代了文艺复兴时期能够援用神秘力量的魔法科学。

也许更重要的是，阿尔贝蒂这里对绘画的理解让人想起了柏拉图《理想国》第十卷的内容，那里已经把画家比作类似于神的魔法师：

　　苏格拉底：还有另一种工匠［艺术家］，我想知道你会怎么
说他。

　　格劳孔：什么样的工匠？

　　苏格拉底：他能制作所有其他工匠所造的一切东西。

　　格劳孔：你这是在说一种极不寻常的人。

　　苏格拉底：请等一等，还有更多的理由让你这样说。须
知，他不仅能制作一切用具，而且还能制作各种植物、动物、他
自身以及其他种种东西——地、天以及天上地下的一切事物，
他还能制作诸神。

　　格劳孔：真是一个魔法师啊！

　　苏格拉底：你不信？请问，你是根本不信有这种制作者或
创造者吗？或者，你是不是认为，这种万能的工匠在一种意义
上可能有，在另一种意义上则不可能有呢？你知不知道，凭借
一种方法，你自己也能制作出所有这些东西。

　　格劳孔：什么方法？

　　苏格拉底：这不难，方法很多，也很快。你拿一面镜子转
来转去，就能最快地做到这一点。你很快就能在镜中制作出
太阳和天空中的一切，制作出大地和你自己，以及别的动物、
植物和所有我们刚才谈到的那些东西。①

82

---

① Plato, *Republic* 10.596, trans. Benjamin Jowett(New York: Random House, 1960).

柏拉图笔下的苏格拉底指责说,画家用一个主观显现的世界取代了真实的世界。我们可以回到阿尔贝蒂援引的那喀索斯的故事:画家凭借其技艺拥抱了镜像,赋予它们一种藐视死亡的稳定性。当然在神话中,在傲慢地拒绝了阿弥尼俄斯(Ameinias)和山林女神埃科(Echo)的爱之后,那喀索斯徒劳地试图拥抱的东西反映了他自身的美。把那喀索斯称为绘画的创始人,暗示艺术起源于一种自恋,希望通过描绘来拥抱其自身的映像。然而,在某种意义上艺术家成功了而那喀索斯失败了:画家拥抱自身所产下的不是孩子,而是一件艺术作品,这里理解成自我在自然中的一个镜像。

　　柏拉图之所以批评模仿的艺术,是因为艺术只模仿事物的显现,而事物本身则是对理型的模仿。因此,艺术家三倍远离了实在。这是一项严肃的指控:我们如何能够认真对待艺术所说的服务于真理?这种服务难道不是中世纪艺术理解的核心吗?难怪哲学家雅克·马利坦(Jacques Maritain)会对在新透视法基础上兴起的文艺复兴艺术感到痛惜:

　　　　参观美术馆时,随着我们从原始艺术展厅步入展示光彩熠熠的油画和更为恢弘的材料科学的展厅,脚在地板上迈出了一步,而灵魂却深深地堕落了。此前它一直在吸收永恒群山的空气,而现在它却发现自己处在一个剧场——一个宏伟的剧场——的地板上。到了16世纪,谎言把自己安置于绘画中,绘画开始为了自己的利益而热爱科学,努力给出自然的错觉,让我们相信面对着一幅画,我们就在所画的对象面前,而不是在画作面前。[①]

马利坦很愿意承认，伟大的艺术家总是能够克服这种危险和谎言。但他也促请我们把掌握透视法看成一种妨碍，而瓦萨里(Vasari)这样的人则可能理所当然地视之为明显的艺术进步。因为马利坦在谈到剧场时，所想到的主要是透视的胜利。他想到了那些令人误以为真的巧妙的图像错觉，这些错觉使我们忘记了它们仅仅是人造的东西，忘记了艺术品当时作为物体在世界中的实在性。艺术家在这里篡夺了上帝的位置，用自己的创造取代了上帝的创造。人通过诡计用图像取代了实在。转向透视使艺术有掩盖实在的危险。

以观看者为量度的人工透视必然意味着可见世界的世俗化。因此，它有碍于让视觉艺术服务于神的超越性。这是文艺复兴时期和巴洛克时期的宗教艺术所面临的问题：因服从于透视而切断了与超越性的联系，但又试图用那种透视来体现超越性。但艺术家具备这种体现的能力吗？如果有，那么画家就接近于赫尔墨斯主义的魔法师。但艺术所提供的东西可能超出一个魔法师的剧场吗(图8)？[②]

84

---

① Jacques Maritain, *Art and Scholasticism, and the Frontiers of Poetry*, trans. Joseph W. Evans(New York: Scribner, 1962), p. 52.

② 参见 Karsten Harries, *The Bavarian Rococo Church: Between Faith and Aestheticism*(New Haven: Yale University Press, 1983), especially "The Insufficiency of Perspective," pp. 146 - 150。

图 8   Andrea Pozzo, *The Transmission of the Divine
Spirit* (1688 - 1694). S. Ignazio, Rome, Italy.

二

马利坦会认为,原始艺术的展厅与陈列文艺复兴时期大师杰作的那些展厅之间的门槛把以人为中心的现代和以神为中心的中世纪分隔开来。阿尔贝蒂已经跨过了这道门槛,这表现在他拒绝把金色用于绘画。不久,中世纪艺术的金色背景的确消失了,这体现了阿尔贝蒂对正确描绘的理解:"有些人会在其历史画(*istoria*)中大量使用金色,他们认为金色会给画面带来庄严感。我并不赞成这种做法。即使要描绘维吉尔笔下的狄多(Dido),她的箭囊是金色的,金发用金线系在一起,紫色的战袍上束着纯金的腰带,马缰绳以及所有东西都是金色的,我也不愿使用金色,因为画家用色彩来仿造金色的光线会得到更多的钦佩和赞扬。"(A85)错觉优先于实在。在画框或祭坛建筑中,阿尔贝蒂允许使用金色,但画作上是不允许用的,它会引入一种不和谐的要素,破坏图画的错觉。"在金色背景的平面画板中我们会看到,一些本来应是暗的平面却会发光,一些本来应是亮的平面却是暗的。我不会指责加入绘画的其他弧线装饰,如高柱、雕刻底座、柱头和三角顶饰,即使它们是用最为纯净和沉重的黄金制成的。不仅如此,一幅完美的历史画值得用最珍贵的宝石来装饰。"(A85)

要想弄清楚这里所谈的问题,我们需要知道在公元1000年左右被引入西方绘画的金色背景的意义——也许重要性可与之匹敌的唯一的艺术创新是彩绘玻璃窗。它们共同为中世纪艺术提供了两个关键隐喻——之所以关键,是因为它们能使我们接近这种艺

85

术的本质。考虑下面这幅出自《亨利二世福音摘录》(*King Henry II's Book of Pericopes*)的双面画(图 9;插图 1),它所描绘的是《墓地圣妇面对复活天使》(*Holy Women at the Sepulchre Confronted by the Angel of the Resurrection*):妇女和天使属于一个对时间毫无知觉的王国。这里的金色背景具有隐喻的力量,暗示着永恒的幸福,因为它有助于建立世俗绘画的永恒意义。它促请我们从"精神视角"打量看到的东西。我特意使用了"精神视角"这一表述,它出自弗里德里希·奥利(Friedrich Ohly)关于"中世纪的精神意义"的研究[①]:阿尔贝蒂的透视法邀请我们透过物

图 9 *Holy Women at the Sepulchre Confronted by the Angel of the Resurrection*. From *King Henry II's Book of Pericopes* (1002 - 1014).

---

① Friedrich Ohly, *Schriften zur mittelalterlichen Bedeutungsforschung* (Darmstadt: Wissenschaftliche Buchgesellschaft, 1977), pp. 15, 35 - 37.

质性的绘画来观看,它仿佛是一扇透明窗户,透过它我们可以看到
画家想要描绘的东西。但这在很大程度上是一种人类视角,其中
心在观察者:我们看到的是事物对我们的显现。中世纪艺术的精
神视角让我们在一种非常不同的意义上来看绘画:透过物质看
到其精神意义。世俗之物被转变成一种神圣象征。阿尔贝蒂的
艺术与这种精神视角是不相容的。一种以神为中心的艺术让位
于一种以人为中心的艺术。

　　这两种进路之间的张力是中世纪晚期艺术的典型特征,是将
现代与中世纪分离和结合的门槛。随着对三维和透视法的兴趣开
始显露,对金色的使用必定变得越来越成问题。试将安布罗焦·
洛伦采蒂(Ambrogio Lorenzetti)《圣母领报》(*Annunciation*,
1344;图 10;插图 2)中天使和玛丽亚的三维立体感与奥托王朝时

图 10　Ambrogio Lorenzetti,*Annunciation*(1344).
Pinacoteca Nazionale,Siena.

期微型画中人物的平面感进行比较,后者因翅膀、服饰和手的姿态而赋有了生气：似乎有一阵神圣的风拂过这些灵性形象。洛伦采蒂的天使则有一种非常不同的立体感；天使稳当地坐在圣母面前,方格地板的正交直线似乎收敛于一点,制造出一种立体感,从而突出了他的位置。

雨果·达米什指出了画面中的明显张力：

87　　　　但其正交直线所收敛的那个点并未出现；它被一根与画板对称轴精确相符的浅浮雕柱子所掩饰,或者更准确地说是被抹去和阻断,这根柱子虽然是镀金画框的延伸,但却坚实地画在了画作内的前景中,在其下缘。此建筑要素以其空间的模糊性充当着某种掩饰或屏幕,是一个明显矛盾的结构的关键,在此结构中,铺面的逐渐消隐与金色背景（灭点在几何上位于该金色背景中）所营造的平坦化效果明显相冲突。①

阿尔贝蒂无疑会批评这种矛盾,因为他会指出横线的放置不正确。

在一个多世纪以后所画的（图 11；插图 3）《圣休伯特的皈依》(*Conversion of St. Hubert*)中,新旧进路之间的这种张力表现得更加明显。要想为深景提供空中视角,需要一个有大气层的天空。

88 这里的金色背景似乎主要遵循了一种当时已经不再时兴的惯例。

---

① Hugo Damisch, *The Origin of Perspective*, trans. John Goodman (Cambridge, Mass. ; MIT Press, 1995), pp. 80 - 81.

图 11　Workshop of the Master of the Life of the Virgin,
Conversion of St. Hubert(ca. 1480－1485). National Gallery, London.

许多人都把传统金色背景重新诠释为由某种金色面料制成的幕布,这表明需要用可被新艺术接受的方式来维持一种被珍视的传统。与这种努力相关的是人们试图把光环描绘为空间中的圆盘,这是圣徒所具有的一种奇特的金色头饰,画家应当从合适的视角 89 悉心描绘。

　　在库萨的尼古拉最钦佩的画家罗吉尔·范德韦登(Rogier van der Weyden)的作品中,新的空间感几乎取得了胜利,虽然知道这一点并不意味着让空间服从于阿尔贝蒂"合法建构"的刚性脚手架(图 12;插图 4)。在《圣路加绘制圣母像》这样的画作中,金色背景已然消失,光环也是如此。圣路加是画家的主保圣人:因此在描绘这位圣人时,范德韦登也是在处理他这门艺术的本质。这里特别有趣的是这样一种对比:圣母面前的圣路加实际看到了圣母,而观察者和画家却只能间接通达这一神圣事件。于是,圣人的视线与我们自己的视线相垂直,这提醒我们,我们不再像他那样处于有利的位置。我们的视角是一个不同的、不够有利的视角,而他的则是一个更具精神性的视角。他将如何描绘圣母?他手中的纸张没有给出答案,但只要我们想象自己处于他的位置,就会"看到"圣

图 12   Rogier van der Weyden, *St. Luke Sketching the Virgin* (1435).

母位于其宝座的金色背景之前。对不同视角的关注为这幅画的组织结构提供了关键：试将圣人和观察者的视角与画面中正在看风景的那对夫妇的视角进行比较。那对夫妇背对着这一神圣事件，在庇护圣母的房间之外（我们作为观察者也半属于该房间），他们的注意力转向了变化无穷的世界。他们和圣人属于不同的王国。

我把金色背景称为一种隐喻手法，它旨在使我们超越那个熟悉的可感世界。因此，它的功能有点类似于给源自可感世界的谓词加上"绝对""完美"或"无限"等语词，以使这些谓词更适合于上帝。只有假定世俗与神圣之间具有某种连续性，或至少是某种可公度性，这种策略才有意义。随着一种新的主体主义开始在对透视法（阿尔贝蒂对其作了系统表述）的关切中肯定自身，金色背景的使用作为一种惯例必定显得越来越空洞。

这种新的人类中心主义艺术必定会再次引出柏拉图的那个老问题：考虑到这种自我意识（它体现在对透视法的接受以及将可见世界变成主观显现），艺术如何可能仍然自称服务于神圣的实在呢？艺术依其本质难道不是与显现联系在一起吗？错误似乎不仅在于单点透视，而且也在于可见世界本身。我们正站在一种艺术观的门槛上，这种艺术观不再认为艺术作品是为真理服务的，而是将其降格为一种娱乐。同样，我们也站在一种科学观的门槛上，这种科学观不再要求科学适合于事物本身，而是满足于掌控表象。

《阿斯克勒庇俄斯》等文本的吸引力体现了文艺复兴时期对魔法的专注，也许可以把这种专注理解为拒绝满足于一种与实在割断联系的艺术和科学，理解成试图在赫尔墨斯主义传统中找到一种东西,以替代首先与亚里士多德相联系的正在解体的中世纪世界观,替代在笛卡儿那里得到最深刻辩护的无灵魂的科学。

三

服从透视规则的艺术必定会割断与实在的联系吗？并非只有艺术家才面对这个问题:如果我们的经验也由透视所支配,也就是说,这种经验仅仅是以主体为中心的显现,那么我们如何才能超越显现而到达实在本身呢？表现在对透视法的迷恋中的那种自我理解是与怀疑论密切相关的。正如我之前指出的,怀疑论是对现代性门槛的哲学表达;库萨的尼古拉关于有学识的无知的学说当时被普遍认为仅仅是另一种怀疑论立场,对此我们几乎不会感到惊讶。[1] 天主教、新教与加尔文宗的基督徒分庭抗礼的主张加强了怀疑性的反思,这种古老信仰的分裂在亚里士多德主义科学的解体中有其对应。如何在声言真理的不同人当中作出区分呢？这里我们无法回顾当时的怀疑论文献,但至少应当简要谈谈也许是其中最有名的例子,即蒙田的《为雷蒙德·赛邦德辩护》("Apology for Raymond Sebond",1580)。

根据蒙田的说法,对真理和真正洞悉实在的需要与人类境况之间存在着一种可悲的比例失调。人无法得到他想要的东西:

---

[1]   Richard H. Popkin, *History of Scepticism from Erasmus to Descartes*, rev. ed. (New York: Harper Torchbooks, 1964), pp. 84, 202.

可怜的人也不能越雷池一步；他受到天性的束缚和阻碍，与同类的其他创造物一样服从相同的限制，条件非常一般，没有真正的特权和优待。人对自己想入非非，既无实质也无意味，动物之中唯有人拥有这种想象的自由，不着边际地对自己提出什么是，什么不是，什么要，什么不要，真真假假——但人不必为之兴高采烈，因为正由此产生了痛苦的根源，使他困扰不安：罪恶、疾病、犹豫、困惑、绝望。① ⁹²

人的确是有"理性的动物"（*animal rationale*）。但事实证明，理性是一种模糊的特性：作为有理性的动物，人也是不能安适于自身和世界的动物，永远不安分，受制于罪恶和绝望。我们想要的东西与我们所能得到的东西之间的比例失调在知识领域表现得尤为明显。正如尼采后来所说，我们有认知的需求，但不具备揭示真理的器官。这正是尼采所钦佩的蒙田的说法："既然我们的状态使事物符合这种状态本身，并把事物变成与这种状态本身相符合，我们便不再能够声称知道事物真正是什么。"这只是视角原理的另一个变种。事物之所以向我们如此显现，是因为我们已经让事物服从于人的量度。这种洞见表现在阿尔贝蒂所援引的普罗泰戈拉的名言"人是万物的量度"。但蒙田继续说：

　　一切事物都是经过感官的改变和作伪而传给我们的。当

---

① Michel de Montaigne,"An Apology for Raymond Sebond,"in *The Essays of Michel de Montaigne*,trans.,ed.,intro.,and notes by M. A. Screech(London：Penguin,1991),p. 514.

圆规、三角尺和直尺是歪的时，用这些工具所作的一切计算也必然是不准确的，根据其测量所盖的房屋很容易倒塌。

　　我们感官的不可靠也使感官所提交的一切都不可靠。到头来，这些区别由谁来判断呢？……这位法官若是老年人，就无法判断老年人的感觉印象，因为他自己就属于争论的一方。他若是年轻人，也是这样；他若是健康的人，也是这样；病人、睡着的人、醒着的人无不如此。我们需要一个不处于所有这些状态中的人，这样他不会有先入之见，可以中立地判断这些看法。

　　我们需要的这种法官从来都不存在。①

　　蒙田进而表明，既然感官无法解决争议，那么必须由理性来做。但理性是从哪里获得其理由的？难道它不是必须依靠感觉印象吗？蒙田总结说："我们与存在没有任何联系，因为人性永远处于生与死之间，它本身只是一个模糊的显现和影子，一种不确定的软弱意见。"②柏拉图的信念——即人的理性能够通达真实存在的王国，因此不会受到感官、时间及其施加限制的欺骗——已经荡然无存。蒙田坚持这些限制。

四

　　本章始于绘画，也始于一个问题：一种受透视法支配的艺术如

　　①　Michel de Montaigne, "An Apology for Raymond Sebond," in *The Essays of Michel de Montaigne*, trans., ed., intro., and notes by M. A. Screech (London: Penguin, 1991), pp. 678-679.

　　②　Ibid., p. 680.

何能够揭示实在？它如何能声称呈现了实在？蒙田表明,这也是那些声称把握了实在本身的人所面临的问题。16世纪的两幅画——彼汉斯·荷尔拜因(Hans Holbein)的《大使》(Ambassadors,1533)和彼得·勃鲁盖尔(Pieter Brueghel)的《伊卡洛斯的坠落》(Fall of Icarus,1558)——暗示了新艺术和新科学为何极为可疑。荷尔拜因著名的双人肖像画(图13;插图5)描绘了法国大使让·德·丹特维耶(Jean de Dinteville)和他的亲密朋友——派往亨利八世宫廷的法国特使乔治·德·塞尔夫主教(Georges de Selve)。[①] 这里我将不去讨论两个搁板上的东西,它们显示了那个时代的文化成就——对于画面上要出现什么东西,作出决定的无疑主要是德·丹特维耶,这幅画就挂在他在波利西(Polisy)的豪宅中——而是着重关注前景中被奇特拉长的东西,它似乎明显处在不合适的位置,作为一个不和谐的"他者"落在图画之外。当我们从画面左下方的视角来看这幅画时,这个神秘形状就变得清晰起来:它逐渐显示为一个骷髅头。这里我们最好记得,画家的名字"荷尔拜因"在德语中的意思是"中空的骨头",也就是骷髅头,因此我们看到的无疑也是一种巧妙的签名方法。但这一解释仍然过于浅白。远为重要的是,观察者的位置变化,即离开一般认为理所当然的视角(在图画前方),将会揭示出大使们的尘世浮华以及与之相联系的仪器背后的真正含义:所有

---

① 参见 Mary F. S. Hersey, Holbein's "Ambassadors": The Picture and the Men (London: George Bell, 1900), and Jean-Louis Ferrier, Holbein, "Les Ambassadeurs" (Paris: Denoel/Gauthier, 1977)。

这一切都只是一种表象，一场舞台剧。死亡萦绕着这个剧场。骷髅头使我们回忆起真正重要的东西。

　　还有一些细节也强调了这种含义。这两个男人非常戏剧性地在一个绿色窗帘前摆好姿势，作为世界舞台上的演员向我们展现。地板上的装饰图案已被确认为西敏寺唱诗班席位的图案。因此，剧场设置的世俗空间呈现于一个神圣空间中，尽管只是通过地面才暗示出来——如果我们通过画面左上角半遮掩的十字架上的耶稣仔细观看的话。这种生活的空虚性和剧场性就这样被揭示出来。阿尔贝蒂的那喀索斯（这里从自负的签名表现出来）对自己提出了质疑。通过让两个视角相互对抗，艺术家使我们意识到，不仅一切透视描绘，而且我们受制于死亡的日常生活也是虚幻的。

图 13　Hans Holbein the Younger, *The French Ambassadors of King Henri II at the court of the English King Henry VIII* (1533).
National Gallery, London.

　　这种对不同视角的令人困惑的摆弄帮助定义了"变形画"（anamorphosis）。正如莎士比亚所说，"如果直视"，这些画作"显示的仅仅是混乱；如果眼睛斜着"——即从侧面看——它们则"使形式有所不同"（《理查二世》，2.2）。第二个意想不到的视角揭示了隐藏的含义。可以肯定的是，在荷尔拜因的画中，我们首先看到的不是混乱，而是一幅出色的双人肖像画，一个不和谐的、难以解读的细节被插入其中。正是这个细节需要"斜着观看"，它使看似协调的画面变得混乱。这类游戏的意义是什么？使这个问题更加有趣的是，我们得知，最小兄弟会（Minims，笛卡儿的朋友梅森便是这个修会的成员，笛卡儿在动身前往荷兰之前常常拜访他们）的巴黎修道院将很快成为研究光学和透视学的重要中心，着重强调变形画的构图问题。[①] 一些大型的变形壁画就是当时画的。和梅森同为最小兄弟会成员的尼塞龙（Niceron），[②] 在巴黎最小兄弟会修道院的回廊上画了两幅这样的壁画：一幅描绘了福音书作者圣约翰，它是对尼塞龙两年前在罗马所作的作品的复制，另一幅描绘了圣抹大拉（St. Magdalen），始作于 1645 年。虽然这些作品已经遗失，但尼塞龙的《光学魔法

----

　　① Jurgis Baltrušaitis, *Anamorphoses: ou, Magie artificielle des effets merveilleux* (Paris: Perrin, 1969), pp. 61 – 62. 插图另见 the catalogue of the exhibition *Anamorphoses: Games of Perception and Illusion in Art*, organized by Michael Schuyt and Joost Elffers (New York: Abrams, 1975)。另见 Fred Leeman, *Hidden Images: Games of Perception, Anamorphic Art, Illusion*, trans. Ellyn Childs Allison and Margaret L. Kaplan, concept, production, and photographs by Joost Elffers and Mike Schuyt (New York: Abrams, 1976)。

　　② 参见 Carcavi's letter to Descartes of July 9, 1649; in *Oeuvres de Descartes*, ed. Charles Adam and Paul Tannery (Paris: J. Vrin, 1984), 5: 372。本版此后引做 AT。

师》(*Thaumaturgus Opticus*)中有对圣约翰的描绘和讨论。伊曼
纽尔·迈尼昂(Emmanuel Maignan)1642 年创作的一幅这样的
壁画至今仍然保存在罗马圣三一教堂(SS. Trinità)的最小兄弟
会修道院中(图 14)。①

**图 14　Emmanuel Maignan, design for fresco in SS. Trinità in Rome.
From *Perspectiva Horaria* (1648).**

96　　　　为什么一个宗教机构会允许这种透视实验或游戏呢？这种对
变形画的兴趣难道仅仅是对透视法的一种消遣使用吗？面对这样
的壁画，我们能看出的东西很少：阿拉伯式花饰(arabesques)描绘
出一幅风景，但其协调性不足以令人心悦诚服——这些谜促使我
们寻找答案。当我们放弃正常视角时，便获得了答案；一个不同视
角出乎预料地揭示出作品的真正含义。因此，变形画似乎充当着
世界的一个隐喻，世界初看起来是无意义和令人困惑的；只有改变
视角才能揭示出其深层的秩序和意义，在这些情况下很可能是一
种宗教意义。正如我们将在下一章看到的，笛卡儿的方法依赖于
一个类似的视角转换。

　　但还有第二点必须指出：这些画作使我们注意到了视角本

---

　　① 插图参见 Leeman, *Hidden Images*, figs. 46 - 50。笛卡儿对迈尼昂的兴趣可
见于他与 Carcavi 的通信。参见 his letter of August 17, 1649, in AT 5: 392。

身的力量,因此,我们甚至连第二种视角也无法相信。它为我们提供的也仅仅是显现。因此,得到揭示的是所有视角的不充分性。变形画是这样一种艺术,它通过让一个视角与另一个视角相冲突,宣布眼睛和艺术是不足的。它就像是一场戏剧演出,一个演员提醒我们,我们所看到的是仅仅是一出戏,此时错觉就被打破了;但这种提醒本身也是戏剧演出的一部分。我们不应把变形画看得太过认真,它源自对诡计和游戏的爱。但正是这种轻松赋予了它一种特殊的适当性,因为在这样一个时代,人们已经学会了不信任眼睛,对可见事物能否适合于神圣事物感到绝望。变形画与装饰上的形状改变以及巴洛克时期机器剧场(machine theater)迅速改变的图像密切相关。所有这些都是关于可见世界迷宫特性的隐喻。通过把世界剧场呈现为一个迷宫,这种艺术指向的是超越性。

五

在讲述"伊卡洛斯的坠落"的故事中,迷宫当然占据着核心地位(图15;插图6)。奥登(W. H. Auden)在《美术馆》(Musée des Beaux Arts,1940)中已经给出了关于勃鲁盖尔这幅画最为人熟知的解释:

> 关于苦难他们总是很清楚的,
>
> 这些古典画家:他们多么深知
>
> 它在人心中的地位,深知痛苦会产生,

97

图 15　Pieter Brueghel the Elder, *Landscape with the Fall of Icarus*(1558). Museum of Fine Arts, Brussels.

当别人在吃,在开窗,或正作着无聊的散步的时候;
深知当老年人热烈地、虔敬地等候
神异的降生时,总会有些孩子
并不特别想要他出现,而却在
树林边沿的池塘上溜着冰。
他们从不忘记:
即使悲惨的殉道也终归会完结
在一个角落,乱糟糟的地方,
在那里狗继续过着狗的生涯,而迫害者的马
在树上蹭着它清白的臀部。

98

比如说在勃鲁盖尔的《伊卡洛斯》里：

一切都那么悠闲地转过头去

无视于那惨剧：农夫或许

也听到水花四溅的声音，还有徒劳的呼喊，

但对于他，那不算重大的失败；

阳光依旧照着素白双腿没入绿波；

而华丽精致的船必曾看见

一件怪事，从天上掉下一个男孩，

但它有某地要去，仍静静地航行。

　　但农夫从灾难转过脸去了吗？甚至，他是否注意到了这一灾难？诚然，这幅画并非变形画的明显例子，但它也奇特地运用了透视。比例以阿尔贝蒂不能容忍的方式作了跳跃，我们查看绘画时会发现，空间是破碎的：它的中心没有固定。让我们试着将不同场景纳入同一个连贯的视角！要想从一个场景到达另一个场景并不容易。每一个人似乎都陷入了他自己的私人领域。奥登会说，他们并非从灾难转过脸去，而是根本就看不到伊卡洛斯。他们生活在不同的私人世界里，每一个人都受制于自己的视角和观点。但是请注意，通过对视角的处理，画家成功揭示了这种监禁性。这幅画涉及很多东西，包括视角。

　　为什么伊卡洛斯的坠落会特别引发对视角的思考呢？勃鲁盖尔可以在奥维德（Ovid）的《变形记》（*Metamorphoses*）中找到这个故事。在那里我们得知，伊卡洛斯与他的父亲代达罗斯（Daedalus）一起逃离克里特岛上的迷宫，代达罗斯给他安上了用蜡做的翅膀。人工巧计将把他们带离这座迷宫之岛，这里应把迷宫理解成这个令人困惑的世界的一个比喻，因为我们不得不在这个世界里寻路前进。因此，到勃鲁盖尔画这幅画的时候，伊卡洛斯已经成为一个常见的知识象征，意指试图超越堕落人类的命运。在阿尔恰托斯(Alciatus)著名的寓意画册中(它初版于1531年，是文艺复兴时期最频繁重印的书之一)，我们看到了伊卡洛斯的一幅寓意画(emblem)，题为"反对占星学家"(In Astrolologos)，还有一首注释诗，警告占星家应当谨慎行事，以免凭借知识把自己提升到星辰之上会导致坠落(图16)。伊卡洛斯象征着必定会导致坠落的傲慢的知识，与"傲慢"联系在一起的是企图把自己提升到超越于勃鲁盖尔所描绘的单纯人类视角。这幅画也促请旁观者参与一种伊卡洛斯式的飞翔：随着我们移近略微弯曲的地平线，视点将会不断提升。与此不同，我们也可以尝试保持同一个视点不动，则我们所看到的东西会变得更加可笑(toylike)。

我们尤其要把这幅画置于文艺复兴时期寓意画册的背景下来看。它关乎人类的境况，如果依照蒙田的说法，那就是人被监禁在视角的迷宫中；人徒劳地试图逃离迷宫，就像伊卡洛斯试图逃离克里特岛那样。迷宫之岛克里特象征着堕落的人类所处的世界，这里堕落应当理解成傲慢和自由，理解成想象力和理智使人脱离原位的(dislocating)力量。伊卡洛斯的飞翔加剧了这种傲慢，并以死亡告终，但我们不应忘记，代达罗斯以其发明的翅膀而"改变了自然法则"，[①]通过把飞翔路径保持在天地之间而最终逃脱。

---

① Ovid, *Metamorphoses* 8, trans. Mary M. Innes (Harmondsworth: Penguin, 1971), p. 184.

图16　Andreas Alciatus, *In Astrologos*(*Icarus*).
From *Emblematum Libellus*(1542).

　　但是,正如略低于正在消失的伊卡洛斯的一根树枝上的鹧鸪所提醒我们的,这个故事并非从这里开始。我们从奥维德那里得知,它始于一起谋杀:代达罗斯出于忌妒杀死了他极有天赋的外甥珀耳狄克斯(Perdix),[①]后者小时候就发明了锯和圆规,代达罗斯的

---

① 　Perdix 在拉丁文中的意思为"鹧鸪"。——译者注

妹妹曾经委托代达罗斯教育珀耳狄克斯。然而,尽管代达罗斯将这个男孩"头朝下从密涅瓦(Minerva)的神圣城堡扔了下来",但这位保护人类发明的女神抓住下落的男孩,将他变成了低飞的鹧鸪,恐高的"鹧鸪"显示了他的名字,用"翅膀和足的迅捷"取代了"理智的迅捷"。① 伊卡洛斯的坠落起源于珀耳狄克斯的坠落。然而,后者的坠

101　落并非缘于他的傲慢,而是缘于代达罗斯不能容忍一个对手。代达罗斯被迫逃离雅典,成为一名建筑师和无所寄托的流浪者:这两者是联系在一起的。我想强调,代达罗斯是永无安宁的:培根认为,要把世界改造成一个迷宫,其关键就在于永无安宁的人类理智。

　　勃鲁盖尔的画中并没有代达罗斯。事实上,奥维德的确暗示,他并没有亲眼目睹儿子的坠落。不过这幅画的另一版本(可能是一个仿制品)"纠正"了这种料想不到的缺席,因为它纠正了太阳的位置,而我们的版本显示太阳正在落山:② 当太阳融化伊卡洛斯翅膀的蜡时,它不是高悬于天空中吗? 伊卡洛斯这么长的时间里一直在坠落,他需要飞到多么高的地方啊! 现在,夜幕即将降临。如果这幅画被行将到来的黑夜的胜利所萦绕,那么在某种意义上也可以说,它被谋杀所萦绕:否则我们如何来理解被犁过的——我忍不住要说"被砍过的"——耕地旁的马匹下方有一只匕首呢?③ 更

---

① 　Ovid, *Metamorphoses* 8, trans. Mary M. Innes (Harmondsworth: Penguin, 1971) , p. 186.

② 　我不能同意 Anne Hollander 所说的"耀眼的太阳正在一水之隔朝我们升起;犁所投下的影子似乎在移动"。*Moving Pictures* (Cambridge, Mass. : Harvard University Press, 1991) , p. 94。

③ 　这里我得益于 Beat Wyss, *Pieter Bruegel : Landschaft mit Ikarussturz : Ein Vexierbild des humanistischen Pessimismus* (Frankfurt am Main: Fischer, 1990) , pp. 9 - 12。

仔细地观察可以发现，耕地那边有一具尸体的头。由于马的旁边有匕首和尸体，我们不难从这位土地耕种者那里看出该隐（Cain）的形象。但该隐很像代达罗斯：他因忌妒而实施谋杀，也变成了逃犯和流浪者，也是建筑师。那位朝天空看的牧羊人与朝土地看的农夫是如此不同，除了解释奥维德的论述之外，他也代表亚伯（Abel）吗？因此，我们需要把这幅看起来颇具田园风光的包含农夫和牧羊人的景致解释为对珀耳狄克斯遭到谋杀的一种基督教图解。

　　凶手代达罗斯在克里特国王弥诺斯（Minos）那里找到了第一个避难处，在那里代达罗斯建造迷宫作为弥诺陶洛斯的栖身之所，弥诺陶洛斯是王后帕西淮（Pasiphaë）与一头公牛反常相爱所产下的怪物（这种爱是海神波塞冬对弥诺斯不愿依照承诺将这头公牛用作祭祀的惩罚）。为了帮助王后满足欲望，据说代达罗斯制造了一头人工母牛，王后可以钻进去化装成它与公牛交媾。这里工匠也干预了自然秩序。人工技巧催生了一个致命的怪物，需要通过进一步的人工技巧加以监禁。在此语境下，翅膀的发明属于通过人工技巧来颠覆自然秩序。在这幅画中，其可怕后果可见于船上的大炮、垂钓者的钓竿、铁犁铧以及最终的匕首。在《伊卡洛斯的坠落》中，勃鲁盖尔将这些人工技巧的暴力成果与太阳落山联系在一起。被惨白的光照亮的这片落日之地正是我们的"西方"（Abendland，字面意思为"日落之地"），黑暗的力量即将获胜。死亡与视角的迷宫有关。 102

六

　　正如代达罗斯的故事所教导我们的，导致我们拒绝自己位置的那种傲慢在我们内部释放了某种怪物。死亡、性欲和人工在迷宫的故事中交织在一起。例如,我们听说有一种舞蹈模仿的是迷宫的蜿蜒迂回,它与阿里阿德涅(Ariadne)和阿佛洛狄特(Aphrodite)都有关,据说是代达罗斯发明的。根据维吉尔的说法,这种舞蹈旨在引导男人远离常规;根据奥维德的说法,它与导致男人流浪的幻觉有关。我们想起了假面舞会,它同样是把性欲与人工混合在一起。与之相关的是广泛使用巧妙设计的变形画,以掩盖一种被认为不适合描绘的色欲内容。在这样的作品中,是色欲的东西,而不是死亡或神圣的东西,才是变形画所服务于的"他者"。

　　如果我们确实想从迷宫中逃脱,而不是在酒神的迷狂中迷失自己,那么应当如何逃走呢? 有三个人物可以作为范例:代达罗斯、伊卡洛斯和忒修斯(Theseus)。忒修斯之所以能够离开迷宫,是因为阿里阿德涅给了他能使之逃脱的线团。这里,从迷宫中逃生的先决条件是一项馈赠。而伊卡洛斯和代达罗斯的情况则有所不同,因为他们的逃生受到了人工技巧的影响,受到了奇迹般地"改变自然法则"的人类设计发明能力的影响。笛卡儿在《指导心灵的规则》(Rules)中坚称,他所倡导的方法是被赠予的,就像忒修斯被赠予了线团一样。对此我们丝毫不感到惊讶。笛卡儿在这里试图表明他的理论并非源于错误的傲慢,因此是正当的。同样,笛卡儿在讲述自己如何获得方法时说,他是年轻时在梦中作为馈赠而得到这种方法的。此馈赠来自何方? 笛卡儿的阿里阿德涅是谁? 我们知道,笛卡儿曾在感恩节誓言到洛雷托(Loreto)圣母之家朝圣,[①]我们有充分的

---

　　① 参见 Jacques Maritain, *The Dream of Descartes together with Some Other Essays*, trans. Mabelle L. Andison(New York:Philosophical Library,1944),p. 15。

理由相信，他履行了自己的誓言。使他发出此项誓言的同样是对即将发现的理论和新科学之合法性的不安。正如笛卡儿所说，这 103 个梦使他确信，此方法并不是一种也许由魔鬼带来的源于人的傲慢的错觉，而是有着神圣的起源——他不是伊卡洛斯，甚至也不是魔法师代达罗斯，而是忒修斯。问题是，笛卡儿向读者许诺的新科学是给了人类真正有权拥有的东西，还是人类正在篡夺神的位置，用形象来取代实在？问题是理论的正当性或非正当性，这也意味着现代的正当性或非正当性。

第六章　阿里阿德涅之线

一

在一度极为流行的《世界迷宫与心的天堂》(*Labyrinth of the World and Paradise of Heart*,某种《天路历程》[*Pilgrim's Progress*])中,17世纪的教育家、改革家扬·阿摩司·夸美纽斯(Jan Amos Comenius)让他笔下的朝圣者透过一副失真的眼镜来看世界。镜片是幻象的镜片,镜框则是习俗的镜框。①夸美纽斯的朝圣者发现,透过这些镜片只能看到幻影,而我们凡人永远看不到真相,遂抛弃了这些"撒谎的镜片",而只去"看那可怕的漆黑和阴暗,在其中人的心灵既找不到目标,也找不到根基"。②同样,笛卡儿凭借怀疑方法将自己从感官和常识的歪曲中解放出来,却发现自己仿佛坠于深水之中:"我是如此惊慌失措,既不能在水底站稳,也不能游上来把自己浮在水面上。"③夸美纽斯的朝圣者也进入了心

---

① John Amos Komensky(Comenius), *The Labyrinth of the World and the Paradise of the Heart*, ed. and trans. Count Lutzow(New York:Dutton,1901), p. 67.

② Ibid., p. 275.

③ René Descartes, *Meditation II*, in *The Philosophical Works of Descartes*, trans. Elizabeth Haldane and G. R. T. Ross, 2 vols. (New York:Dover,1955), 1:149; *Oeuvres de Descartes*, ed. Charles Adam and Paul Tannery, 8 vols. (Paris:J. Vrin,1964), 7:24. 此后这些版本分别简写为 HR 和 AT。

灵的"最深处",同样发现那里只有黑暗。但上帝之光照进了这片
黑暗:朝圣者被赠予了一副新眼镜,镜框现在是神的道,镜片则是
圣灵。①

　　失真的眼镜使夸美纽斯的朝圣者将世界体验为一个迷宫。光
学装置与迷宫的这种结合是风格主义艺术和巴洛克时期的典型特
征;于是,巴尔塔萨·格拉西安(Balthasar Gracián)把揭示了我们　　105
所谓的实在的镜子说成是一个幻象的迷宫,②而弗朗西斯·培根
则把人的理智比作一面"虚妄的镜子,它不规则地接受光线,因掺
入了自己的本性而扭曲了事物的本性或使之变色"。③据说科学并
非致力于寻找道路,引领我们穿过经验的丛林到达公理的空地,而
是已经迷失了方向,"要么完全将经验弃置不顾,要么迷失于经验
中,就像在迷宫中一样徘徊打转"。④然而,迷宫与光学装置的结合
虽然在当时很常见,但仍然令人费解:迷宫难道不是黑暗的区域
吗?迷宫中缺少光而使人迷路,而光学装置则以光为先决条件。
二者的结合表明不相信能用人工技巧改进我们的视觉,怀疑这些

---

①　Comenius, *The Labyrinth of the World*, p. 299.

②　参见 René Hocke, *Die Welt als Labyrinth*: *Manier und Magie in der europäischen
Kunst* (Hamburg: Rowohlt, 1957), p. 103. 另见 Gerhart Schroder, *Baltasar Graciáns "Criti-
con"* (Munich: Fink, 1966)。

③　Francis Bacon, *Novum Organum*, I, XLI, in *The Works of Francis Bacon*, ed. J.
Spedding, R. Ellis, and D. Heath, 14 vols. (London: Longmans, 1854 - 1874); the Latin
text is in 1: 70 - 365, trans. J. Spedding as *The New Organon* in 4: 39 - 248.

④　Bacon, *Novum Organum*: I, LXXXII, p. 190. 参见海德格尔对培根使用林中空
地作为象征的修正。在这方面,他的 *Holzwege*[林中路], in *Gesamtausgabe*, vol. 5
(Frankfurt am Main: Klostermann, 1977)开头的五句话特别有意思。

装置可能只会使眼睛变得反常，将光明变为黑暗。①

自柏拉图以来，镜子就一直与幻象密切相关。与镜子的隐喻不同，眼镜的隐喻属于现代。我想到的并非它们的相对年代（直到13世纪，人们才发现有可能用眼镜改进人的视觉），而是它们的机制。镜子多多少少恰当地反映了可以看到的东西，而眼镜则试图改进自然赋予我们的东西，拓展可见物的范围。人的机智试图纠正自然留下的缺陷。

这种尝试中有一种傲慢。倘若上帝想让我们更好地看东西，他难道不会赋予我们更好的视力吗？到了16世纪末或17世纪初，望远镜的发明加剧了这种傲慢，②这种仪器不仅把远的东西拉近，小的东西放大——即夸美纽斯归功于其眼镜的那些性质——而且正如伽利略所展示的，还使人类能够看见从未有人见过的东西。这些新的景观、新的恒星和"行星"，应当被视为一种有意欺骗的魔法的产物而予以抵制吗？正如一则关于望远镜发现过程的传说所暗示的，它或许是魔鬼的礼物？如果上帝把人眼造得有缺陷，那么认为应当通过人工技巧来纠正这种缺陷，这真有那么不言而喻吗？难怪望远镜既被视为进步的仪器，又被视为错觉的仪器。③ 约瑟夫·

---

① 参见 Karsten Harries, "Descartes and the Labyrinth of the World," *International Journal of Philosophical Studies* 6, no. 3(1998):307-330。本章发展了该文的论证。

② Albert van Helden, *The Invention of the Telescope*. Transactions of the American Philosophical Society, vol. 67, part 4(Philadelphia: American Philosophical Society, 1977)对望远镜的发明作了出色的讨论。Van Helden 的结论是，望远镜于1608年9月之前不久首先在荷兰被发明出来。另见 Edward Rosen, *The Naming of the Telescope*(New York: Henry Schumann, 1947)。

③ 参见 Hans Blumenberg, *Die Genesis der kopernikanischen Welt* (Frankfurt: Suhrkamp 1975), pp. 762-782。

格兰维尔(Joseph Glanvill)持前一种看法,他仿效培根和笛卡儿,将这些发明视为恢复人类因亚当堕落而丧失的东西的正当努力。

> 亚当不需要眼镜。他天生视力敏锐(如果猜测可靠的　106
> 话),无需伽利略的镜筒就能看到天国的恢弘壮丽:他凭借肉
> 眼接近上天的程度很可能相当于我们凭借所有技艺所能达到
> 的程度。他也许仅用感官就能判断出,太阳和恒星比地球小
> 是很荒谬的,而对于我们却恰恰相反。他对地球运动的知觉
> 可能与我们对地球静止的知觉同样清晰。①

人工技巧将使我们重获亚当失去的清晰视觉。技术将帮助我们挽回堕落的后果。

但这一方案难道不是源于原罪性地拒绝接受上帝给堕落的人类设定的限制吗？这种尝试或许会导致谬误而非真理。由于我们所处的历史位置,我们也许很难理解伽利略的那些批评者,他们拒绝用望远镜看东西,比如伽利略的朋友亚里士多德主义者切萨雷·克雷莫尼尼(Cesare Cremonini)认为这只会使他迷惑,②还有比萨的重要哲学家朱利奥·利布里(Giulio Libri)。③　但他们果真

---

①　Joseph Glanvill, *The Vanity of Dogmatizing* (1661; facsimile reprint, New York:Columbia University Press,1931), p. 5.

②　参见 Heinrich C. Kuhn, *Venetischer Aristotelismus im Ende der aristotelischen Welt:Aspekte der Welt und des Denkens des Cesare Cremonini* (1550 – 1631) (Frankfurt am Main:Peter Lang,1996)。另见 Blumenberg,*Die Genesis*, p. 764 以及参见第十五章第一节。

③　Galileo Galilei,*Discoveries and Opinions of Galileo*, trans. and intro. Stillman Drake(Garden City,N. Y. :Doubleday,1957),p. 73.

如此不讲道理吗？伽利略求助于受仪器辅助的眼睛的权威性。然而，哲学从一开始就对眼睛的权威性提出了质疑（想想柏拉图在《理想国》第十卷中的批判）。长期以来，光学仪器一直与错觉和魔法相联系。这种可疑的证据会胜过逻辑论证和既有的科学吗？我将在第十四章回到这些问题。

伽利略对这些批评者的回应显示出他对眼睛和望远镜的信心。他指责那些"更为钟爱自己的意见而非真理的人……试图否认和反驳新事物，如果他们愿意亲自去寻找，他们自己的感官就会展示这些新事物"。[①] 但这种信心必定与柏拉图对眼睛的批判相矛盾。正如我们已经看到的，既然我们是从世界之中的某个位置来经验世界，从而总是具有某个视角，那么失真是不可避免的。事物之所以向我们那样显现，是因为我们碰巧处在那个位置，是因为我们的眼睛碰巧那样工作。人的视角构造了人所看到的东西。于是问题出现了：当我们不加批判地接受了眼睛的权威时，我们难道没有受制于现象吗？桌子的棕色是属于桌子，还是某种我们归于桌子的东西？在"第三沉思"中，笛卡儿提到了"光、颜色、声音、气味、味道、热、冷以及其他触觉性质等这类东西"，"它们在我的思维中是如此模糊不清，我简直不知道它们到底是真还是假，也就是说，不知道我对这些性质所形成的观念究竟是否是关于实际物体的观念（或者这些性质仅仅代表着一些幻想出来的、实际上不可能

① Galileo Galilei, *Discoveries and Opinions of Galileo*, trans. and intro. Stillman Drake(Garden City, N. Y. ; Doubleday, 1957), p. 175. 不过请注意，在伽利略那里我们也看到了对眼睛的一种柏拉图式的不信任。参见第十四章。

存在的东西）"。① 由于我们的认识基于感官，我们似乎一直被囚禁在现象的迷宫中。太阳的自然光（更不用说人造的烛光）无法驱散迷宫的黑暗。要想在迷宫中找到出路，需要有一种不同的照明。只有内在的精神之光才能为我们指明走出迷宫的道路。

正如我们所看到的，类似的考虑已经导致柏拉图将模仿性的艺术谴责为仅仅是对现象的模仿，是对实在的三重远离。艺术家只要接受透视规则，就不能再自称服务于真理。他的艺术只可能是"一种游戏或运动"。② 创造第二个世界的能力使艺术家成为像神一样的魔法师。但其魔法之力在很大程度上依赖于我们感官的不健全。那么望远镜呢？它难道不像艺术家的透视那样是一种魔法装置吗？它展现给我们的景象应被视为实在吗？它能帮助我们找到出路，走出那个关于虚假显现的迷宫吗？为了找到那条出路，我们必须从透视规则和感官所施加的限制中解放出来。指明这条出路正是笛卡儿方法的要旨。因此，年轻的笛卡儿在《指导心灵的规则》中将其数学方法比作引导忒修斯的线团。

二

但笛卡儿知道，他的科学接近于代达罗斯的技艺。根据 17 世

---

① Descartes, *Meditation III*, in HR 1:164；AT 7:43. 关于这一点，笛卡儿似乎同意开普勒的看法。参见 Job Kozhamthadam, *The Discovery of Kepler's Laws：The Interaction of Science*, *Philosophy, and Religion*. (Notre Dame, Ind. ：University of Notre Dame Press, 1994), pp. 62 - 63。

② Plato, *Republic* 10. 602b, trans. Benjamin Jowett(New York：Random House, 1960).

纪的笛卡儿传记作者巴耶(Baillet)的说法，至少有一本题为《奇迹
之宫》(*Thaumantis Regia*)的小册子暗示笛卡儿有这种认识，这
本小册子属于他离开法国去荷兰之前写的较为次要的著作。[①] 此
标题也出现在 1650 年笛卡儿刚去世时在斯德哥尔摩编订的笛卡
儿手稿目录中。[②] 虽然留下的只有一份简短的概要，但这一标题

108　透露了笛卡儿必定持有的想法：奇迹(*thaumantis*)暗示着魔法技
艺。1629 年 9 月的一封信使我们知道了更多详情。在这封信中，
笛卡儿谈到了数学的一个分支，他称之为"奇迹的科学"。笛卡儿
写道，凭借这门科学，我们可以看到据说魔法师在魔鬼的帮助下所
招致的那些幻象。[③] 这样看来，笛卡儿似乎把自己置于阿格里帕
(Agrippa von Nettesheim)、波塔(Giambattista della Porta)和康
帕内拉的人工魔法传统之中。与此同时，他声称这门科学将能做
到据说只有魔法师才能做到的事情，从而又与该传统保持了距离。
虽然他承认，据他所知这门科学尚未有人从事，但他的确提到了一
位名为费里埃(Ferrier)的手艺人和眼镜商，说这是他知道的唯一
能够胜任的人。[④] 在《奇迹之宫》中，笛卡儿的目标至少有一部分
是一种应用光学，这与阿尔贝蒂《论绘画》的目标并无多大不同。

这一标题使我们想起了让-弗朗索瓦·尼塞龙(Jean-François
Niceron)1636 年出版的《奇特的透视》(*La perspective curieuse*)。

---

① J. Sirven, *Les années d'apprentissage de Descartes* (*1596 - 1628*), diss. Paris
(Albi,1928),p. 324.

② AT 10:7.

③ Descartes,letter to ⁎⁎ of September 1629?, in AT 1: 21. Sirven, *Les années
d'apprentissage* ,p. 336.

④ Cf. Descartes's letter to Ferrier of June 18,1629,in AT 1:13 - 16.

尼塞龙著作的副标题再次将这种奇特的透视描述为一种魔法,它能产生艺术和人工所能实现的最美效果。这里魔法也已被科学所取代。虽然笛卡儿从未见过尼塞龙,但两人非常了解彼此的工作。于是,尼塞龙将《奇特的透视》寄给了笛卡儿,而笛卡儿则寄回《哲学原理》(*Principles*)作为答谢。① 两人都与梅森很亲近,笛卡儿在拉弗莱什(La Flèche)读书时就已认识梅森,我们从《方法谈》中得知,笛卡儿在拉弗莱什"读遍了能够看到的讨论最为新奇和稀罕知识的书籍"。② 对于这些"奇特的"科学,梅森同样既感兴趣又抱有怀疑。他试图同时服务于教会和新兴的科学,事实上,梅森是促使文艺复兴时期的魔法(它植根于赫尔墨斯主义传统)遭到怀疑的核心人物之一。③ 梅森后来给了尼塞龙《奇特的透视》以神学上的认可,并于尼塞龙去世后监督出版该书的拉丁文扩充版《光学的魔法》(*Thaumaturgus Opticus*,1646)。不过,笛卡儿才是梅森最富思想的盟友。

我们从笛卡儿的早期著作和书信中得知,从一开始,笛卡儿感兴趣的就不仅是光学、透视和绘画,而且还有用关于它们的知识来再现一些据说由魔法师制造出来的效果。于是在《私想集》(*Cogitationes Privatae*)中,笛卡儿说可以用镜子生出火舌和烈火。④ 和阿格里帕、波塔、基歇尔(Kircher)和约翰·迪伊(John

109

---

① 参见 Jurgis Baltrušaitis, *Anamorphoses: ou, Magie artificielle des effets merveilleux* (Paris: Perrin, 1969), pp. 61 - 62。

② Descartes, *Discourse on the Method* I, in HR 1: 83; AT 6: 6.

③ 关于梅森对赫尔墨斯主义传统的批判,参见 Frances A. Yates, *Giordano Bruno and the Hermetic Tradition* (Chicago: University of Chicago Press, 1979), pp. 432 - 447。

④ AT 10: 215 - 216.

Dee)等文艺复兴时期的魔法师一样,笛卡儿在这里好像对(用柏拉图的话说)模仿现象和光学诡计感兴趣,这些诡计会使蒙在鼓里的人感到惊讶和兴奋。变形画无疑是这种诡计之一。

如上一章所述,变形画具有某种魔力,能在看似肤浅的显现中揭示出未曾预料的深层含义。但笛卡儿必定认为,更重要的是这些效果应建立在一门精确科学的基础之上。魔法已被光学所取代,帮助魔法师的魔鬼已被数学计算所取代。阿尔贝蒂的透视艺术已经表明,艺术家的想象力服从于科学,科学不仅教我们如何产生这些奇妙的图像,而且能使我们看穿魔法,将我们从幻象中解救出来。变形画的科学提供了阿里阿德涅之线,引导我们走出可见物的迷宫。

类似的考虑有助于驱散我们关于望远镜可靠性的疑虑。要想判断望远镜所提供的证据具有多大程度的可靠性,就必须了解人眼和这些仪器的运作机制。因此,笛卡儿的《屈光学》(*Dioptric*)与《奇迹之宫》是相关的。笛卡儿知道,被提交给我们感官的证据必然是失真的。他也知道,这种失真并非任意,而是遵循着可被认识的法则。这种认识可以帮助我们纠正眼睛的天然缺陷。在《屈光学》中,笛卡儿援引了绘画与视觉的类比。在何种意义上可以说一幅画类似于它所描绘的物体? 当然不可能完全相同:"那样一来,物体与其图像之间就没有区别了。"要想理解一幅画的完美性,就必须理解它的描绘方式,从而理解它与它所描绘的物体之间如何不同:

在版画(在纸上各处印上少许墨而制成)中,我们看到它

是如何描绘森林、城镇、人群、甚至战斗和暴风雨的。而在我
们由这些物体构想出的无穷多种性质中,它所带有的真正相 110
似的性质只有形状。甚至连形状也是一种很不完善的相似
性,因为是在一个完全平坦的表面上来描绘不同高度和距离
的物体,而且根据透视规则,用椭圆形往往能比用其他圆更好
地表现圆形,用非正方形的四边形能更好地表现正方形,其他
所有形状也是类似。①

　　一种描绘方式之所以更为成功,也许恰恰是因为它偏离了实
在。笛卡儿指出,我们正应以这种方式来思考大脑中的图像。这里
的关键是坚持图像一定不同于被描绘的东西。要想理解人类的视
觉,就必须了解它的呈现方式即视觉机制。因此,没有必要假定我们
所看到的五颜六色的现象对应于一个本身是五颜六色的世界。恰恰
相反:颜色似乎属于现象。说实在本身有颜色,这有意义吗? 必须把
第二性质理解成第一性质的结果和表现。必须把光学理解成力学的
一部分。一旦我们理解了视觉机制,就不必再担心眼睛会欺骗我们。
　　笛卡儿为我们指出的现象剧场(theater of appearances)的出
口正是柏拉图曾经说过的:"度量、计算和称重的技艺为人的理解
力解了围。主宰我们的不再是'看起来多或少'、'看起来大或小'
和'看起来轻或重',而是计算、度量和称重。"(《理想国》第十卷,
602c - d)。

---

　　① René Descartes, *Dioptric* IV, in *Philosophical Writings*, trans. Norman Kemp Smith(New York: Modern Library, 1958), pp. 146 - 147; AT 6: 113.

三

　　笛卡儿谈到了一种人工魔法,它是数学的一个分支,能使我们制造出据说魔法师在魔鬼的帮助下所产生的那些现象。此时,他指的是一种业已牢固确立的传统。阿格里帕在笛卡儿必定知晓的《论隐秘哲学》(*De Occulta Philosophia*,1533)中也有过本质上相同的说法。阿格里帕同样强调魔法与数学的关联。他援引柏拉图说,只需凭借数学科学就能制造出与自然物类似的东西,比如能够
111　行走或说话但缺乏生命力的身体。他提供了古代的一些例子:代达罗斯的自动机、能移动的三脚架、为人端上吃喝的金色雕像、阿基塔斯(Archytas)的飞鸽、嘶嘶作响的铜蛇、会唱歌的人造鸟。他还谈到了巴黎的威廉(William of Paris)所铸造的一个铜首,每当土星升起时便能说话和作出预言。机械学与占星学以独特的方式融合在一起。① 类似的清单在 16、17 世纪很常见。除古代奇迹外,当时还有许多奇迹,比如纽伦堡的可以飞入空中的苍蝇和老鹰,可以移动、唱歌和奏乐的雕像。也许最有名的例子是萨洛蒙·德·考斯(Salomon de Caus)于 17 世纪初为海德堡的帕拉丁选帝侯建造的花园,它当时被誉为世界的第八大奇迹。② 在这一领域,现代人也可与古代人匹敌。萨洛蒙·德·考斯是新时代的亚历山

---

　　①　Heinrich Cornelius Agrippa von Nettesheim, *Magische Werke* (Stuttgart: Scheible,1850),2:10 - 13. 参见 Sirven,*Les années d'apprentissage*,p.111。
　　②　参见 Frances Yates, *The Rosicrucian Enlightenment* (London:Routledge and Kegan Paul,1975),p.12。德·科出版了这些作品的雕刻,并且解释了其背后的机制。

大城的希罗（Hero of Alexandria）。[①]

对透视和光学的兴趣便属于这一背景。阿格里帕把利用几何学和光学所产生的现象（如用镜子产生的错觉）包括在了他的魔法作品清单中。类似地，萨洛蒙·德·科也把对透视特别是变形图的兴趣与对机械学、气体力学和水力学的兴趣结合起来。本着同样的精神，尼塞龙在《奇特的透视》中声称，不应把透视艺术所产生的奇迹看得低于波西多尼奥斯（Posidonius）的移动球体或阿基塔斯的飞鸽等人工魔法制品。笛卡儿的《奇迹之宫》可能包含了关于制造这些奇妙机械的说明。[②]

无论如何，我们知道笛卡儿年轻时就对自动机怀有浓厚兴趣。在《私想集》中，我们看到了关于制造自动走钢丝的人或阿基塔斯的飞鸽的说明。特别有趣的是，规则 13 提到了这样一种自动机。笛卡儿给出了如下例子：

> 还有，当我们探究怎样制造一种容器，就是我们以前见过的那种，容器中央立一根柱子，柱顶是一尊坦塔罗斯（Tantalus）的雕像，保持着想要喝水的姿态，则我们必须保持警惕。把水注入容器中，只要水没有升到进入坦塔罗斯嘴里的高度，容器中的水就不会漏掉；但水只要一触到这个不幸的人的嘴 112

---

① 参见 Baltrušaitis，*Anamorphoses*，p. 66。

② 参见 Galileo Galilei，*The Assayer*，in *Discoveries and Opinions*，p. 246：“如果萨尔西等认为，一个结论的确定性非常有助于发现实现它的某种手段，那么还是请他们研究一下历史吧。从历史中我们得知，阿基塔斯（Archytas）制作了一只会飞的鸽子，阿基米德制作了一面镜子，可以在很远的地方燃起大火，还有其他许多不同寻常的机械。……通过推理，他们很容易发现如何构造这样的东西。”

唇,就会立即流出来。初看起来,全部奥妙似乎在于如何塑造这尊坦塔罗斯雕像,其实这只是随着真正需要解释的问题而存在罢了。因为整个困难仅仅在于如何制造这样一个容器,使得水一达到某个高度就漏掉,而在此之前却丝毫不漏。①

如果只是看着这样一尊雕像,它的运作将显得十分神奇。但这种神奇依赖于力学。一旦理解了它的内在机制,我们就会由惊叹转变为对工程师巧妙设计的赞赏。

自动机不仅为笛卡儿提供了虚假显现的实例,而且展示了解决它们所提出的谜题的方式。正如笛卡儿本人所指出的,它们为理解人体提供了模型。身体就像一部自动机,笛卡儿的上帝就像这些机器的制造者。一如无知者在面对一台自动机时会不由得钦佩或指责其制造者是一位魔法师,那些只看到事物显现的人可能会把世界看成一座迷宫,把它的制造者看成代达罗斯那样的匠人,这位魔鬼般的技师不允许我们找到其迷宫的出路。自动机与人体的类比表明,这种看法是错误的。

在《方法谈》中,为了使其生理学看起来更加可信,笛卡儿援引了这一类比:

在我们看来这是一点都不奇怪的,我们知道人的技巧可以做出各种各样的自动机,即自行移动的机器,用的只是几个零件,与动物身上的大量骨骼、肌肉、神经、动脉、静脉等等相

---

① Descartes,Rule XIII,in HR 1:52-53;AT 10:435-436.

比，实在很少很少，所以我们把这个身体看成上帝制造的一部机器，它安排得十分巧妙，做的动作十分惊人，人所能发明的任何机器都不能与它相比。①

在《论人》(*Treatise on Man*)中，这个类比得到了进一步发展。在那里，笛卡儿假定身体只不过是地上的一尊雕像或一台机器。神经被比作管道或管子，肌肉和肌腱被比作使这些雕像发生移动的发动机和其他设备，生命精气被比作推动这些雕像的水，等等。笛卡儿进而将作用于身体从而引起感觉的外界物体比作陌生人，他们一进入某个人工洞穴，就使那里的雕像发生了移动，而并没有意识到是什么引起了这种移动。笛卡儿再次想到了一个具体的例子(图17)：他谈到了沐浴的狄安娜(Diana)，当访客靠近时，她躲进了芦苇丛中；而当访客走近一步想看得更清楚时，他遇到了执三叉戟的尼普顿(Neptune)，而另一侧出现了一个怪物朝他吐水。② 尤尔吉斯·保楚塞提斯(Jurgis Baltrušaitis)指出，笛卡儿的描述乃是基于萨洛蒙·德·考斯所设计并在其《论推动力》(*Les raisons des forces mouvantes*, 1615)中加以描绘的洞穴。③ 面对这样的作品，我们先是会惊叹于它的看似无法理解。一旦我们掌握了其中涉及的力学，惊叹便让位于对人工巧妙设计的钦佩。同样，

①　Descartes, *Discourse V*, in HR 1：115 – 116；AT 6：56.

②　Descartes, *Treatise on Man*, in AT 11：120, 131.

③　德·考斯的作品是献给帕拉丁选帝侯费迪南德五世的妻子伊丽莎白的。伊丽莎白的女儿(亦名伊丽莎白)后来成了笛卡儿最喜欢的学生。参见 Baltrušaitis, *Ana-morphoses*, p. 36。

通过教给我们人体如何运作,力学减轻了我们对感官欺骗性的疑
虑,因为它使我们赞叹上帝造物的伟大(图 18)。

114

图 17　**Salomon de Caus, grotto of Neptune. From *Les raisons***
***des forces mouvantes*(1615).**

115

图 18 Salomon de Caus, machine for raising water.
From *Les raisons des forces mouvantes*(1615).

只要学会把世界看成一个机械装置,我们就能逃离世界迷宫。
这种想法很常见,比如在夸美纽斯的著作中,信仰之光使他笔下的
朝圣者把世界视为

　　一个巨大的钟表,由各种可见和不可见的材料制成,整个

如玻璃一般，透明而易碎。它有成千上万个大大小小的柱、轮、钩、齿、锯齿；所有这些部件一同运作，有些悄无声息，有些则沙沙作响或格格作响，其声各异。这一切的中央屹立着最大、最重要但看不见的轮子，由此出发，其他部件以某种难以理解的方式作各种运动。因为这个轮子的力量穿透一切，指引一切。①

和笛卡儿一样，夸美纽斯也认为实现这种远见需要一种内转。我们只有在自身内部才能找到那种光明，使我们能够看到实在本身，而不被视角所扭曲。但两人的差异在于，根据夸美纽斯的说法，"堕落的本性无法由世俗智慧来弥补"，②只有凭借信仰我们才能找到世界迷宫的正确出路。而笛卡儿则声称，人自身之中就孕育着一种能将我们从现象中解救出来的科学的种子。

于是，笛卡儿在《指导心灵的规则》中试图表明我们的确拥有一种不受视角扭曲影响的直觉。这种直觉与对简单性质的一种领会有关，数学为此提供了范例。这些简单性质的本质决定了我们不能怀疑它们是什么：我们要么能够领会，要么无法领会。其简单性使它们只可能是呈现给我们的样子。我们根据这些简单性质来构建实际事物的模型，年轻的笛卡儿并未声称这些模型能够公正对待其表现的东西，但是凭借数学形式，它们将会避免透视绘画的错觉。数学想象力以其几何学构造在理性与

---

① Comenius, *The Labyrinth of the World*, p. 302.

② Ibid., p. 166.

可感世界之间进行调解:①

　　如果我们足够谨慎,不去无益地承认任何新东西,或者贸然想象它是存在的,也不否认其他关于颜色的信念,而仅仅从(除了它所拥有的特征之外)每一种其他特征中抽象出图形的本质,那么,设想白色、蓝色、红色等等之间的差异就像下列相似图形之间的差异一样,这有任何不妥吗?

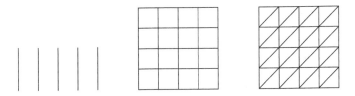

　　同样的论证适用于所有情况,因为图形的无限性肯定足以表达可感事物的所有差异。②

---

①　Lüder Gäbe, *Descartes' Selbstkritik:Untersuchungen zur Philosophie des jungen Descartes*(Hamburg:Meiner,1972),pp.53,77 – 78.

②　参见 Descartes,Rule XII,in HR 1:37。在《指导心灵的规则》中,笛卡儿并不否认这种抽象可能未能公正对待实在。"对于年轻的笛卡儿来说,数学并不是一门关于物质本质的形而上学科学,而是一种'能做良好度量的'(*bene metiendi*)技艺,这是数学能够如此多产的原因。"Lüder Gäbe,introduction to Descartes, *Meditationes de Prima Philosophia*(Hamburg:Meiner,1959),p. xviii. 参见 Rule XIV,in HR 1:55:"同样,如果磁体中存在着我们的心灵所无法认识的某种本性,那么就不要指望推理能使我们把握它;我们必须要么具备某种新的感官,要么具备一种神圣的理智。但是,如果我们已经清晰地辨别出那些已经知晓的东西或性质是如何混合的(它们所产生的正是我们在磁铁中注意到的那些效应),我们就应相信自己在这个问题上已经获得了凭借人类的官能所能获得的任何东西。"如果事物中的确存在着隐秘性质,我们将无法认识它们。我们只能在我们所能度量的程度上来认识事物。

　　笛卡儿进而构建了机械模型,他指出,这些模型使我们"理解了其他动物的所有运动是如何产生的,尽管可以认为动物根本没有认识,而只有一种纯物质性的想象。我们也可以解释我们无需借助于理性便能完成的所有那些操作是如何在自己身上发生的"。① 自然之所以能被理解,仅仅是因为自然可以用机械模型来表示。② 通过这样一种理解,我们不仅能够领会自然的机制,而且能够修复和纠正自然。

117

　　年轻的笛卡儿对机械模型的解释力充满信心,他不仅拒斥阿格里帕的隐秘科学(occult science),而且也拒斥开普勒的心理解释。开普勒认为,当因果解释被证明不足,而世界仍显得有道理时,心理解释并无不当。目的论、数字命理学和占星学在笛卡儿的有关自然的科学中都没有位置。③ 文艺复兴时期的赫尔墨斯主义也遭到了驱逐:"物质现象不应通过精神概念来解释。"④后来笛卡儿在思想实体(*res cogitans*)与广延实体(*res extensa*)之间作出的截然区分旨在将这种驱逐合法化。新科学没有为上帝和人

---

① Descartes, Rule XII, in HR 1:38.

② 参见 Gäbe, *Descartes' Selbstkritik*, p. 90。

③ 参见 Descartes, Rule VIII, in HR 1:26:"在我看来,没有什么能比这样一些人的行为更加徒劳的了,他们激烈争论着自然的秘密,天界对地界的影响,对未来事件以及类似事项的预测,但从未问过人的理性是否适合解决这些问题。"当开普勒试图表明上帝如何创造了宇宙时,他似乎就在做着这种徒劳的事情。这并不是说,笛卡儿在《指导心灵的规则》中所设想的数学物理学能够解释我们想要解释的一切事物,尽管笛卡儿自信它能够解释所有不借助于理性而发生的现象。在他看来,人的行动将会超过这一解释范围。但如果是这样,如果大自然被理解为神的行动的产物,我们难道不应怀疑大自然也将超越物理解释的范围吗?于是我们能够理解,为什么《指导心灵的规则》所采取的进路不能让笛卡儿感到满意,为什么这一作品始终没有完成。

④ Gäbe, *Descartes' Selbstkritik*, p. 37.

留下位置。①

在《教条化的虚荣》(*The Vanity of Dogmatizing*)中,约瑟夫·格兰维尔称赞笛卡儿"让我们理解了自然那隐秘的生理学"。② 格兰维尔想到的与其说是笛卡儿论人体的工作,不如说是流星。这些流星一旦被弄清楚,它们能为占星学预测提供的依据并不比冒烟的烟囱强。事实上,规则13显示,天文学进展与生理学进展遵循着相同的原则。笛卡儿表明,这条规则能使我们超越坦塔罗斯雕像的外观而看到其背后的机制,然后他指出,类似的考虑将对天文学产生重要影响:

> 最后,要是有人问我们,根据我们对星体的观测,对于它们的运动可以断言些什么,则我们不应像古人那样没有正当理由地认为,地球不动且位于宇宙的中心,因为我们从小就觉得似乎如此。我们应该对此进行质疑,留待以后去研究,看看对此可以获得什么确定的东西。其他情况也是一样。③

现在我们已经熟悉了这种要求,即对一个初看起来似乎显然的 118 观点进行质疑。这种质疑表明,地心世界观只不过是培根所说的"部落偶像",从而使我们对它的信心发生动摇。笛卡儿告诫我们不应没有正当理由地认为地球静止,这与库萨的尼古拉的思考一脉相承。

然而,尽管对视角扭曲能力的反思把世界揭示为一个现象剧

① 参见 Alexandre Koyré,*Entretiens sur Descartes*(New York:Brentano's,1944),p.84。
② Glanvill,*The Vanity of Dogmatizing*,p.175.
③ Descartes,Rule XIII,in HR 1:53;AT 10:436.

场，但它也为一种更恰当的理解开辟了道路。即使我们起初是从身体和感官为我们指定的视角来看世界，我们也仍有可能从这些视角中逃脱。凭借理性，我们能够超越此时此地的限制，获得一种更加客观的表现世界的方式。我们从一开始就把世界理解为在无尽的同质空间中运动的物体集合，在表现世界时，绘画所特有的受制于视角的表现形式转变为科学所特有的超视角的表现形式。理性之光，即笛卡儿喜欢援引的"自然之光"（*lumen naturale*），据说能使我们逃离迷宫。我们难道无法理解客观实在吗？受制于视角的日常经验让位于科学描述。原来，阿里阿德涅之线是用数学编织而成的。

四

但这个许诺的迷宫出口是否可信呢？我们再看看库萨的尼古拉"有学识的无知"学说及其对地心世界观的挑战。柯瓦雷指出，有充分理由不把这一挑战理解成对哥白尼的预示。库萨的尼古拉并未自称给出了对宇宙的**真实**说明。相反，他迫使读者对**唯一**真实说明的观念进行质疑。人的理智似乎无法给出这样一种说明：它在无限的空间中遭遇了海难。因此，库萨的尼古拉并没有让我们把地心立场替换成日心立场，而是取消了任何宇宙中心的观念。绝对运动的观念也是如此。但如果迈出这一步，我们不就取消了天文学对真理性的要求吗？是什么将库萨的尼古拉这样的思想家与从事新科学的人联系起来，又是什么使其区分开来，应当已经很清楚了：将其联系在一起的是他们对经验之视角性特征的反

思——有学识的无知正是这种反思，柏拉图已经熟知这一主题；将 119
库萨的尼古拉与从事新科学的人区分开的是，后者相信已经在数
学中发现了阿里阿德涅之线，它能引领我们走出世界的迷宫。但
这种信心有根据吗？对新科学的信仰难道不幼稚吗？

我暂时将这个问题悬置起来，留待第十五章再讨论。显然，没
有这种信仰，我们就无法理解新科学的创始人试图解释自然奥秘的
信心。正是由于这种信仰，乔尔达诺·布鲁诺（Giordano Bruno）和
开普勒在阅读《天球运行论》（*De Revolutionibus*）的序言时才怒不
可遏。该序言宣称，哥白尼试图提供的并非一幅真实的宇宙图景，
而只是一种手段，使我们能够更加方便地计算太阳和行星的视运
动。"但由于对同一种运动有时可以提出不同的假说（比如为太阳
的运动提出偏心圆和本轮），天文学家会优先选用最容易领会的假
说。也许哲学家宁愿寻求类似真理的东西，但除非受到神的启示，
他们谁都无法理解或说出任何确定的东西。"确定性据称只能来源
于神启。科学的目标是帮助我们更好地处理可观察现象的描述和
预测，是低于真理的东西。提供这些东西的假说越优雅越好。

因此，请允许我把这些新的假说也公诸于世，让它们与那
些现在不再被认为是可能的古代假说列在一起。我之所以要
这样做，尤其是因为这些新假说美妙而简洁，而且与大量非常
精确的观测结果相符。既然是假说，谁也不要指望能从天文
学中得到任何确定的东西，因为天文学提供不了这样的东西。
如果不了解这一点，他就会把为其他目的而提出的想法当作
真理，于是在结束这项研究时，相比刚刚开始进行研究，他俨

然是一个更大的傻瓜。①

　　天文学家又失去了获得真理的资格；真理属于上帝而不属于
人。天文学家必须满足于使我们更容易把握现象的模型。开普勒
的愤怒是可以理解的。正如《天球运行论》的正文所清楚表明的，
哥白尼寻求的是真理。

120　　　我们现在知道，纽伦堡的路德宗牧师安德列亚斯·奥西安德
尔（Andreas Osiander）用自己的序言替换了哥白尼已经写好的序
言。奥西安德尔对数学和天文学感兴趣，负责出版哥白尼的著作。
他希望通过这种替换，仍然固守亚里士多德自然观的思想家和认
为它与《圣经》证据相冲突的神学家会更容易接受这部著作。但这
种策略上的理由也与他自己的信念完全一致。毫无疑问，奥西安
德尔确信，天文学命题不能声言真理，而只能充当计算的基础。同
样毫无疑问的是，哥白尼深信人的理性能够把握真理。在这个问
题上，许多科学哲学家都站在奥西安德尔一边。例如，迪昂明确赞
同奥西安德尔的说法，即自然科学中无法获得真理，假说仅仅是拯
救现象的手段。

　　为了评价奥西安德尔立场的长处，让我们回顾库萨的尼古拉
及其构想的无限空间。当然，哥白尼和开普勒都不接受这种无限

_____

　　① "Ad Lectorem de Hypothesibus Huius Operis," in Nicolaus Copernicus, *Das neue Weltbild*, *Drei Texte*：*Commentariolus*, *Brief gegen Werner*, *De revolutonibus I*, Lateinisch-deutsch, trans. , ed. , and intro. , Hans Gunter Zekl (Hamburg: Meiner, 1990), p. 62; trans. Edward Rosen as *Three Copernican Treatises*: *The "Commentariolus" of Copernicus*, *the "Letter against Werner," the "Narratio Prima" of Rheticus*, 2nd ed. (New York: Dover, 1959), p. 25.

性,他们之所以反对无限宇宙,部分是因为这种构想对他们的真理观构成了威胁:无限空间有可能使我们身陷认知的迷宫。开普勒说:"我们要向他们[库萨的尼古拉和布鲁诺等主张宇宙无限的人]表明,由于承认恒星有无穷多颗,他们已经陷入了无法逃脱的迷宫。"再有,"这种思考[无限空间的想法]带有某种隐秘的恐惧;事实上,我们发现自己正在这个浩瀚无垠的空间中流浪,它没有边界,没有中心,因此也没有任何确定的位置"。① 正如柯瓦雷所说,开普勒也认为自己的观点有充分的天文学理由。当然,事实证明这些理由是不恰当的。

但我这里关心的是空间的无限性对天文学家声言真理的资格所构成的威胁。笛卡儿本人不得不承认这一点。我们将在第十五章看到,在《指导心灵的规则》的后面部分,笛卡儿的立场似乎更接近奥西安德尔而非开普勒。他承认,我们最终无法确定,哥白尼的 [121] 假说相比于托勒密或第谷的假说是绝对真理。我们只能表明,一种假说能更好地解释现象。哥白尼的假说由于更加简单而具有优先性。在这方面,笛卡儿对"盖然确定性"(moral certainty)与"绝对确定性"(absolute certainty)的区分很重要。盖然确定性被定义为足以指导生活的确定性。利用机械模型所作的解释永远不能要求绝对确定性,因为正如在自动机的例子中,我们只能看到外表,必须重构隐藏在其背后的内在机制。即使我们的机械模式解释了观察到的现象,谁也说不准是否有其他模型能做得同样出色。

---

① Kepler,引自 Alexandre Koyré, *From the Closed World to the Infinite Universe* (New York:Harper Torchbook,1958),pp. 60,61。

正如库萨的尼古拉所主张的，我们与真理的分离就像或然性与必然性的分离一样。① 迪昂也类似地指出，要想声称一种关于宇宙的观念或假说是绝对真理，就必须证明不能有其他替代方案。然而在自然科学中，这种证明是得不出的。于是我们退而求其次寻求非绝对的真理，寻求与笛卡儿所说的盖然真理相近的东西。哲学家的位置并非上帝的位置。他的位置仅仅是一个特定的视角；即使他无法认真对待其他任何视角，也不能因此就声称这一视角具有绝对的优先性。我们似乎又回到了视角的迷宫中。

难怪作为怀疑论者和笛卡儿仰慕者的约瑟夫·格兰维尔会在《教条化的虚荣》中把笛卡儿表现为一个怀疑论者。对格兰维尔而言，数学科学的确像是确定的："谁怀疑它们的确定性，谁就需要服用一剂嚏根草。"但这种确定性并不意味着我们对自然也有同样确定的知识：

> 我们没有必要因为拥有数学知识而自鸣得意，因为我们虽然通过数和图形认识了我们自己的造物，但对我们造物主的造物依然无知。……虽然在对宇宙结构进行一种分析式的特殊说明方面，自然的伟大臣子、奇迹般的笛卡儿远远胜过了此前的所有哲学家，但他认为自己的原理仅仅是假说，而从未自称事物真像或必定像他所设想的那样：可以恰当地用它们来拯救现象，它们是服务于生活的方便假说。②

---

① 参见前面第三章第三节。
② Glanvill, *The Vanity of Dogmatizing*, pp. 209-212.

上帝的无限能力不可能被囚禁在我们"浅薄的模型"中。根据格兰维尔的说法，笛卡儿的方法并没有指引我们走出迷宫到达实在本身，而只是使现象变得更可操控。为什么我们的模型不仅能够解释观察到的现象，而且还能让我们自诩为自然的主人和拥有者，这依然不清楚。

122

五

就此解释而言，应把笛卡儿比做代达罗斯而非忒修斯：代达罗斯是一位傲慢的工匠，其作品可能令人惊讶，可能赋予我们力量，但这种力量的基础仍然笼罩着神秘色彩。笛卡儿本人会拒绝这一解释，这种拒绝与他对数学的理解有关。笛卡儿会坚称，不仅数学证明所提供的东西超出了盖然确定性，而且在用数学来理解自然时，我们并不只是将人的量度强加于自然。数学不仅仅是人的创造。笛卡儿同意伽利略的说法，即上帝用数学语言书写了自然之书：人的思想与神的思想在这里是协调一致的。因此对笛卡儿来说，数学具有格兰维尔未能认识到的一种本体论意义。后面我还会回到这一点。

这里我想谈的是，无限的观念意味着人类不可能获得绝对真理。空间的无限是如此，上帝的无限更是如此，如果那种无限得到认真对待的话（奥西安德尔、笛卡儿和格兰维尔的确是认真对待的）。我们还记得奥西安德尔的警告：如果声称天文学看法是真理，则我们很可能在结束这项研究时，相比刚刚开始进行研究是一个更大的傻瓜。当然，说这话的是一位路德宗牧师：他认为真理是上帝的所有物。我们有限的人类视角不足以拥有真理。这一说法背后隐藏着一种对理论合法性的非常传统的怀疑。人类真正应当关心的是灵魂的健康，而理论家有遗忘这种优先性的危险。"第七反驳"的作者伯丹(Bourdin)神父将笛卡儿建立的哲学大厦与伊卡洛斯相比。在《指导心灵的规则》中，笛卡儿嘲笑这位好心神父的混合隐喻给建筑物插上了翅膀，并坚称已将这座教堂建立在可靠的基础之上。但仅凭这种修辞式的答复是不够的。马利坦的指责与伯丹本质上相同，他指责笛卡儿及其关于清晰分明地直观到简单观念的学说是犯了天使主义(angelism)之罪，即误把人类当作天使，并且批评笛卡儿所主张的"无须穿过我们生而固有的感官之门就能飞升到纯粹理智的位置"。[①] 柯瓦雷曾经指出，笛卡儿的心理学源于圣托马斯的天使学，艾蒂安·吉尔松(Étienne Gilson)支持这一论点。[②] 新科学所主张的视角确有某种天使要素，但其实该视角已经不复如此，因为它声称已经摆脱了视角所特有的透视扭曲。回想一下我所谓的视角原理：要把一个视角作为一个视角来思考，在某种意义上就已经超越了它的限制。哲学从一开始就提出，对真理的探寻要求我们寻找现象背后的实在。与此密不可分的还有另一种想法，即理性未被囚禁在视角之中，它可以超越其初始的限制，更加客观地认识事物。我这里使用的客观性观念与

---

① Jacques Maritain, *The Dream of Descartes together with Some Other Essays*, trans. Mabelle L. Andison(New York：Philosophical Library,1944),p. 39.

② Alexandre Koyré, *Essai sur l'idée de Dieu et les preuves de Son existence chez Descartes*(Paris：Leroux,1922),p. 93, and Étienne Gilson, *Études sur le role de la pensé médievale dans la formation du système cartésien*(Paris：Vrin,1930),p. 12.

这样一种认识有关,它摆脱了视角扭曲的影响,是一种天使的、神圣的或理想的认识。因此它又与这样一位认知者相联系,这位认知者没有被囚禁在身体之内,没有受制于感官,是一个纯粹的主体。这样一个认知者与客观性观念是一体的。如果前者不合法,则后者也是如此,绝对真理的观念也会和它们一起瓦解。许多现代思想家都指出了这种不合法性。例如海德格尔在《存在与时间》中声称,在诉诸一个理想化的主体、一个纯粹的我或者一个理想的观察者时,我们给人类主体不合法地添加了对上帝的传统理解。① 如果接受这种说法,那么就必须认为,科学客观性的观念也同样不合法。

无可否认,哲学家们的理想主体或先验主体与上帝观念之间既有历史关联也有系统关联。我们也必须承认,现代科学的奠基人们对实在和真理的理解与这一理想之间存在着联系。取消先验主体的合法性实际上就是取消现代科学根基的合法性。

然而,为什么上帝与理想主体之间的关联会使后一观念变得不可信呢?我们其实应当问:人类如何可能把上帝设想成一位全能的、非视角的(aperspectival)认知者? 这种想法的可能性本身便揭示了一种自我超越的能力,它是反思中的自我提升,与理性的生活不可分割。传统观点把一种非视角的认知当作所有视角认知的量度,这其中蕴含着某种非常正确的东西。在我们的日常理解中,真理是我们的思想或命题与事实相符合,这其中也蕴含着类似的东西。真理并不受制于特定的视角,它既不是我的,也不是你的或他的。客观性理想与我们对真理的日常理解密不可分,其基础在

① Martin Heidegger, *Sein und Zeit*, 7th ed. (Tubingen: Niemeyer, 1953), p. 229.

于人类精神的自我超越或自我提升。这一理想曾经指导并将继续指导我们寻求知识，尤其是寻求一种自然知识。无法设想科学会收回它对客观性理想的承诺，不再讲数学语言，柏拉图已经知道，数学语言服务于这种客观性。

不过，虽然我不同意海德格尔的看法，即一个纯粹主体或先验主体的观念与基督教上帝的观念之间的关联使前者以及客观真理的理想变得不合法，但我们不得不承认他所说的：这两种观念之间存在着密切关联。事实上，沉思上帝的本性、全能和全知有助于把反思提升到新的高度。这种承认也意味着，在讨论现代科学发展的可能性条件时，《圣经》的上帝观理应占据重要位置。我将在本书第二部分探讨这一点。

第二部分:无限与真理

第七章　真理作为上帝的所有物

一

在导言中，我指出必须将我们的现代文化理解成一种后基督教现象。这种文化认为现代世界由技术所塑造，技术由科学所塑造，而科学则预设了一种对实在的特殊理解。前几章的思考有助于界定这种对实在的理解。这里我们对这些思考作一简要回顾：

1. 现代世界的理解首先预设了对现象之视角性的反思。这种反思必然会引出现象与实在的区分。于是，哥白尼区分了太阳的周日视运转与真实情况。我们看到，这种反思与哲学同样古老，在这方面，我曾多次回到柏拉图《理想国》的第十卷。

2. 与这种反思密切相关的是感觉与理性的区分。感觉与身体相联系，从而与视角相联系，视觉为其提供了明显范例。理性未受此限制，因此被认为更适合通达实在。

3. 当理性也被认为受其自身运作模式的限制、受其自身"视角"的支配时，这种反思便被提升到更高层次。于是引出了这种理性与一种不受此限制、能够把握事物本身的理性之间的区分。对基督教思想家而言，这种差异表现为有限的人类理性与无限的上帝理性之间的差异。关于这种神学差异的思想处于库萨的尼古拉

"有学识的无知"学说的核心。

4.对于这种神学差异的反思，尤其是对无限的上帝以及上帝与有限的人类认知者之间距离的沉思，导致不再宣称人类有能力把握真理。于是，对上帝无限能力的沉思很容易导向某种认知上的放弃（cognitive resignation）。就这样，一种概念联系将中世纪晚期的唯名论和神秘主义与文艺复兴时期的怀疑论或风格主义的（Mannerist）怀疑论关联起来。

对上帝无限性和全能的沉思必定会使我们的信心受损——不仅是对我们能否把握真理的信心，而且是对亚里士多德自然观是否为真的信心。亚里士多德天文学和物理学瓦解是哥白尼所进行的思辨的前提：倘若亚里士多德的权威没有在很久以前便已遭到削弱，哥白尼几乎不可能提出自己的假说；即使提出，人们也会对其充耳不闻，斥之为臆想的思辨。然而，亚里士多德世界观权威性的这种动摇虽然必要，但并不足以解释何以可能出现一位哥白尼。它还需要重新相信人类有能力把握真理或至少是接近真理，相信我们有足够的认知能力，而不是因为沉思上帝的无限性而放弃认知。这种新的信念促进了文艺复兴时期人类中心主义的人文主义。① 对上帝无限性的神学反思以及对人的尊严的人文主义反思，是哥白尼乃至新科学的成就所不可或缺的基础。

本章主要关注神学反思。1277 年 3 月 7 日，巴黎主教唐皮耶

---

① 参见 Hans Blumenberg，"Die humanistische Idealisierung der Weltmitte，"in *Die Genesis der kopernikanischen Welt*（Frankfurt am Main：Suhrkamp，1975），pp. 237 - 246。

（Tempier）及一些神学博士颁布了对 219 条错误命题的谴责（皮埃尔·迪昂甚至将这一谴责称为"现代物理学的诞生凭证"），它为我们提供了有力的支持和一个方便的焦点。让我们再次引用迪昂的话："通过 1277 年提出的谴责，巴黎大学的这些神学家们描绘出了通往哥白尼体系之路。"①

当然，1277 年大谴责的作者们关注的东西非常不同——主要是笼罩在他们周围的新的世俗性，时至今日，我们仍然能够从《玫瑰传奇》(*Roman de la Rose*)、《布兰诗歌》(*Carmina Burana*)、尼古拉·皮萨诺(Nicola Pisano)以及瑙姆堡大师(Master of Naumburg)的雕塑等作品中感受到那种世俗性。与身有圣痕的圣方济各(St. Francis)所垂范的那种生活相比，更为世俗的娱乐和思想追求对一群巴黎学者来说似乎更为重要。当时的大学已从教会（由主教所代表）那里获得了相当程度的自治，在许多保守的教士看来，这必定是衰朽的可悲迹象。看到这种野蛮的自然主义将世俗的异教徒亚里士多德、尤其是被阿拉伯人阿威罗伊(Averroës)诠释后的亚里士多德视为自己的哲学家，他们很难放下心来。在

①　Pierre Duhem, *Medieval Cosmology*, ed. and trans. Roger Ariew (Chicago: University of Chicago Press, 1985), pp. 4, 197. Cf. Edward S. Casey, *The Fate of Place: A Philosophical History* (Berkeley: University of California Press, 1997), pp. 106 – 129. 文本部分，参见 P. Mandonnet, *Siger de Brabant et l'averroisme latin aux XIIIme siècle*, 2me partie, textes inédites (Louvain: Institut superieur de philosophie de l'Université, 1908), pp. 175 – 191, 以及 Roland Hissette, *Enquète sur les 219 articles condamnés à Paris le 7 mars 1277*, Philosophes médiévaux vol. 22 (Louvain: Publications Universitaires, 1977). Trans. "The Condemnation of 1277," in *Philosophy in the Middle Ages*, ed. Arthur Hyman and James J. Walsh, 2nd ed. (Indianapolis: Hackett, 1973), pp. 582 – 591. 文章中引用的各命题的编号，采用的是 Mandonnet 的版本。

当时的巴黎大学,托马斯·阿奎那和布拉班特的西格尔(Siger of Brabant)对亚里士多德作了出色的表述。[①] 阿奎那对哲学和神学论题更感兴趣,西格尔则更关注自然哲学。1255 年,巴黎大学的艺学院(arts faculty)规定必须研究亚里士多德的所有已知著作。[②] 成为哲学家渐渐意味着致力于研究亚里士多德及其阿拉伯评注者的著作。诚然,保守者(其中许多人都是波那文图拉[Bonaventure]领导下的方济各会修士)继续援引奥古斯丁的权威,其他人(包括阿奎那在内)则试图将亚里士多德与一种鲜明的基督教世界观调和起来,努力作一种真正的综合,但许多学者似乎都觉得西格尔坚持哲学——即研究与反思——的自主性和独立性更有吸引力。难怪西格尔和世俗亚里士多德主义的另一位重要代表达契亚的波埃修(Boethius of Dacia)尤其会受到谴责。

到了 1270 年,唐皮耶主教已经谴责了 13 个阿威罗伊主义论题。它们以理性为名,否认人有自由意志(这是基督教原罪观念的前提);宣称世界是永恒的,从而挑战了《圣经》的创世记述;坚持所有人的精神具有统一性,从而否认个体的灵魂不朽。但这种谴责131并没有终结"大西格尔"(Siger the Great)的流行。[③] 领会其哲学要旨,便可理解教会为何会反对他的学说。比如在回答"人类在时间中是否有开端"这一问题时,西格尔援引亚里士多德的话否认有这种开端,坚称"人类一直存在,并非以前不存在,而后开始存

---

① 参见 Siger of Brabant,"Question of the Eternity of the World,"in Hyman and Walsh,*Philosophy in the Middle Ages*,pp. 490 - 502。

② 参见 Friedrich Heer,*Europäische Geistesgeschichte*(Stuttgart:Kohlhammer,1953),p. 162。

③ Ibid.

在"。① 正如"人并非以前不以任何方式存在,而后开始存在","时间也是如此"。他指出,基督教的创世记述显然不可能成立。他由第一推动者总是在运动这一事实推出:"若非以前存在过,任何存在都不可能变为现实,因此曾经存在的东西会循环往复;观念、法律和宗教以及其他一切事物都是如此,因此较低的循环来自较高的循环,尽管由于时代久远,关于这些循环的记忆没有留下来。"②这种循环自然观显然与基督教的历史观不相容,因此毫不奇怪,西格尔立即拒绝作出承诺:"我们并不断言这些观点为真,只是说它们是亚里士多德的观点。"哲学所宣称的真理或许并不等同于真理。在这里西格尔堪称双重真理论(double theory of truth)的代表,这种真理论会割断哲学与神学的联系:但如果从名义上讲哲学的真理仍然从属于宗教的启示真理,那么这也暗示必须把后者视为非理性的。神学的回应显然是:哲学家不可忘记,人的理性与实在最终是不可公度的。但那些希望运用上帝赋予的心智的人往往容易忘记神学。

可以预料,这种思辨会激怒信仰的守护者们。1277 年大遣责——阿奎那和波那文图拉都死于 1274 年——是他们所作回应的关键证明,代表着方济各会的新奥古斯丁主义者战胜了多明我会的亚里士多德主义者。由于担忧那种思辨可能使哲学摆脱神学,1277 年的 1 月 16 日,教皇约翰二十一世请巴黎主教唐皮耶调查此事。这位主教的回应即是 3 月 7 日的遣责,仅仅 11 日后,坎

---

①　Siger,"The Eternity of the World,"p. 494.

②　Ibid. ,p. 500.

特伯雷的大主教也起而仿效。教皇显然有理由对主教们的热忱感
到满意。

　　以上简要叙述或许表明,教会不愿接受理智的进步(这里表现
为不接受对亚里士多德的重新发现),从而上演了压制思想自由的
可悲一幕,就像后来审讯布鲁诺和伽利略一样。然而,看似奇怪的
是,正是通过以神学的名义挑战亚里士多德的权威,保守派才为一
种导向新科学的自然理解做好了准备。悖谬之处在于,这些基督
教的保守派为真正的进步开辟了道路。正如我曾多次指出的,如
果在哥白尼之前很久,亚里士多德的自然哲学没有受到动摇和挑
战,那么它的权威将会阻碍哥白尼作出成就以及对哥白尼的接受。
亚里士多德的物理学基于一种地心宇宙论,哥白尼革命不可能与
之协调。但这场谴责坚称,亚里士多德的物理学也无法与基督教
的上帝观和创世观相协调。于是,基督教对亚里士多德观念的反
应有助于使哥白尼成为可能。

　　让我们更加细致地看看 1277 年大谴责。如我们所料,其中
许多命题(至少有半数)都与亚里士多德的自然哲学有关。一些
命题涉及这种哲学与上帝创世的自由意志之间难以调和的关
系。以下是一个例子:亚里士多德认为,世界包含了所有可能存
在的物质,因此世界不可能比现在更大,也不可能存在任何其他
世界。相信上帝全能的人可能会指责这些说法使上帝服从于自
然的必然性。1277 年大谴责的作者们希望确保,信仰者不会让
上帝服从于自然法则从而限制上帝的自由。考察第 27 条受谴
责命题:

Quod prima causa non potest plures mundos facere.

第一因无法创造多个世界。

鉴于上帝拥有无限能力,倘若他愿意这样做,怎么可能对他创造世界的数目有所限制呢?但否认这样一种限制也就意味着承认可能有无穷多个世界。①

另一组命题试图捍卫人的自由意志,反对那种容易导向星辰决定论的亚里士多德主义。考虑到亚里士多德主义的总体框架的确容易看出占星学为何能够得到辩护。因此,该谴责表现为对神的自由和人的自由的辩护。我将在第九章更详细地考察这两种自由之间的密切关联。

在这方面,特别有趣的是一些讨论上帝意志的命题。命题16、17、20 和 23 尤其与此相关。比如命题 16:

Quod prima causa est causa omnium remotissima. — *Error, si intelligatur ita, quod non propinquissima.*

第一因是一切事物中最远的原因。——如果把它理解成第一因不是最近的,这是错误的。

这一受谴责命题暗示,第一因经由中介而起作用,因此预设了一种原因等级,使力量得到委派或传递。但回应者称,上帝并非以这种方式来传递自己的力量。他既是最远因也是最近因。

① Duhem, *Medieval Cosmology*, p. 369.

或者命题 17:

> *Quod impossibile simpliciter not potest fieri a Deo, vel ab agente alio. —Error si de impossibili secundam naturam intelligatur.*

> 上帝或任何作用者都不可能产生那些绝对不可能的事物。——如果把它理解成在自然上不可能,这是错误的。

这一受谴责命题坚持了 *impossibile simpliciter*(绝对不可能)与 *impossibile secundam naturam*(在自然上不可能)的区分,即逻辑上不可能与自然上不可能的区分。甚至连上帝也无法让一个矛盾为真,上帝也不可能自杀,因为这将违反他自身的存在。但他当然能够创造奇迹。因此,必须拒斥以下命题:

> 23. *Quod Deus non potest irregulariter, id est, alio modo quam moveto movere aliquid, quia in eo non est diversitate voluntatis.*

> 上帝不可能不规律地移动任何东西,亦即他不可能以另一种方式行事,因为他的意志不会是多样的。

134　这一受谴责命题坚持绝对的规律性,而这将排除奇迹。显然,基督教思想家会拒斥这样的命题。他们的想法必然会导致这样一个结论:世界不可能像亚里士多德所描述的那样,上帝的自由不可能囿于亚里士多德的哲学。

20. *Quod Deum necesse est facere quidquid immediate fit ab ipso.*—*Error, sive intelligatur de necessitate coactionis, quia tollit libertatem, sive de necessitate immutabilitatis, quia point impotentiam aliter faciendi.*

上帝必然产生了那些直接源于他的东西。——这是错误的，无论把它理解成强迫意义上的必然性（它摧毁了自由），还是永恒不变意义上的必然性（它意味着上帝没有能力不这样做）。

这里的要旨同样是要确保上帝的自由意志。在拯救上帝的自由意志时，1277 年大谴责的作者们也为人的自由留出了余地。全能的上帝本可以创造出一个完全不同的世界甚至是多个世界，这难道不是显然的吗？——这种想法促使人们对可能世界进行思辨。

相当多的受谴责命题都预设了一种具有等级秩序的自然观，这里我想强调一下"等级"和"秩序"的含义。它们试图让上帝的自由服从于亚里士多德的《物理学》所提出的规则性。为了拯救上帝的全能和自由，1277 年大谴责同时对等级和秩序提出了挑战。于是，对命题 16 的谴责坚持了上帝的全在（omnipresence），这在无限球体的隐喻中得到了明显表达。但坚持上帝的全在会使等级宇宙观岌岌可危，它的瓦解为一种更为同质的宇宙观铺平了道路。大约 200 年后，我们将在库萨的尼古拉那里看到这种宇宙观，它也将随着新科学而获得胜利。

二

对我们而言,尤其重要的是这样一些命题,它们表明上帝除非以其他原因为中介,就无法产生结果。考虑命题 69(以及 67、68 和 36):

135

Quod Deus non potest in effectum causae secundariae sine ipsa causa secundaria.

如果没有第二因本身,上帝就无法产生第二因的结果。

根据这一受谴责命题的看法,如果不以能够自然产生结果的原因为中介,甚至连上帝也无法在地球上产生结果。

亚里士多德认为,超距作用(*actio in distans*)不存在:物体要么寻求自身的固有位置,要么被作用,无论推或拉,运送或旋转。事实上,我们的经验很容易引出这种运动观念,因此它初看起来是可信的。和亚里士多德《物理学》中的诸多内容一样,它来自于我们对事物最初的惯常经验。但亚里士多德对受迫运动的看法却很难解释比如抛出去的石头的运动。亚里士多德认为抛射者推动空气,使之拖着石头随之运动。在我们看来,这种理论似乎很不可信,14 世纪的让·布里丹(Jean Buridan)也是这样认为的。但要记住,在中世纪,只有当亚里士多德的自然哲学与信仰的要求极难调和时,它才会受到严肃的质疑。在这方面,很有意思的是,诉诸运动物体动量的冲力理论最初出现在一篇对圣礼效力的讨论中,即弗朗西斯科・德・马奇亚(Franciscus de Marchia)1320 年所著的《彼得・隆巴德〈箴言四书〉评注》(*Commentary on the Sentences of Peter Lombard*)。[1] 一种明显属于物理学的理论竟然在神学作品的语境下发展出来，这似乎很奇怪。圣礼被理解为神恩的工具。在 14 世纪，关于圣礼的效力究竟直接源自上帝，还是一种内在于圣礼本身的力量(*virtus inherens*)，人们作了许多思考。弗朗西斯科・德・马奇亚主张后一观点。为使其论证更加可信，他以抛射体作为类比，比如一块石头。问题在于，这块石头的冲力是直接来自抛射者，还是内在于抛射体之中。抛射体与抛射者之间明显有距离，这似乎与冲力直接源于抛射者的观点相矛盾。马奇亚提出，抛射者在某种意义上将推动力积存于石头之中(*virtus derelicta ab ipso primo motore*)。

这种观点与亚里士多德观点的差异很明显。现在，我们不再需要假设有一个空气旋涡随石头一起运动。抛射者赋予了一个冲力使石头运动。在为自己的解释作辩护时，马奇亚诉诸于经济性原则(principle of economy)。事情总是以所有可能方式中最简单的方式发生(*Quia frustra fit per plura quod potest fieri per paucior*)。[2] 我们应当牢记讨论的语境：可以认为，马奇亚真正的兴趣在于表明，上帝在圣礼中积存了某种力量。执行圣礼时，教士们就

136

　　① 以下讨论得益于 Blumenberg，*Die Genesis*，pp. 174 – 182。布鲁门伯格依赖于 Anneliese Maier，*Zwei Grundprobleme der scholastischen Naturphilosophie*，2nd ed.（Rome：Edizioni di Storia e Letteratura，1951，pp. 166 ff.，以及 Marshall Clagett，*The Science of Mechanics in the Middle Ages*(Madison：University) of Wisconsin Press，1959)，pp. 526 – 531。

　　② 马奇亚这句话引自 Blumenberg，*Die Genesis*，p. 177。

成了这种力量的管理者。超越性被积存于内在之中。

　　然而，如果这种运动理论具有某种合理性，就不再有任何理由随同亚里士多德主张，天球被推动者持续推动（中世纪认为这些推动者是天使）。天使失去了至少一项功能，虽然最初的推动仍然要由他们来完成。此外，由于马奇亚认为冲力会随时间而减弱，所以他认为天使对于维持那种运动是必需的。[①]

　　更重要的是，月下世界抛射石头的范例为重新解释天界运动提供了出发点。亚里士多德认为，月下世界与月上世界有质的区别，但这种拓展预设了这种区别不再有效。因此，这一范例质疑了对亚里士多德科学来说非常根本的宇宙论差异。

　　我们也许会好奇，为何马奇亚没有保留亚里士多德的看法，即月上世界不存在损耗，天球可以无休止地运动。答案是，他固守着亚里士多德的或者毋宁说是中世纪的观点：天球由天使推动。他认为，天使是有限的存在，无法产生无限的后果。因此，月上世界可以有变化。为使读者安心，他诉诸于传统观点：有福的人据信是在天堂中交流，这种交流当然需要依靠语词，而语词必定会先产生后消失。[②]

　　许多这类中世纪文本中都混杂着可能被我们视为幼稚的极为精妙的内容。我想强调，在这种语境中，我所谓的宇宙论差异，即137 月下世界与月上世界之间差异的瓦解是非常重要的。这种瓦解背后是这样一种认识：亚里士多德的等级宇宙论与上帝的全能（作为

---

① Blumenberg, *Die Genesis*, p. 181.
② Ibid.

一切事物的最远因和最近因)是不相容的。

马奇亚将变化引入月上世界着实令人惊讶。因此毫不奇怪，巴黎唯名论者布里丹回到了宇宙论差异，但没有放弃冲力理论。事实上，布里丹是冲力理论的代言人，在拒斥了包括亚里士多德理论在内的其他理论之后，他对冲力理论作了详细表述。在《关于亚里士多德〈物理学〉第八卷的疑问》(*Questions on the Eighth Book of Aristotle's "Physics"*)中，他指出：

> 因此在我看来，应当说推动者在推动受动者时，给它加上了某种冲力或力，使之沿着推动者推动的方向运动，无论向上还是向下，横向运动还是圆周运动。而推动者推动得越快，加诸的冲力就越大。抛射者停止运动后，是冲力在推着石头运动，但由于空气有阻力，以及石头的重力使之倾向于沿着与冲力内在推动石头的相反方向运动，所以冲力在持续减少。因此，石头的运动变得越来越慢，最终冲力减小到一定程度，石头的重力胜过了冲力，使石头向下朝着它的自然位置运动。①

他还对下落物体作了同样的分析：

> 由此也可以看出为何重物的自然下落会持续加速，因为起初只有重力在推动它，因此它运动较慢；但是在运动过程

---

① Jean Buridan, *Questions on the Eighth Book of Aristotle's "Physics"*, in Hyman and Walsh, *Philosophy in the Middle Ages*, p. 769.

中,有冲力加诸该重物,然后此冲力和重力一起推动它,因此运动会变快,而它运动越快,冲力就变得越强。[①]

但是正如布里丹说"重物的自然下落"所暗示的,对亚里士多德而言,物体下落是自然运动而非受迫运动的一个例子。模糊这两种运动之间的区分至关重要。[②]

138　　　因此,布里丹毫不犹豫地追随马奇亚将冲力理论应用于天界,虽然他坚持天球中的冲力一旦被赋予就不会损耗,从而主张某种版本的宇宙论差异。于是,天球的冲力总是保持恒定。但我们因此不再需要天使来保持天球运动,他们已经失去了那种功能:

> 既然从《圣经》来看,并没有灵智(intelligences)来推动天体,我们可以说,似乎没有必要假定这些灵智的存在。因为我们也可以说,上帝创造世界时是按照意愿推动了每一个天球;在推动它们时,上帝为其注入了冲力来推动这些天球运动,他自己则不再推动,除非是以普遍影响的方式,就像他同时作用于一切事物那样。[③]

让我们再次回到自然运动与受迫运动的区分。根据亚里士多德的说法,自然运动趋向于物体的自然位置。为什么物体被丢下

---

① Jean Buridan, *Questions on the Eighth Book of Aristotle's "Physics"*, in Hyman and Walsh, *Philosophy in the Middle Ages*, p. 770.

② 参见 Blumenberg, *Die Genesis*, pp. 182 - 188。

③ Buridan, *Questions*, p. 770.

后会落向地球？因为它们在寻求自己的固有位置。目的论解释适用于自然运动。而受迫运动的目的则在自身之外。你为什么会抛那块石头？这个问题无关乎对石头运动的物理学解释。同样，虽然上帝为每一个特定的天球都赋予了特定的冲力，但我们并不知道为什么。我们所能做的仅仅是力图理解被赋予的冲力的本性。冲力理论使我们不必涉及目的就能处理自然中的运动。鉴于人的理智与神的理智之间的区别，人如何能够号称知晓上帝创造天界及其运动的目的呢？于是，冲力理论暗示可能有一种自然科学不再需要目的论解释。对运动目的论解释的抛弃是笛卡儿的自然科学以及由此产生的科学的核心，这种抛弃源于这样一种自然观，它先是把上帝视为自然的创造者，然后把上帝变成无限，并宣称我们无法知道他的目的。我们不得不满足于提供动力因的那些解释（虽然旧的目的论思想的幽灵仍然萦绕在重力现象周围）。

布里丹谦虚地结束了对冲力的讨论："以上就是关于这个问题我所要说的内容，如果有人找到了可能性更大的处理方式，我会非常高兴。"[①]这种思想实验的精神在那个时代的思想家中很有代表性。布里丹本人试图以某种方式坚持宇宙论差异，认为在天界，冲力一旦被赋予就不会损耗和减小，而在月下世界，事物趋向于静止。这种看法导致他拒绝接受地球旋转的想法。尽管如此，他认为地球运动的可能性等价于把相应的运动归于天穹。但布里丹认为天体是凭借自身的力量运动的（*quasi per se mobilia*），这预示着将上帝从自然之中逐步驱逐出去。

---

① Buridan, *Questions*, p. 771.

马奇亚和布里丹以一个地界的范例来理解天球,而另一位唯名论者尼古拉·奥雷姆(Nicole Oresme)则做了相反的事情。他指出,在月下世界,同样只有圆周运动是自然的。这使他得出结论说,地球必然在运动。这些说法的细节在这里并不重要,尽管奥雷姆因其关于地球旋转的论题而常被称为哥白尼的先驱。更重要的是,中世纪亚里士多德主义的等级秩序自然观以及与之相关的宇宙论差异逐渐遭到破坏并且最终被拒斥。随之遭到拒斥的还有自然位置的观念以及亚里士多德关于自然运动与受迫运动的区分:也就是说,亚里士多德的物理学以及与之相适合的那种目的论思想也遭到了拒斥。

作为神的全能给亚里士多德的自然哲学提出挑战的最后一个例子,我再次回到 1277 年大谴责:

66. *Quod Deus non possit movere caelum motu recto. Et ratio est quia tunc relinqueret vacuum.*

上帝无法沿直线移动天,因为那样一来他将会留下真空。

我们再次看到这样一种努力:面对亚里士多德的《物理学》,试图为上帝的无限自由和能力留出余地。诚然,正如迪昂所指出的,支持受谴责命题的理由连亚里士多德本人都会拒斥,因为他会坚称,世界之外不可能有空间,因此也不可能有真空。① 该谴责进一步远离了亚里士多德对空间的理解,认为上帝倘若愿意,就能移动

① Duhem, *Medieval Cosmology*, p. 181.

天。要使这种可能性有意义,就不能像在亚里士多德的物理学中那样,把空间局限于或囿于天穹之内。即使亚里士多德的说法或多或少是对的,难道这就意味着上帝即使愿意,也无法在世界之外创造出空间吗? 米德尔顿的理查德(Richard of Middleton)正是这样来调和亚里士多德和唐皮耶的。[1] 无论如何,该谴责预设了能够设想不被任何物体占据的空间,认为空间超越了位置。[2] 这些思想实验背后是对亚里士多德尝试通过位置来思考空间的拒斥。

这里重要的是基督教上帝观的解放力量。它鼓励甚至迫使思想者进行思想实验。为了捍卫上帝的自由和全能,从而满足1277年大谴责所造就的官方学说,这些思想实验不得不挑战亚里士多德的权威。特别是,它促进了与当时仍然普遍盛行的亚里士多德主义宇宙图景相悖的思辨。可以说,它促进了关于可能世界的思辨。这些思辨使得曾被视为必然的自然法则成为偶然的。没有充分理由认为这些法则一定是现在这样。它们可以不是这样,当然也可以不是亚里士多德所认为的样子。这些思辨距离宣称自然法则实际上并不像亚里士多德所宣称的那样已经并不遥远。

三

由此看来,奥西安德尔为哥白尼《天球运行论》所写的序言与

---

[1] Duhem, *Medieval Cosmology*, pp. 181–182.

[2] Ibid., p. 369.

1277 年大谴责之间的关联应当很清楚了。奥西安德尔宣称，除非作为神恩的馈赠，天文学家乃至整个人类都无法获得绝对真理。任何科学都无权宣称自己所说的是绝对真理，它所提供的仅仅是141 模型和假说。我们只能要求这些模型能够符合观察到的现象，也就是说，由此可以作出与观测结果相符的预测。这种认知上的放弃源于上帝及其无限智慧与单纯的人类认识之间的鸿沟。但这种放弃也有积极的一面：它使科学更为自由和有趣，鼓励思想者思考和探索不同的假说和模型。

　　1277 年大谴责的作者们也将上帝的无限智慧和《圣经》的权威视为理所当然。但他们确信，亚里士多德并不具有类似的权威性，其著作毕竟只是人的理性的产物。那些著作提供了一种（也许看似可信的）自然解释，但这种解释并不具有绝对真理的权威性。亚里士多德也是可错的。当启示真理与人的解释发生冲突时，站在哪一边是显而易见的。

　　然而，亚里士多德对思考自然的人影响巨大。为了削弱这种影响，14、15 世纪的哲学家和神学家喜欢进行思辨，这些思辨往往会相当离奇。想想库萨的尼古拉的《论有学识的无知》中的宇宙论思辨，或者尼古拉·奥雷姆的以下思想实验，它是用来检验亚里士多德自然观的诸多思想实验之一。假设亚里士多德的宇宙观总体上是正确的，奥雷姆设想

　　　一根用瓦、铜或其他材料制成的长管子，从地心一直延伸到诸元素的上部区域，也就是直达天界。

　　　我要说，如果这根管子除最顶端有少量的气以外，其他地

方都充满了火,那么气会下降到地心,因为较重的东西会下降
到较轻的东西之下。①

这个思想实验旨在质疑亚里士多德的自然位置学说,这是
亚里士多德物理学的基础。自然位置成了一个相对概念。但如
果真是这样,亚里士多德对自然运动的解释就必须被抛弃。奥
雷姆毫不犹豫地给出了自己的替代方案:"关于重物和轻物的自
然法则是,……所有重物都尽可能地聚集于轻物中心,无需为其
规定任何其他不动的[或自然的]位置。"②迪昂指出,奥雷姆的运
动理论创造了一种可能性,即把每一颗行星都看成重的土元素被
其他元素所环绕。正如我们所看到的,库萨的尼古拉热情地拥护
这种可能性。③

在 1277 年大谴责的影响下,这些思想实验首先旨在向我们表
明,上帝本可以创造出一个非常不同的世界,而不是像亚里士多德
主义者们所坚持的那样,这个世界是唯一可能的世界。事实表明,
亚里士多德认为必然的东西不过是又一种人类建构罢了。在认真
读过《蒂迈欧篇》(*Timaeus*)的人看来,这也许是显然的,《蒂迈欧
篇》提供了一种与亚里士多德自然运动理论不同的理论。④ 但更
重要的是,坚持神学差异必然会使宇宙论差异受到质疑。人无法

142

---

① Nicole Oresme, *Traité du Ciel et du Monde*, chap. 4, fol. 5, col. d;引自 Du-
hem, *Medieval Cosmology*, p. 478。

② Ibid., p. 477.

③ Duhem, *Medieval Cosmology*, p. 477. 参见本书第二章第四节。

④ Ibid.

理解上帝为什么会用这种结构和这些法则来创造这个世界，以及为什么要维护、如何来维护世界。我们无法参透此等奥秘。因此，唯名论者强调上帝意志的首要性，是为了让人类理解人与上帝之间的差异。这种认识中暗含着某种认知上的谦卑甚至是放弃。

但需要强调的是，这种放弃的另一面是将人的想象力从其历史遗产（这里是亚里士多德的遗产）的重负中解放出来。奥雷姆和库萨的尼古拉的思想实验都是这种自由的表现。这种放弃的另一面也是愿意满足于某种算不上绝对真理的东西。既然无望参透上帝创世的原因，我们就不得不满足于为自然运作所构造的模型。我们可以要求这些模型符合观测到的现象，并且尽可能地易于理解——正如笛卡儿所说，尽可能地清晰分明。于是我们看到，库萨的尼古拉主张，我们的研究（无论是导向上帝还是导向自然）应当运用数学符号。库萨的理由并不是上帝用数学语言写了自然之书，就像伽利略后来断言而笛卡儿尝试证明的那样，而是人的心灵这里在与它自己的造物打交道。我们可以要求所构建的模型尽可能地清晰，也可以要求它们不诉诸上帝的目的：这种目的难道不是无限地超越于我们，以致对人类认知者毫无用处吗？我们只能在我们（无论在思想中还是在事实上）所能重构的程度上来理解事物。这正是笛卡儿转向机械模型的原因。

四

对上帝无限性的思考必然会使自然哲学朝着现代自然科学的方向发展。当然，1277年大谴责的作者们以及从根本上赞同其立场的思想家们是在寻求一种非常不同的结果：他们是想反抗哲学家的傲慢，因为哲学家引述亚里士多德的话，自称独立于教会的监护。在反对亚里士多德主义哲学时，他们认为自己是在反对傲慢之罪。我们难道不应把这种谴责拓展到宣称不是为了救赎，甚至也不是为了实用，而只是为了求知而求知的一切理论吗？因此，这一质疑有可能拓展到对那种特殊的渴望与好奇——据说哲学正是发源于此——的质疑。在《形而上学》开篇，亚里士多德谈到了那种渴望：

> 求知是所有人的本性，对感觉的喜爱便是明证。即使并无实用，人们也喜爱感觉本身，而在诸感觉中尤重视觉。不论是否打算有所行动，几乎较之其他任何东西，我们都更偏爱视觉。这是因为视觉最能使我们认识和揭示事物的诸多差别。①

或者考虑他对哲学起源的解释：

> 不论现在还是最初，人都是由于好奇而开始哲学思考；开始是好奇于身边所不懂的东西，然后逐步发展到对更重大的事情提出疑问，比如月相的变化，太阳和星辰的现象，以及宇

---

① Aristotle, *Metaphysics* 1. 1, 980a22 – 27, trans. W. D. Ross in *The Complete Works of Aristotle*: The Revised Oxford Translation, ed. Jonathan Barnes, 2 vols. (Princeton: Princeton University Press, 1984), vol. 2.

宙的创生。感到困惑和好奇的人会认为自己无知(所以在某种意义上,爱神话就是爱智慧,因为神话由好奇组成)。因此,既然人们是为了摆脱无知而进行哲学思考,那么显然,他们是为了认知而从事科学,而不是为了任何功利的目的。(《形而上学》1.2,982b12—22)

那么,当库萨的尼古拉教导我们要了解自己的无知时,是否也把我们唤回到那种据说产生了哲学的好奇状态呢?那种奇特的含混状态使我们尝试保持好奇心,或者在好奇心的驱使下尝试寻求答案。让我们回到亚里士多德:

> 这一点可以由事实来证明。当生活必需品以及使人快乐安适的种种事物几乎齐备之后,才会开始寻求这种知识。于是,我们追求它显然不是为了其他利益;正如自由人是为自己而生存,而不是为别人而生存,在各门科学中唯有这种科学才是自由的,因为只有它才是为自身而存在。(《形而上学》1.2,982b22—26)

一名基督徒如何能够认可这样一种自由的科学?这种自足的自由观难道不是源于傲慢吗?亚里士多德的智慧难道不是罪恶的果实吗?

基督教对该理论的怀疑只是一种更广泛怀疑的一种形式,它针对的是所有那些为了思辨而思辨的人。考虑柏拉图在《泰阿泰德篇》(Theaetetus)中讲述的哲学奠基人泰勒斯的轶事。苏格拉

底说的不仅是泰勒斯,也是在说他自己,实际上说的是所有真正的
哲学家:他们都对城邦事务无甚兴趣。

> 他们甚至不知道自己对所有这些一无所知,如果他们离
> 群索居,那不是为了获得名声,而是因为寄居在城邦中的其实
> 只是他们的身体,而他们的思想已将所有这些事物视为毫无
> 价值。他们的思想仿佛插上了翅膀,如品达(Pindar)所说,
> "上天入地",探寻天界,测量大地,到处寻求整体事物的真正
> 本性,从来不会屈尊思考身边的俗事。①

这里哲学家被看成某个脱离原位的人(dislocates himself),
他就像代达罗斯(苏格拉底口中的前辈)或伊卡洛斯一样试图展翅
飞跃一切。也就是说,哲学家试图运用想象和思想从现有位置中
摆脱出来。这种脱离原位和位置的丧失对于寻求真理来说是必不
可少的。回想上一章讨论的真理、客观性与一个纯粹先验主体之
间的关系。在那里,我把它们与人类精神的自我提升联系起来。

让我们回到《泰阿泰德篇》。当赛奥多洛斯(Theodorus)要求
苏格拉底解释他的意思时,苏格拉底讲了一个故事:"相传泰勒斯
在仰望研究星辰时不慎落入井里,受到一位机智伶俐的色雷斯侍
女的嘲笑,说他渴望知道天上的事,却看不到脚下的东西。任何献

----

① Plato, *Theaetetus* 173d - 174a, trans. F. M. Cornford in *The Collected Dialogues of Plato, Including the Letters*, ed. Edith Hamilton and Huntington Cairns (Princeton: Princeton University Press, 1961).

身于哲学的人都得准备接受这样的嘲笑。"(174a)

问题在于，理论冲动是否会使人偏离自己真正的使命，产生了哲学的那种理论好奇心是否是正当的。[1] 亚里士多德再次为后续讨论提供了背景：

> 因此有充分的理由认为，它[真正的知识、绝对真理]超出了人的能力。人的知识受到多方面的束缚，西莫尼德斯(Simonides)说，"唯有神才有这样的特权"，人必须满足于追求与之相适合的知识。诗人们说，忌妒是神的天性，在这里似乎尤其如此，一切擅长这种知识的人总是厄运重重。(《形而上学》1.2,982b29—983a2)

很容易想象，基督教神学家会带着赞许阅读这样的内容。人类的当前境况受制于人类的堕落及其后果，也包括知识论上的后果：我们的视觉和理智不再能与伊甸园中的亚当相比。甚至连亚当也是因为妄图自我提升而听从了蛇的许诺——"你们便如神一样"(*eritis sicut Deus*)，即人类想要知道只有神才知晓的东西；《圣经》特别指明这是一种有关善恶的知识，暗示这种知识必须与事实知识区分开来，暗示关注这种区分很重要。

然而，亚里士多德提出理论的正当性问题只是为了摒弃这个

---

① 参见 Hans Blumenberg, *Die Legitimität der Neuzeit* (Frankfurt: Suhrkamp, 1966), pp. 201 - 432。这里尤其重要的是布鲁门伯格对《存在与时间》中一段话的评论，将理论上的好奇心与"不真诚"联系起来。参见 Martin Heidegger, *Sein und Zeit*, 7th ed. (Tubingen: Niemeyer, 1953), par. 36。

问题：

> 但神不可能忌妒（的确，俗谚云，"诗人多谎"），再无比此更 146
> 高尚的科学了。最神圣的科学也是最高尚的；神圣的科学要么
> 是最适合神所拥有的，要么讨论的是神圣的东西，只有这门科
> 学在两种意义上是最神圣的。（《形而上学》1.2，983a2—8）

到了古代晚期，越来越多的人认为这种对知识的渴求不过是又
一种必以失望而告终的渴求。伊壁鸠鲁（Epicurus）和卢克莱修都主
张摆脱对知识的过度要求。放弃认知被视为幸福的一个前提。

在这种背景下，更重要的是奥古斯丁对知识欲的批评。《忏悔
录》第十卷是关键文本；别忘了，1277 年大谴责的作者们是奥古斯
丁的追随者。

> 除了上述之外另有一种诱惑，其形式更加危险复杂。肉
> 体之欲在于一切感官享受。谁服从肉欲，谁就远离你［上帝］
> 而自趋灭亡，但我们的心灵中尚有另一种挂着知识学问的美
> 名而实为玄虚的好奇心，这种欲望虽则通过肉体的感官，但它
> 是以肉体为工具，目的不在肉体的快感。这种欲望本质上是
> 追求知识，而用于求知的感觉主要是视觉，因此《圣经》上称之
> 为"目欲"。[1]

---

[1]　St. Augustine, *Confessions*, trans. Edward B. Pusey (New York: Modern Library, 1949), book 10; pp. 231 - 232.

　　这里我们看到了基督教对亚里士多德立场的反对。亚里士多德的立场是：求知是所有人的本性，为了求知而求知仅仅是因为人有好奇心。奥古斯丁也许会补充说，人之所以会有这种渴求，仅仅是因为堕落和原罪败坏了人的本性："由于好奇的毛病，舞台上便演出种种离奇怪诞的戏剧。好奇心驱使我们追究外界的秘密，这些秘密知道了一无用处，而人们不过是为好奇而想知道，别无其他目的。"①这些感受很容易引起一些人的共鸣，他们天性仍然单纯，未受哲学家错误学说的误导。于是，对真理的声言一再被视为对上帝专属之物的非法占有。那些宣称为自己而求知的人因此而失去了合法性。我们必须在这种背景下来理解笛卡儿为何会把他的方法说成是神的馈赠。

　　事实上，苏格拉底常被称为对理论的这种基督教怀疑的一位异教先驱。苏格拉底宣布不会再像年轻时那样研究自然哲学，并遗憾这些思考忽视了灵魂的需求（见《斐多篇》99d）。库萨的尼古拉对无知大加赞美，并把其数个对话中苏格拉底式的主要角色称为"门外汉"（*idiota*），即一个未受教导的、读书不多的俗人，此时他所遵从的正是该主题。但对他而言，这仅仅是一个主题。另一个同样显著的主题是，追随亚里士多德使求知欲成为人的必要组成部分，并使这种欲求正当化：既然上帝把这种欲求赋予了我们，它就不可能是徒然的。它必定可以找到能满足自身的知识。人类不应放弃科学探索，即使神的真理只能接近而无法把握。这里我

---

①　St. Augustine, *Confessions*, trans. Edward B. Pusey (New York: Modern Library, 1949), book 10; p. 232.

们已经站在文艺复兴时期人文主义的门槛上,虽然回顾历史我们也许会说,库萨的尼古拉正在尝试调和奥古斯丁和托马斯·阿奎那,根据阿奎那(他把亚里士多德移入了一种基督教语境)的说法,一切科学都是好的(*omnis scientia bona est*)。

我试图表明,关于将无限的上帝与我们有限的知识分隔开来的鸿沟的沉思带有某种双重性。该鸿沟的一个后果似乎是,我们无法依靠自己的力量获得真理:人类认知者只有凭借神的恩典或馈赠才能获得真理。根据这种理解,把握真理的努力本身已经是罪的体现。但如果说反思人类求知者与上帝之间鸿沟的一个结果是放弃认知,那么另一个结果就是发现人的精神中具有某种与神相似的内容。因为倘若人的思考局限于亚里士多德主义宇宙论,如果人的思想中没有某种无限的东西,人又如何可能思考上帝的无限能力与亚里士多德主义宇宙论之间的张力呢?

第八章 空间的无限与人的无限

一

前面各章把现代世界转向无限宇宙与对视角及其力量的反思联系在一起。在这方面,我提出了我所谓的视角原理:要把一个视角理解成视角,把视角显现理解成视角显现,那么至少在思想中就已经超越了这些视角的限制——如哥白尼所说,把视角显现与实在对立起来。类似地,认为人局限于以其有限本性所能认识的东西,就是认为实在超越了能被认识的东西。因此,视角原理为康德关于现象与物自体的区分奠定了基础。同样,把有限当作有限来思考,就已经对无限有了某种认识。但这就是说,人类并非完全被囚禁在有限之中:倘若超出有限认识的无限并非我们本质的一部分,我们就无法思考无限者的无限性。于是,对上帝无限性或世界无限性的沉思要求和提醒人类认知者发现其自身之内的无限。

人发现自己可以通过沉思宇宙或自然的无限来超越有限,这当然是一种非常传统的看法。我们已经习惯于通过崇高来言说这种体验。在这一点上,我们是 18 世纪审美感受力的继承人。约瑟夫·阿狄生(Joseph Addison)主办的《旁观者》(Spectator)杂志第412 期中的一段话表达了这种体验的一些特征。

　　我们的想象力喜欢被一个物体填满,也乐于把握任何体积巨大的事物。浩瀚的景象使我们陷入惊愕的欢愉,在理解了它们之后又使我们的灵魂感到宁静与惊异的舒爽。人的心灵自然会憎恶束缚它的任何事物,当视线被高墙或山峰所阻隔,囿于狭小的范围时,人会用幻想来冲破这监禁。而宽广的视野则象征着自由,可以任凭眼睛去漫游,细说这无限的景观,迷失于各种可见事物之中。①

　　阿狄生尚未使用"崇高"一词,它直到18世纪才流行起来,那时阿尔卑斯山被视为崇高景致的范例。"崇高"现在成了一个至少与"美"并驾齐驱的美学范畴,这带有象征性含义:它帮助标记了启蒙运动所处的时代门槛。然而,如果说对于崇高的这种新的兴趣与启蒙运动之间存在着一种联系,那么这种联系究竟是什么?

　　在《判断力批判》(*Critique of Judgment*,1790)中,康德暗示了答案:我们觉得美的东西把自身呈现给我们——根据他的解释但并不仅仅根据他的解释——就好像专供我们欣赏似的。在美丽的大自然中,我们有宾至如归的感觉。美的事物与人及其官能之间似乎存在着美妙的协调一致。这是康德把美理解成目的性显现的一个含意,即使我们无法确定其目的是什么。因此,美丽的大自然促使我们思考现象背后的一种更高目的,思考那

---

　　① Joseph Addison,*Spectator*,no. 412(June 23,1712);reprinted in Joseph Addison and Richard Steele,*Selected Essays from"The Tatler","The Spectator",and"The Guardian"*,ed. Daniel McDonald(Indianapolis:Bobbs-Merrill,1973),pp. 464 - 465.

位关心我们的造物主，他创造了这个世界，让我们在其中有家的
感觉：换句话说，它促使我们把世界看成一个有序的整体，一个
秩序井然的宇宙（cosmos）。

　　崇高的自然会引出非常不同的想法。冰雪覆盖的山峰、极地
荒原、汹涌的海洋，所有这些崇高的范例体验起来绝没有家的感
觉。崇高的自然似乎对我们的需求无动于衷。在它之中，我们是
150 陌生人，面对着这个广袤的世界，我们渺小的自我似乎变得毫无意
义。然而，如果康德是正确的，那么使我们获得审美享受的恰恰是
这个构成威胁的方面，尽管必须把这种享受与我们在美的事物中
所感受到的愉悦区别开来。

　　　　自然美（独立的自然美）在其仿佛使对象预先适应于我们
　　判断力的那个形式中带有某种合目的性，因此自身便构成了
　　一个愉悦的对象；另一方面，那无须任何推理而只是凭领会就
　　能在我们心中激起崇高感的东西，虽然就其形式而言可能显
　　得对判断力是违反目的的，与我们的表现能力不相适合，仿佛
　　违背了我们的想象力，但却被判断为更加崇高。①

　　崇高的自然似乎超越了我们的应对能力。想象力徒劳地试图
把它吸收进来，仿佛那是一幅美丽的图画。我们无法对崇高的东西
作这种封闭，它会冲开任何限制。但正是这种不足在我们心中唤醒

---

　　①　Immanuel Kant, *Kritik der Urteilskraft*, par. 23, A 75/B 76; trans. J. H. Bernard as *Critique of Judgment* (New York：Hafner, 1951), p. 83.

了某种无限的、无法充分理解的东西，或如阿狄生所说，唤醒了我们的自由。作为理性的动物，人能把自己提升到一切纯动物、纯自然的东西之上。在现实世界之外，反思开辟了所有可能事物的无限领域，这样一个无边界的可能性领域便是自由的领域。崇高的自然便象征着那个领域。在崇高的自然中，人认识到自己的崇高性，认识到在其中可以使自己超越一切有限的东西，从而与无限相接触。

我们不应指望能在没有充分进行或根本没有进行反思的地方感受到崇高。康德举了阿尔卑斯山农民的例子，他们认为前来赞叹阿尔卑斯山崇高性的所有外国人都是纯粹的傻瓜，都不知道在这样一个恶劣环境下生活实际上意味着什么。

> 从自然毁灭性的统治上面，从自然的强大威力上面（与之相比，他自己的力量微乎其微），他只会看到艰辛、危险和困顿，它们包围着被驱赶到这里的人。于是，善良的、此外也是明智的萨伏依农夫（如索绪尔先生所讲述）毫不犹豫地把一切雪山爱好者都称作傻瓜。如果那位观赏者像大多数游客那样只是出于有兴趣的好奇心（amateur curiosity），或者为了以后对此能够作出充满激情的描述而承受了他在这里所遭遇的种种危险，那么谁又知道，这位农夫就如此完全没有道理呢？但是，索绪尔先生的意图是教导人；这位杰出的人拥有使心灵崇高的感觉，并把这种感觉传给了其游记的读者。①

151

---

① Immanuel Kant, *Kritik der Urteilskraft*, par. 23, A 75/B 76; trans. J. H. Bernard as *Critique of Judgment* (New York: Hafner, 1951), par. 29, A 109－110/B 111; trans. , p. 105.

康德在这里区分了有教诲意义的崇高体验和普通游客"有兴趣的好奇心"。这种好奇心的标志也是所谓的自由：主要是摆脱通常束缚我们的日常惯例和挂虑。但好奇心是外向的，它享受新奇事物所带来的美感，并且在这种享受中把作为人类生存一部分的苦难、危险和痛苦悬置起来。这里的自由并非道德主体的自由，而是崇高本身呈现为一种让人感兴趣的东西。只有认识到自由如何约束我们，如何将所有人结合成一个由受道德律支配的理性主体所组成的理想共同体，对崇高的体验才能有教诲意义。觉悟者在道德领域找到了真正的家。

但这里重要的是前面康德所坚持的，即在崇高体验中，人发现自己不仅仅是一个自然存在。广袤的自然使人意识到一种力量，它作为一种自由的、理性的动因而属于人，使人超越于一切纯粹现实的东西。可以肯定的是，康德深知，如果人类只关心生存，就不能指望他们会对崇高表现出敏感性。要想表现出这种敏感性，还必须对我们自己的自由所提出的要求保持开放。对崇高的兴趣与法国大革命是联系在一起的。

二

康德所称赞的是贺拉斯·本尼迪克特·德·索绪尔（Horace Benedict de Saussure），他参观阿尔卑斯山并非仅仅出于有兴趣的好奇心，而是为了教育他的人类同胞。1760 年，他提供一笔奖金授予第一位登顶勃朗峰的人。1786 年，这笔奖金由夏蒙尼（Chamonix）的一位医生米歇尔-加布里埃尔·皮卡（Michel-Gabriel Piccard)获得。此前,人类对于登山似乎只有零星的尝试,其中彼特拉克(Petrarch)攀登旺图山最常被引用。事实上,彼特拉克并非第一个登上旺图山的人:在此之前几年,布里丹曾经登上这座山作科学考察。①

152

让我们回到彼特拉克。将他与现代登山者相比较,这合理吗?② 我在本章开头对康德和崇高作简短而粗略的讨论,这合理吗? 雅各布·布克哈特(Jacob Burckhardt)将彼特拉克"清澈的灵魂"称为"第一个真正意义上的现代人",这合理吗?③ 彼得拉克本人的记述促使我们认为,他之所以会攀登这座距离阿维尼翁不远、高 1912 米的中等山峰,是出于那种有兴趣的好奇心,即康德认为大多数游客所具有的对令人感兴趣的东西的兴趣。于是彼特拉克一开始就告诉我们:"我之所以这样做,仅仅是想看清楚它的高度。"④当然,很难说这就是他记述登山的原因。和康德笔下的索绪尔一样,彼特拉克感兴趣的是人的教育。而这种教育始于承认,登山的动机就是奥古斯丁所谓的好奇心。因此,这种对初始动机

---

① Francesco Petrarca, *La lettera del Ventoso: Familiarum Rerum Libri IV*, 1, *Testo a Fronte*, preface by Andrea Zanzotto, trans. by Maura Formica, commentary and notes by Mauro Formica and Michael Jakob(Verbania: Tarara, 1996), p. 43;另见 p. 62 n. 40。

② Ibid. , pp. 33, 57 n. 1. 该注释请读者参见 Giovanni Carducci, "Il Petrarca alpinista,"published in *Il Secolo*(Milano)in 1882。

③ Jacob Burckhardt, *The Civilization of the Renaissance in Italy*, trans. S. G. C. Middlemore(New York: Modern Library, 1954), pp. 219 - 220. 汉斯·布鲁门伯格认为彼特拉克攀登旺图山之日是连接和分隔两个时代的伟大时刻之一。参见 *Der Prozess der theoretischen Neugierde*(Frankfurt am Main: Suhrkamp, 1973), pp. 142 - 144。

④ Francesco Petrarca, "The Ascent of Mont Ventoux,"trans. Hans Nachod, in *The Renaissance Philosophy of Man*, ed. Ernst Cassirer, Paul Oskar Kristeller, and John Herman Randall, Jr. (1948; reprint, Chicago: University of Chicago Press, 1971), p. 36.

的供认应当置于奥古斯丁对它的明确谴责的背景下来理解："人们晓得去赞美高山的顶，大海的浪，江河的洪流，浩浩无垠的海滩，千万星辰的运行，却独独遗弃了自己。"[1]年轻的彼特拉克试图通过引用一位古代先驱者的话来为自己的好奇心辩解：

> 当我重读李维(Livy)的《罗马史》时，我偶然看到马其顿国王菲利普——发动战争反对罗马人的那位菲利普——"登上了色萨利(Thessaly)的海莫斯(Haemus)山，因为他相信据传从山顶上可以看到两个海——亚得里亚海和黑海"。他是对是错我无从断定，因为那座山距离我们这里很远，而著者之间也意见不一。

彼特拉克表示，倘若他有机会登上那座山，他一定会把此事弄清楚。因此，年轻的彼特拉克也不认为有这样的好奇心有多大错：

> 在我看来，既然一位年迈的国王这样做都没有受到指责，那么一个没有担任公职的年轻人这样做也就可以得到谅解了。[2]

153　　他的弟弟和两个仆人陪着他出发了。路上遇到的一位老牧羊

---

[1]　St. Augustine, *The Confessions*, trans. Edward B. Pusey (New York: Modern Library, 1949), book 10, p. 205.

[2]　Petrarca, "The Ascent of Mont Ventoux," pp. 36–37.

人试图劝阻他们,他说自己年轻时也曾爬过这座山,收获的只有遗憾、痛苦和破损的衣物。如人所料,两个年轻人没有理睬这一善意的建议,事实上,这只会给他们以激励。但没过多久,他们开始感到疲倦。弟弟建议沿着山脊走最直的路,而彼特拉克则选择了一条他认为更容易走的路,但最终发现更为艰辛。沮丧和疲惫的彼特拉克坐了下来,自言自语道:

> 你要知道,你今天登山时一再经历的事情也发生在你和许多人朝向福乐生活的旅途中。这一点不易为人所察觉,因为身体的运动人皆可见,而心灵的运动却隐而不现。我们所谓的福乐生活位于高处,通向那里的是"一条窄路"[《马太福音》7:14——登山宝训]。许多山峰横亘其间,我们必须鼓足力量,逐级攀登那光辉的阶梯。(pp. 39 - 40)

彼特拉克同样促请读者把他的登山理解成一种隐喻。[①] 人朝着福乐生活的攀登不就如同爬山吗? 我们不是一次次地选择更容易、更舒适的道路,即便它们并不导向我们应该去的地方吗?

> 那么,究竟是什么使你畏缩不前? 显然是你想走的那条通向世俗享受的道路,这条道路初看起来似乎更为易行和平整。然而在误入歧途已有时日时,你必须要么努力攀爬更为

---

① 参见 the commentary by Formica and Jakob in Petrarca, "*La lettera del Ventoso*," pp. 33 - 56,其中也包括了与书目有关的有用注释。

险峻的道路,背负着被你愚蠢延迟的重担,登上福乐生活的顶点,要么偃卧在你罪恶的山谷里。倘若(念及此我就感到不寒而栗)"黑暗和死亡的阴影"赶上你,你就得在漫漫长夜中遭受无尽的折磨。(p. 40)

彼特拉克的登山之旅越来越像一则隐喻:"我们朝着福乐生活
154 的攀登就如同爬山。"自然被体验为一本书,要想读懂这本书,就必须学会超越或透过可见的东西看到它所意味的东西,看到事物不可见的精神含义。但理解这种含义的先决条件是能够和愿意"怀着展翅高飞的思想从有形之物跃至无形之物"(p. 39)。

这种关于心灵超越于身体的教诲思想给了疲惫的旅行者以新的力量:

你无法想象这种想法给我的心灵和身体带来了多少安慰。但愿我能用我的心灵实现我朝思暮想的旅行,就像我今天克服了所有障碍用脚完成了旅行一样。我不知道为什么这不该是件更容易的事,因为敏捷不朽的心灵能在一眨眼间抵达目的地,无须穿越空间,而我今天的行程却有此必要:我必须依靠一个担负着沉重四肢的有缺陷的身体。(pp. 40 - 41)

最终到达山顶之后,彼特拉克被眼前和脚下的崇高景色征服了。

起初我站在那里,前所未遇的大风几乎使我失去知觉,异常开阔的景象令我目瞪口呆。我看见云层聚拢在我脚下,我读到的关于阿托斯圣山（Athos）和奥林匹斯山的记述不那么令人难以置信了，因为我在一座不那么出名的山上亲眼目睹了同样的东西。我朝着我热切怀念的意大利放眼望去。僵冷的阿尔卑斯山覆盖着白雪，仿佛屹立在近旁，而实际上相距甚远。罗马名声的那个凶恶敌人所穿越的正是这阿尔卑斯山，如果传说不虚，他是用酸醋炸开了岩石。

在这里，遥远的阿尔卑斯山与"罗马名声的那个凶恶敌人"汉尼拔联系了起来，就像之前海莫斯山已经与"发动战争反对罗马人的那位菲利普"联系起来一样。此处彼特拉克带着敌意把山与罗马所代表的一切联系起来。彼特拉克在山上时，思想转向的正是罗马："我必须承认，我渴望意大利的空气，它似乎呈现在我的心中而不是眼睛里。我有一种极为强烈的渴望，想再次看到我的朋友和故乡。"（pp. 41－42）虽然眼睛能看得很远，但想象和想念却大大超越了它。据说其想念的对象是他的朋友——去了罗马的隆贝（Lombez）主教贾科莫·科隆纳（Giacomo Colonna）——以及故乡，虽然我们知道彼特拉克想念的是谁，虽然这里的故乡当然是意大利，但这里我们同样应当记住这一登山之行的隐喻性："故乡"也意味着"真正的家"。

在这种语境下，重要的是从山顶上看到的广阔区域如何变成了甚至更加广阔的空间的一个隐喻。空间的拓展成为精神无限拓展的一个隐喻，被它撇在后面的不仅是每一个"这里"，而且是每一个"现在"。

　　尔后一个新的想法占据了我，我转而思索时间而非空间：
"自从你完成年轻时的学业离开博洛尼亚，至今已有十年。
噢，不朽的上帝啊，永恒不变的智慧！在此期间你的道德习惯
发生了多么大的变化啊！"我不会讲仍然未做的事情，因为我
至今还未置身于安全的港湾，在那里可以平静地回忆过去的
风暴。也许有一天，我能按照事情发生的顺序回顾这一切，把
你最喜爱的奥古斯丁的那段话用作序幕："我希望回想起我那
些卑劣的行为和被肉欲腐化的灵魂，不是因为我爱它们，而是
因为我会爱你，我的上帝。"(p. 42)

　　记忆证明精神能够超越时间，一如想象力证明精神能够超越
空间。不过，和在奥古斯丁那里一样，这里的记忆与好奇心相对
立。好奇心促使我们探索很多东西，并且迷失于其中。在这个意
义上，它使我们精力分散。而记忆则把灵魂聚拢到必需的东西上，
使灵魂返回它真正的本质，也就是回到上帝。对奥古斯丁的反复
提及清楚地表明，彼特拉克这里所谈的是一种皈依体验。

　　然后是思索如何改进自己：通过克服旧有的傲慢意志，他难道
不能怀着真正的希望，泰然自若地面对死亡吗？他的弟弟使他从
这种思索回到了现实中，说天色渐晚，最好利用这点时间多看看周
围的景色。

156　　　　我如梦方醒，转身凝望西方。从那里看不到法国与西
　　　班牙之间的屏障比利牛斯山脉，不是因为有什么我知道的
　　　障碍物介于其间，而纯粹是由于凡人肉眼的缺陷。不过，向

右可以清楚地看到里昂省的群山,向左可以清楚地看到马赛附近的大海以及拍击着艾格莫特(Aigues Mortes)海岸的波涛,虽然前往这个城市需要数天时间。罗讷河近在眼前。(pp. 43 - 44)

应当注意,彼特拉克正在朝西看。根据中世纪的空间感,西方具有负面寓意。每天孕育光明的是东方,而吞噬光明的是西方。"光来自东方"(*Ex oriente lux*)。无论在字面意义上还是在比喻意义上,彼特拉克的家都在东方。

彼特拉克说自己陷入了某种陶醉,这是一种极为愉悦的审美-宗教(aesthetico-religious)状态,混合了世俗和精神的享受。为了提升这种享受,他拿出一本奥古斯丁的《忏悔录》(*Confessions*),这本书是最早向他介绍圣奥古斯丁的奥古斯丁会修士博尔戈·圣塞坡尔克罗的迪奥尼吉(Dionigi di Borgo San Sepolcro)送给他的,当时迪奥尼吉在巴黎做神学教授,也是这封信的收信人。彼特拉克随手翻到的话像是一种谴责,即我在本章开头引用的那段话:"人们晓得去赞美高山的顶,大海的浪,江河的洪流,浩浩无垠的海滩,千万星辰的运行,却独独遗弃了自己。"在《忏悔录》中,这段话之前的内容颂扬了人深不可测的记忆能力,它远比我们周围世界的所有崇高景象更奇妙。

我的上帝,记忆的力量真伟大,太伟大了!真是一所广大无边的庭宇!谁曾进入堂奥?但这不过是我天生的精神能力之一,而我对于整个的自己更无从捉摸了。那么,我心灵的居

处是否太狭隘呢? 不能收容的部分将安插到哪里去? 是否不
容于身内,便安插在身外? 身内为何不能容纳? 关于这方面
的问题,真使我望洋兴叹,使我惊愕![1]

难怪彼特拉克会把这些话理解成一种谴责。

157   我惊呆了,吩咐我弟弟(他很想听我往下念)不要打扰我,
我合上书,恼怒自己仍然赞赏那些尘世之物。我本应很久以
前就已知晓(即使是从异教哲学家那里得知),"除了心灵,没
有什么东西值得赞赏;与它相比,没有什么东西是伟大的"。[2]
(p.44)

饭依(同时也必定是转向内心)显然还没有完成。外向的好奇
心继续支配着一种本质上审美的而非宗教的体验。甚至对奥古斯
丁的兴趣也有一种审美意义,因为彼特拉克翻开《忏悔录》以提升
这种体验。

这里有一个从自然景观到书写语词的重要转变。他恰好翻到
《忏悔录》的这个地方并非偶然。彼特拉克请我们注意很久以前曾
使圣奥古斯丁发生转变的类似体验。在《忏悔录》的第八卷,奥古
斯丁的确谈到了两次这样的阅读体验。19岁那年,对西塞罗
(Cicero)《荷尔顿西乌斯》(*Hortensius*)的阅读据说曾激起了他对

---

[1]　St. Augustine, *The Confessions*, book 10, p. 205.

[2]　彼特拉克在引用 Seneca the Younger, *Epistle* 8.5。

智慧诚挚的爱。但这种爱不足以治愈情欲和好奇心,结果绝望愈加深重。当这种绝望达到最严重时,用奥古斯丁的话说,当"我灵魂深处,我的思想把我的全部罪状罗列于我心目之前"时,他听见"从邻近一所房屋中传来一个孩子的声音——我分不清是男孩子或女孩子的声音——反复唱着:'拿着,读吧!拿着,读吧!'"他拿起自己一直在读的保罗的《罗马书》,碰巧看到这样的话:"不可耽于酒食,不可溺于淫荡,不可趋于竞争嫉妒,应被服主耶稣基督,勿使纵恣于肉体的嗜欲。"①而圣安东尼(St. Anthony)又是奥古斯丁的先驱,他曾经翻到《马太福音》中的一段话。

因此,在这封精妙构思的信中,彼特拉克重复了圣奥古斯丁在他之前已经做过的事情,而圣奥古斯丁又重复了圣安东尼已经做过的事情,尽管说"已经做过"并非完全正确,因为在这些情况下,真正的作用者都是上帝,而不是人。重要的是,每一种情况都是从世界的景象转到文本,从眼转到耳。圣奥古斯丁之于彼特拉克,就如同使徒保罗之于奥古斯丁,马太之于圣安东尼。同样重要的是,在每种情况下都无需读很多。正如奥古斯丁所说:"我不想再读下去,也不需要再读下去了。我读完这句话,顿觉有一道恬静的光射到心中,驱散了阴霾笼罩的疑虑。"②彼特拉克仿效着他的榜样,默读着让灵魂回归自身的正确语言:

　　我默想我们这些凡夫俗子如何缺少规劝,忽视我们自身

①　St. Augustine, *The Confessions*, book 8, pp. 166, 167.
②　Ibid., p. 167.

之中最高贵的东西,在炫耀的展示中空耗生命,向外寻求本可以在身内找到的东西。心灵的高贵令我赞叹,除非它自甘堕落,偏离其原有的本然状态,把上帝为它的荣耀而赐予的东西变为耻辱。(p.45)

与灵魂的这种内转所获得的高度相比,山的实际高度变得无足轻重:"在我看来,它的高度与人的沉思相比渺小至极,只要后者不陷入尘世污秽的泥淖。"(p.45)当他返回时,对山的征服象征着精神征服肉体,山本身则象征着必须加以抑制的被世俗本能唤起的激情。

我们不得不怀疑彼特拉克的说法是否可信,他声称我们正在阅读的是写给朋友弗朗切斯科·迪奥尼吉·德·罗伯蒂(Francesco Dionigi de Roberti)的一封信。我们看到的是一个精心设计的整体,尤其会让人想起奥古斯丁。登山日期值得注意:虽然这次登山据说发生在 1336 年 4 月 26 日,但该日期已被证明是错误的。[①] 选择这个日期是诗人自我表现的一部分;那天彼特拉克即将年满 32 岁,正是奥古斯丁皈依的年龄。那年的复活节是 3 月 31 日。因此,选择登山的这天是星期五,虽然叙述中没有提到。星期五是耶稣被钉十字架的日子。那么,攀登这座山就像攀爬耶稣蒙难的那座山吗?我们想到了许多阿尔卑斯山峰上的十字架,它们仍然使每一个山峰都象征着耶稣蒙难的山,使每一次攀爬都象征着走向各各他山(Golgatha)。还要注意,据说阅读李维这位异教作家的作品是这次

---

① 参见 the commentary by Formica and Jakob in Petrarca,"*La lettera del Ventoso*,"p.38。

攀登的诱因。李维激起了彼特拉克的好奇心,就像西塞罗激起了奥古斯丁认知的欲望一样。李维之于好奇心就如同奥古斯丁之于记忆,通过向内转向上帝,记忆使灵魂找到了自身,回到家中。我们还应记得,李维所说的色雷斯(不是色萨利)的海莫斯山在缪斯女神们看来是神圣的。旺图山就如同那座山,但它也像基督蒙难的山。因此,它显示为一种极其模糊的意象。李维与圣奥古斯丁之间的张力重复了西塞罗与奥古斯丁《忏悔录》中圣保罗之间的张力。阅读李维与阅读《忏悔录》是相反的,后者治疗的是永远随好奇心而来的精力分散。

159

三

在本章开头,我提出了一个问题:彼特拉克所描述的体验与后来所谓的崇高体验相近吗?我指出,崇高解释了人自我超越的能力,解释了自由。这种自我超越是好奇心的一部分,对新的景观和愉悦的许诺使人远离了家园。于是,登山不仅使人认识到了自我超越能力,同时也使彼特拉克充满了一种深刻的无家可归感。好奇与无家可归是联系在一起的。因此并不奇怪,他爬上山峰,完成了好奇心驱使他做的事情,并且看到了一种神奇的"异常开阔的景象",此时"一种极为强烈的回家渴望"攫住了他,即回到意大利的家,但这里的意大利只不过象征着他在上帝那里真正的家。要想回到那个家,人必须转向上帝。这一转向取决于人接受上帝的恩典,此恩典是通过文本赐予的。它的前提是,背离观看的离心欲望,转向阅读和倾听的向心渴望。终究,只有上帝的话语才能约束住那种表现于好奇心的自由。

第九章　人的无限与上帝的无限

一

彼特拉克要我们认识到，崇高的自然所引起的内转不仅是一种自我提升，同时也是向上帝敞开灵魂。前者本质上似乎并非宗教性的，而后者无疑是宗教性的。正如彼特拉克所说，前者揭示了心灵能够超越此时此地，超越身体和感官施加给我们的限制。这些限制把我们与世界捆绑在一起，系于某个特定的观察点和视角之上。但机敏的心灵不受此限制：虽然彼特拉克从山上看到的景象是那样广袤辽远，但灵魂可以飞过阿尔卑斯山，飞到遥不可见的意大利、比利牛斯山脉等地，甚至可以超越现在，到达过去和未来。灵魂超越了身体所限定的一切时空。

正是对人类自我超越能力的这种强调将彼特拉克与埃克哈特大师（Meister Eckhart，1260—约1328）等神秘主义者和圣奥古斯丁联系起来。埃克哈特的布道《年轻人，我吩咐你，起来！》（Ado-lescens，tibi dico，surge！）明确要求作这样一种自我提升：

> 昨天，我坐在那边时说了一些听起来不可思议的话："耶路撒冷和这里一样靠近我的灵魂。"事实上，比耶路撒冷还远一千

英里的地方也像我的身体一样靠近我的灵魂,我很确定这一 161
点,就像确定我是人一样。有学问的教士很容易理解这一点。①

耶路撒冷像我的身体一样靠近我,这初看起来似乎很奇怪。
然而,埃克哈特这样说并不难理解。当我想起耶路撒冷和罗马时,
一个城市要比另一个更接近我的思想吗? 在什么意义上更接近?
在某种意义上,所有思维对象难道不是都离思维本身同样近吗?
不仅耶路撒冷和思想者的身体一样接近思想者,一千英里以外的
地方乃至所有地方都是如此。因此,继柏拉图和普罗提诺(Ploti-
nus)之后,奥古斯丁先于笛卡儿声称,灵魂知道自己是一个思想着
的存在,这种精神实体与身体和位置有本质不同。② 这样一种只
能在内转中领会其本质的实体,如何能说距离某个地方比另一个
地方更近呢? 埃克哈特大师在说到灵魂不受身体施加的限制时,
似乎与这种哲学传统相当一致:无论某个地方多么遥远,灵魂都能
飞越它。柏拉图不是已经给思想插上了翅膀吗?

可以肯定的是,很难把埃克哈特所说的灵魂等同于有身体的
自我。只要我把自己理解成这个具体的个人,我就会认为自己被
抛入了世界,受制于时间和地点。被置于某处的我也知道我的视
觉和理解仍被视角所限。只有对于无身体的思想,只有对于一个

---

① Meister Eckhart, "Adolescens, tibi dico: surge!" in *Meister Eckharts Predigten*, ed. and trans. Josef Quint, 3 vols. (Stuttgart: Kohlhammer, 1936 – 1976), 2: 305; trans. Raymond B. Blakney in *Meister Eckhart* (New York: Harper, 1957), p. 134 (translation modified).

② 参见 Stephen Menn, *Descartes and Augustine* (Cambridge: Cambridge University Press, 1998), pp. 251 – 254.

纯粹的"我"，万物才同样近。我无法把自己认同为这个"我"，这可以为一种阿威罗伊主义立场提供现象学支持：作为这个独一无二的人，我受制于空间和时间，并将随着身体而衰亡。当然，每当我把握住某种真理，我就超越了受此限制的自己。根据阿威罗伊（在评注亚里士多德时）的说法，主动理智（agent intellect）属于不同人的程度不会有多有少，而是对所有人都是一样的。阅读阿威罗伊著作的基督徒很容易把他所说的"主动理智"看成上帝的一个方面。就像太阳光使物体可见一样，这个超越的逻各斯如果起作用，就必定会照亮我的理智。但这种照亮以对神圣之光的接受能力为前提。在进一步解释亚里士多德时，阿威罗伊将这种接受能力与

162　可能理智（possible intellect）联系在一起，据他所说，可能理智对于所有人也是一样的。如果我被囚禁在身体之内，囚禁在此时此刻，那么主动理智就不可能照亮我的感觉。例如要想获得"树"的概念，人必须在与其他可能的树的某种明显关系中来体验树，将其体验为同一个集合的成员；人必须将其实际体验的东西投射到一个可能性的空间（space of possibilities）中。"树"的概念在该空间中建立了一个坐标。这种坐标建立并非任意，因为引起这种反应的不仅是特定的树，而且也是促使我把这些对象集合在一起、将其理解为同一集合的成员的东西——可以说是一种超越的逻各斯——这会使中世纪的基督徒想到神的创世之言。如果自我不向这种可能性的无限空间敞开（它与人的自由密不可分），这种坐标的建立将是完全不可能的。

　　我常常会做这种双重的自我超越，它们是我的理解力的双重基础：我可以像彼特拉克在山上那样，在反思中内转，远离感官的世

界,超越这个有身体的自我,把握住我生而具有的自由,变成神圣之
光的一面明镜。虽然阿威罗伊教导说,可能理智和主动理智一样属
于所有人而不属于个人,但我可以跃出自己,抛下旧我,实际成为阿
威罗伊所说的可能理智。年轻人,起来! 在这个意义上,埃克哈特
坚称万物离灵魂同样近。没有什么东西能够限制灵魂所能到达的
区域,因为在思考这些限制时,我就已经超越了它们。① 思想是自由
的,这种自由没有限制。我们又回到了无限球体的隐喻。

　　这一隐喻不仅可以作空间上的理解,也可以作时间上的理解。
灵魂可以在时间中定位吗? 十年前发生的事和昨天发生的事在某
种意义上不是距离你同样近吗? 埃克哈特继续说:"我的灵魂和它
初创的那天一样年轻;是的,年轻得多。我告诉你,如果它明天不
比今天年轻,我应当羞愧。"②时间谓词和空间谓词都不适合埃克
哈特的灵魂。但是当埃克哈特说,如果他的灵魂"明天不比今天年
轻"他"应当羞愧"时,他指的是什么呢? 显然,这里的"年轻"一词
已经不再是其通常的含义。我们说某人年轻,是指自他出生以来
时间过去的还不多。埃克哈特所说的"年轻"是指接近于一个人的
起源,这里的"起源"并非指时间上的开端,而是要更本质地理解为
存在论意义上的。③ 如果我的灵魂明天不比今天年轻,我应当羞

　　① 参见 Karsten Harries, "The Infinite Sphere: Comments on the History of a Metaphor," *Journal of the History of Philosophy* 13, no. 1(1975), pp. 10 - 11。

　　② Eckhart, "Adolescens, tibi dico: surge!" 2:305; trans. *Meister Eckhart*, p. 134.

　　③ 参见 Nicholas of Cusa, *Idiota de Sapientia*, trans. Jasper Hopkins as *The Layman on Wisdom* in *Nicholas of Cusa on Wisdom and Knowledge* (Minneapolis: Banning, 1996), p. 101: "对于每一个[理智]精神来说,持续上升到其生命开端都是很愉快的,尽管[这一开端]始终无法达到。"

愧，是指如果我的灵魂没有更接近它的起源和真正的家，我应当羞愧。可以把这一声明理解成柏拉图所说的，哲学家是践行死亡艺术的人（参见《斐多篇》，尤其是 61b‐c）：柏拉图坚称，灵魂不同于时空中的事物，它属于理念世界，与理念一样属于一个时间和空间之外的理智世界。因此，必须把它的归家理解成与这个世界告别。埃克哈特用"告别"（Abegeschiedenheit）一词指向了这样一种解释，暗示着离开这个世界。

让我们回到"耶路撒冷像我的身体一样靠近我"这一说法：埃克哈特当然知道，我的眼睛并不能实际看到尘世或天国的耶路撒冷。虽然可以构想或想象它，但我并不能实际看到它。这种构想或想象无法告诉我这个城市实际看起来是什么样子。只有对于无身体的灵魂，万物才同样近，只有它让我们想起无限球体的隐喻。但人类常有一种想法挥之不去，即有可能通过一种自我提升来达到此隐喻所指的东西：难道我不能通过内转，在思想中抛弃这个感官世界以及将我绑缚其上的一切，而超越这个有欲求和身体的自我吗？

二

我们说到灵魂时暗示了无限球体的隐喻，说到上帝时也暗示了该隐喻。于是在埃克哈特的布道《你们该晓得神的国近了》（*Scitote, quia prope est regnum dei*）中，我们读到了"上帝与万物一样近"。这里再次暗示了球体或圆的形象：

　　一个人可以走到旷野中去祈祷和认识上帝，也可以在教堂里认识上帝：如果他是由于在一个安静的地方才得以更多地认识上帝，那么这乃是由于他的缺陷，而不是由于上帝的缘故；因为，上帝在万物之中，在任何场所，都是同样的，都愿意以同样的方式将自己赐给他愿意赐给的人；只有如此不加区别地认识上帝的人，才是真正认识到了上帝。[①]

164

　　只要我们认为上帝更接近这一个东西而非另一个，我们就尚未理解其本质。我们已经看到，可以用这种想法来反驳亚里士多德的等级宇宙观。诚然，埃克哈特对此方向毫无兴趣：认识到位置的等价性是为了正确看待上帝的本质。但这种认识预设了一种自我超越能力，它使耶路撒冷和我自己的身体一样近或一样远。于是，这种神秘主义内转与新科学之间存在着某种关联：它们都依赖于发现人的心灵具有无限的自我超越性。在体验我们的神性时，我们变得与万物同距离，正如同一布道中的另一段话所说：

　　　　在任何地方，天都与地同距离。同样，灵魂也应与地上的万物同距离，其远近一视同仁，无论是爱是苦，是拥有还是克制，灵魂的表现都是一样：它应当对这一切毫无留恋，不动感情，超然其上。[②]

----

　　① Meister Eckhart, "Scitote, quia prope est regnum dei," in *Meister Eckharts Predigten*, 3:305; trans. *Meister Eckhart*, p. 130.

　　② Ibid.

这里的天比喻灵魂，距离的等同比喻一种超然宁静的状态。中心和圆周暗示了无限球体的隐喻。

然而，正如我们已经看到的，同一隐喻也有完全不同的用途。从中可以揭示出纯粹的"我"这一观念（万物与"我"同距离），并将其作为可见世界的量度。以这一观念来衡量，我们的感官所呈现的东西是有缺陷的，因为它们受视点或视角的支配。为了克服这一缺陷，我们必须以这样一种方式来重新描述世界：抛弃一切以特定视角（由我们的身体所指定）为前提的显现。自我超越是埃克哈特神秘主义的基础，它试图回到灵魂深处寻找神性，这种自我超越也是支配着新科学客观性理想的前提。客观性理想与一个纯粹主体的观念密不可分，用埃克哈特的话说，该主体与一切位置同距离。我们还记得，马利坦批评笛卡儿犯了天使主义之罪，柯瓦雷和吉尔松都赞同这一批评。

有人认为，把作为现代科学前提的客观性理想与神学思辨这样联系起来是对客观性的质疑，是剥夺了它的合法性。正如我在第六章指出的，海德格尔便提出了类似的联系。然而，承认的确存在这样一种联系，绝不是要怀疑纯粹主体以及与之相联系的客观性。这两种观念都基于具体存在的人的自我意识。人虽然不可避免会因为身体而被置于特定的地点和时间，不可避免会受制于有限的视角，但人可以在反思中超越这些限制。这种可能性在奥古斯丁那里得到了权威表述，它植根于人的自由和理性。我们的视角性认识以一种非视角性的认识、一种理性的理想为量度。传统上把上帝理解成全知的造物主，便包含着这种理想。然而在把上帝设想成这样一位理想的认知者时，人也表明自己能够设想这样一种理想认识,其中认知与存在相一致。因此,虽然沉思上帝神圣的超越性有助于唤醒人类自身自我超越的能力,虽然可以将这些思辨与特定的时间地点联系在一起,但更重要的是:在反思中进行自我超越的能力与我们自身的存在密不可分。即使没有上帝,人也足以像神一样超越视角的限制去思考,去设想上帝,并以这种观念来衡量自己。随着埃克哈特将无限球体的隐喻从造物主转到灵魂,这种能力得到了引人注目的表达:年轻人,起来!

三

　　我提到了这种思辨如何与特定的地点和时代相联系,因此,在我回到埃克哈特大师及其自我理解之前,应当先来谈谈他的生平和时代。对欧洲来说,13 世纪下半叶和 14 世纪上半叶是一段动荡不安的剧变时期。由于没有一位皇帝能将随处可见的离心力结合在一起,遂出现了一段可怕的空位期(1254—1273),再加上阿维尼翁教廷的"巴比伦之囚"(1309—1377),教皇和皇帝的权威已经丧失大半。教会领导者也表现为人性的、太人性的,汲汲于权力,满腹贪欲。对教会和赋税的抵制在新兴城市尤为明显,许多城市已经学会如何与教廷的禁令周旋,这些禁令禁止它们从圣礼中获得慰藉长达数十年。主教与诸侯、贵族与工匠、有产者与无产者之间争斗不休,一个个城镇分崩离析。

　　正是在这个动荡的剧变时代,埃克哈特于 1260 年出生在图林根的霍赫海姆(Hochheim),父母是下层贵族——这比但丁早 5 年,比邓斯·司各脱(Duns Scotus)早 6 年,托马斯·阿奎那在他

14 岁那年去世。埃克哈特加入了多明我会，这在他那个阶层的年轻人中不足为奇，但非同寻常的是他进步神速。在埃尔福特和科隆（当时大阿尔伯特或许仍在此执教）学习后，他成为多明我会在图林根的代理主教。后来，他被派往巴黎从事研究和教学。1302年，埃克哈特在巴黎获得硕士学位，从此被冠以"大师"（Meister）之谓。他的伟大天赋没有被埋没。1303 年，他成为德国东部和北部所有多明我会的教区主教或首领，1310 年又当选为德国南部多明我会的教区主教，尽管该提名未获批准；教会的反对正在日益加强。埃克哈特被送回巴黎，那里多明我会与方济各会之间的对抗正如火如荼。此后他去了斯特拉斯堡，他的许多布道似乎都是由这座城市的修女们记录下来的。1320 年后，他去科隆任教授，在那里，他的教学特别是布道很快被发现具有潜在危险。1326 年，海因里希·冯·菲尔内堡（Heinrich von Virneburg）在科隆大主教的法庭上指控他是异端。埃克哈特写了一篇很长的辩护，并要求将案子转到教皇在阿维尼翁的法庭。教皇约翰二十二世认为他受到了"往往以光之天使的面目出现的谎言之父的欺骗"，"在忠诚甚至淳朴的民众中种下荆棘和蒺藜"，埃克哈特似乎在得知这些话之前就已去世。① 此前不久，这位教皇刚刚谴责了帕多瓦的马西留斯（Marsilius of Padua）和奥卡姆的威廉（1328）。

167　　　在这方面，应当指出，埃克哈特绝对堪称大师的这种布道的风格此时正日趋流行。我们知道，这种风格的发展尤其受到了多明

---

① Blakney, introduction to Eckhart, *Meister Eckhart*, p. xxiv; and see Eckhart, "The Defense," in ibid. , pp. 258 – 305.

我会的推动,以应对当时已经出现的一个相当具体的社会问题:[①]
当时女人显著多于男人,尤其是在上层人士中。享有特权的男性
无疑过得更为危险,他们往往陷于永无止境的争斗中。教会也吸
引了不少男性过独身生活。于是问题来了,那些找不到适合的丈
夫或者已经丧偶的年轻女性该怎么办。[②] 一个显而易见的回答是
把她们送到某个女修道院,或者至少让她们以其他某种方式被教
会所接纳。但是,谁来引导那些无法得到自然释放的激情和能量
呢?多明我会的教区主教赫尔曼·冯·闵登(Hermann von Min-
den)要求他的"博学兄弟们"(*fratres docti*)来帮助这些女人。根
据弗里德里希·黑尔(Friedrich Heer)的说法:"这一指令被恰当
地称为德国神秘主义的'诞生时刻'。"[③]有学问的僧侣与女性的这
种相遇催生了一种新的灵性。僧侣们正在为体现于 1277 年大谴
责中的那类问题而忧虑,女性们(其中许多人属于最高等级的贵
族)则因为得不到最渴望的东西而不得不转向内心。埃克哈特的
布道旨在抚慰这些女人,将其压抑的能量引导到一个能为教会接
受的方向上去。当然,这些能量往往会以教会无法控制的方式被释
放。因此,转向内心得到了有意鼓励:精神领域是给这些过不上理
想生活的女人的弥补。由于她们大多没有学过拉丁文,讲道只能以
本国语进行。这种新的灵性以及一种新的自由是如何在科隆和斯

---

① 参见 Friedrich Heer, introduction to Meister Eckhart, *Predigten und Schriften*
(Frankfurt am Main: Fischer Bucherei, 1956), pp. 12 – 19。

② Norman Cohn, *The Pursuit of the Millennium*, 2nd ed. (New York: Harper
Torchbooks, 1961), p. 166。

③ Heer, introduction, pp. 14 – 15。

特拉斯堡等城市的女修道院里集中出现的，这一点仍有待研究。[1]

　　由于许多女性都乐于接受"自由精神"等异端，因此，这些努力的意义和危险都被增强了。要想理解大主教的恐惧，我们必须把埃克哈特的教学活动置于当时的社会背景中来看。直到中世纪晚期甚至更晚，欧洲在很大程度上仍然是农民社会，典型生活就是农民的生活，但作为财富中心和权力中心的城市在中世纪盛期开始兴起。城市文化的蓬勃发展使这个农民社会旧貌换新颜。城市中新的财富促使人们将财产及其招致的权力和特权斥之为魔鬼的诱惑。富人与穷人之间的差异越明显，在那些厌恶物质文化（这种物质文化有淹没一切真正灵性的危险）、比如以圣方济各为榜样的人看来，自甘贫穷的生活就越值得称赞。如果农民的生活在几个世纪里基本保持不变，那么从农村转到城市就必然意味着一种深刻的脱离原位，不仅会带来新的机会和自由，也会带来新的迷茫与不安。于是，城市中不仅有工匠和商人，也会吸引那些居无定所的、往往没有工作的新社会阶层，特别是那些失业者，其中有商人、贵族和神职人员等等。

　　诺曼·科恩（Norman Cohn）把这些"贝格派"（Beghards）描述为"定位不明的不安分的教友——我们被告知，他们就像云游僧那样……四处流浪。这些自封的'神圣乞丐'对悠闲自在的僧侣和修士充满蔑视，喜欢打断宗教仪式，对教会纪律很不耐烦。他们未经

---

[1]　参见 Franz-Josef Schweitzer, *Der Freiheitsbegriff der deutschen Mystik：Seine Beziehung zur Ketzerei der "Brüder und Schwestern vom Freien Geist，" mit besonderer Rücksicht auf den pseudoeckartischen Traktat "Schwester Katrei" (Edition)* (Frankfurt am Main：Lang，1981)。

168

许可作了很多布道,但相当成功",①尤其受女性的欢迎。正是在这些流离失所的人当中,我们看到一种新的自由正在出现,这种自由将在"自由精神"的异端中变得"完全不顾后果和无拘无束,它等于彻底反抗一切约束和限制"。②和正统神秘主义的核心一样,这一异端的核心也是渴望直接理解上帝并与之融为一体;但在这里,这种渴望还上升为相信这一融合的确能够实现,使惯于行恶者也无法作恶。这些自命完美的人由这种无法作恶得出结论说,他们可以做通常被禁止的事情——不仅可以在斋日进食,还可以满足身体的一切欲望,去说谎、偷窃、欺骗乃至杀人。精神自由意味着可以不顾关于魔鬼、地狱和炼狱的一切故事,神职人员只是用它们来吓唬愚昧无知的人。他们甚至声称,真正得到启示的人不再需要上帝。③我们一再看到有人要求改变对身体的态度。"自由精神"拒绝承认这种精神自由必定会以世界及一切世俗欢愉为代价,它坚称,真正的自由必定会拥抱整个人类,并且在世界中显现自身。④诸如此类的想法导致了一种性爱倾向,将自由的爱视为精神解放的标志,它将亚当和夏娃的天真纯洁归还给人类,亚当和夏娃丝毫不知做爱有何羞耻。⑤

　　这一异端至少可以追溯到 12 世纪,到了 13 世纪末开始迅速流传,尤其是使一些非正式的平信徒发展成为确定的托钵修会,即

169

　　① Cohn, *The Pursuit of the Millennium*, p. 164.

　　② Ibid., p. 150.

　　③ Schweitzer, *Der Freiheitsbegriff der deutschen Mystik*, p. 111; Cohn, *The Pursuit of the Millennium*, p. 184.

　　④ Schweitzer, *Der Freiheitsbegriff der deutschen Mystik*, pp. 26, 126 - 127.

　　⑤ Cohn, *The Pursuit of the Millennium*, p. 152. Cf. Schweitzer, *Der Freiheitsbegriff der deutschen Mystik*, p. 87.

所谓的贝格派和贝居安派(Beguines)。事实证明,日新月异的莱茵兰是一片沃土,科隆已成为全德国最大的城市。在这里,一群以救济为生的贝格派异端成立了一个自甘贫穷的组织。[1] 据说这些无事可做、热衷辩论的狡猾的人使一些神职人员疲于奔命。1307年和1322年,大主教召开主教会议来应对他们日益增强的宣传攻势。海因里希·冯·菲尔内堡对于迫害这些贝格派表现得尤为热心。14世纪20年代中期,其领袖荷兰人瓦尔特(Dutchman Walter)被捕,遭到严刑拷打,因不愿放弃和背叛其追随者而被烧死。[2] 与此同时,一位怀疑自己妻子行为的科隆市民乔装打扮,尾随她见证并参与了一次最终以狂欢告终的秘密会议。当局烧死和溺死了50多名已被发现的异教徒作为报复。[3] 尽管被迫转入地下,但这一运动继续蓬勃发展,尤其是在莱茵河沿岸的城市中心。其中一些细节不禁使我们想起了城市起义:例如我们知道,即使不需要打补丁,兄弟会成员也喜欢在其外套上打上有色补丁。这种补丁似乎已经成为某种制服似的东西。

　　科隆大主教认为,多明我会和方济各会的精神信仰具有教唆性,有完全背弃教会之虞。[4] 这种怀疑(在针对埃克哈特大师的指控中出现过)似乎确有根据。在《千禧年的追求》(*The Pursuit of the Millennium*)中,诺曼·科恩引用了几个文本,使我们很容易

170

---

　　① Cohn,*The Pursuit of the Millennium*,p. 165.

　　② Schweitzer,*Der Freiheitsbegriff der deutschen Mystik*,p. 122;Cohn,pp. 165,169,171.

　　③ 参见 Schweitzer,*Der Freiheitsbegriff der deutschen Mystik*,pp. 122 – 129;Heer,introduction,p. 17。

　　④ Heer,introduction,p. 17.

理解埃克哈特的教海为什么会使教会感到紧张。考察下面一段异端文献中的陈述,它出自莱茵河附近的一个隐士密室:

> 上帝的本质就是我的本质,我的本质就是上帝的本质。……人源于永恒,是上帝中的上帝。……人的灵魂源于永恒,在上帝之中,就是上帝。……人不是生出来的,而是源于永恒,是完全无法生出来的;他不可能生出来,因此是完全不朽的。①

个体的本质在这里被等同于上帝的本质:就其本质而言,灵魂就是上帝。人能够凭借自我超越的能力与上帝合一。与"自由精神"兄弟会有联系的一位不知名的女性声称:"灵魂广袤无垠,所有圣徒和天使都填不满它。"②也就是说,一切有限之物,一切上帝所造之物,包括圣徒和天使,与人的广袤灵魂相比都是无限小的。这种说法与彼特拉克的发现如出一辙,在彼特拉克看来,他所攀登的山"的高度与人的沉思相比渺小至极,只要后者不陷入尘世污秽的泥淖"。③当然,"自由精神"兄弟认为自己能够超越这种

---

① Cohn, The Pursuit of the Millennium, p. 181, quoting Wilhelm Preger, *Beiträe zur Geschichte der religiösen Bewegung in den Niederlanden in der zweiten Hälfte des vierzehnten Jarhunderts*, *Abhandlungen der königlich bayerischen Akademie der Wissenschaften* (Historische Classe), vol. 21, part 1(Munich, 1894), pp. 62 - 63.

② Ibid., quoting B. Ulanowski, *Examen testium super vita et moribus Beguinarum... in Sweydnitz*, in *Scriptores Rerum Polonicarum* (Cracow, 1890), 13; 247.

③ Francesco Petrarca, "The Ascent of Mont Ventoux," trans. Hans Nachod, in *The Renaissance Philosophy of Man*, ed. Ernst Cassirer, Paul Oskar Kristeller, and John Herman Randall, Jr. (Chicago; University of Chicago Press, 1948), p. 45.

污秽,摆脱原罪的重负,而不仅仅是偶尔为善。神秘主义者约翰
内斯·吕斯布吕克(Johannes Ruysbroeck)将这种傲慢归于他的
异端同修:

> 当我居于我原本的存在和我永恒的本质之中时,对我
> 来说没有上帝。我之所是就是我希望的,我希望的就是我
> 之所是。凭借我自己的自由意志我才出现并成为我之所
> 是。如果我不曾希望要成为某物,我现在就不会是一个造
> 物。没有我,上帝不能知道、意愿和做一切事。我已经用上
> 帝创造了万物,是我用手支撑着天、地和万物。……没有我
> 一切都不存在。①

171　　　这里,我们也发现人的自我超越的能力被推至极端,上帝与人
的界限开始消解。在现代读者看来,这段话或许带有一种唯心论色
彩:它断言人是其他一切的基础。没有了人,其他一切也必定消失。
　　　正如科恩指出的,吕斯布吕克认为这些话是异端。但如果这
样,吕斯布吕克一定会认为埃克哈特是异端,尽管这两位神秘主义
者经常被联系在一起。埃克哈特的布道《神贫的人有福了,因为天
国是他们的》(Beati paupers spiritu,quia ipsorum est regnum coe-
lorum)显然是吕斯布吕克所依据的文献:

---

　　　① Cohn,*The Pursuit of the Millennium*,p. 184,quoting Jan van Ruusbroec,
"Van den XII Beghinen,"in *Werken*,naar het standardhandschrift van Groenendaal uit-
gegeven door het Ruusbroec-Genoootschap te Antwerpen,ed. Leonce Reypens and Mar-
cellus F. Schurmans,4 vols. (Mechelen;Het Kompas,1932－1934),4;42－43.

当我还居于我的第一因之中时，在那里，我还没有上帝，我还是我自己的原因。我什么也不想要，什么也不去追求，因为我还是一个纯粹的存在，我通过神圣的真理而认识我自己。在那里，我想要的是我自己，而不是别的什么；我要什么，我就是什么，而我是什么，我就要什么，在这里，我不受上帝和一切事物的约束。可是，当我脱离了我的自由意志，接受到我的受造的存在时，这时，我就有了上帝；因为在受造物存在之前，上帝还不是"上帝"：毋宁说，那时他是他所是的。当有了受造物，并且它们接受到了它们受造的存在时，这时，上帝就不是在自己里面成为上帝，而是在受造物里面成为上帝了。

现在我们说，上帝，仅仅就其为"上帝"而言，并不是受造物的最高目的。因为在上帝里面，即使是最微不足道的受造物，也具有如此高的存在的完满性。而且，倘若一只苍蝇也具有理性，也能借着理智去寻求它由以起源的属神的存在之永恒的深渊，那么，我们就会说，上帝，连同他作为"上帝"所是的一切，是不能去创造出什么东西来满足和成全这只苍蝇的。所以，我们祈求上帝，让我们脱离这样的"上帝"，让我们进到使得最高的天使和苍蝇和灵魂都完全等同的那个地方，进到使得我要的就是我是的、我是的就是我要的那个地方，在那里，我们得以把握真理并且永恒地享受真理。所以我们说：人若要在意志方面成为贫乏，那么，他在想要什么和追求什么时就应该如同自己还不存在时那样不去想要和不去追求。就这样,不想要任何东西的人就成为贫乏的人了。[1]

考虑这段话向我们讲述的自我理解。它将原初状态与另一种状态作了对比:人已经脱离了他的起源。在后一状态下,人把自己理解为一种受造物,并从这种受造物的视角来思考上帝。但这样一来,上帝便依赖于人,而没有独立的实在性。只有当我们超越了有限、时间和受造物的所有层面时,才能发现上帝本身。要以这种方式将我自己从受造物的存在中解放出来,我也必须将我自己从受造物的需求和欲望中解放出来。很容易理解叔本华为何会高度评价埃克哈特。

172　　这些文本所传达的体验模糊了人与上帝之间的差别。人认同于其本质的自我,认同于其存在的基础,即产生他的子宫,这完全超越了他那受制于时间和空间的受造自我。本质自我与上帝之间的明确区分已经不再可能。那个据说产生了我们的起源是一个无限的深渊,我们可以称之为上帝或自由意志,当我们有了受造的存在时便脱离了它。但转向这一无限根基并不能帮助我们在世界中找到位置。事实上,对这一位置的关切似乎与埃克哈特这里所讲的贫乏并不相容。觉悟的人似乎无需操心世间看重的东西及其所

---

① Meister Eckhart,"Beati pauperes spiritu,quia ipsorum est regnum coelorum," in *Meister Eckharts Predigten*, 2：492 - 494；trans. *Meister Eckhart*, pp. 228 - 229 (translation modified).奇怪的是,诺曼·科恩并没有注意到这种关联;事实上,他在《千禧年的追求》中几乎没有提到埃克哈特(埃克哈特并未出现在索引中)。科恩并没有指出,经过宗教裁判所的迫害,("自由精神"的能手们所创作的大量作品中)仅存的两个残篇之一 *Schwester Katrei* "被保护起来,方法是把它——非常错误地——归于伟大的多明我会神秘主义者埃克哈特大师"(p. 151)。

依据的判断标准：他不是站在世界的量度和法则之上吗？为了证明自己已经觉悟，这样一个人甚至可能转而反对既定的秩序。难怪像科隆大主教这样的既定秩序的维护者会忧心忡忡。埃克哈特的确试图与"自由精神"兄弟会的成员保持距离，但他的布道使我们无法截然区分他的教诲与他们"无羁的"神秘主义。[①]

　　一个显而易见的反驳是，这些布道并非埃克哈特实际思想的可靠指南：埃克哈特本人不是在其"辩护"中暗示他们曲解了他的教诲吗？"教士、学生和有学识的人有时甚至经常对所听到的内容作出不完整和错误的叙述"。[②]我们可以假定那些保存了布道的人歪曲了他们所听到的内容。但对我而言，这里重要的并非重现"真实的埃克哈特"，而是重现一种思维模式。这些布道比学院派的经院论著更能直接地体现这种思维模式，这恰恰是因为，那些保存了埃克哈特布道的人以不同程度参与了写作，所以它并不属于某个特定的人，而是属于所有人。这种诱人的思维模式令人不安。思想的自由在这里威胁着所有既定的秩序。

四

　　我已经试图表明，自我提升的能力以追求客观性为前提，这种客观性支配着新科学，也使埃克哈特布道中的那种神秘主义成为可能：两者有着同一根源，我们可以追溯到圣奥古斯丁及更早的时

173

---

①　Cf. Schweitzer, *Der Freiheitsbegriff der deutschen Mystik*, p. 24.

②　Meister Eckhart, "Defense," in *Meister Eckhart*, p. 266.

候。埃克哈特坚称灵魂未被囚禁在身体之内。诚然，由于我们是
有限的造物，受制于时空之中的特定位置，所以我们的认识也是有
限的，受制于特定的视角。但这只是外表，而不是内核：我们不仅
仅是有限的造物。奥古斯丁不是断言，要想让灵魂理解某种东西，
就必须由上帝来照亮它吗？正如我们需要光才能看见东西，要想
有所认识，我们也需要这种神的光亮。我们的心灵朝着无限敞开。
人在自身之中发现了无限，这种无限与上帝的无限融合在一
起——不是受造物所构想的上帝，而是受造物自身之中的上帝。

　　人在这里被赋予了两重存在。人被描述为已经脱离了他的无
限起源或无限自由，而落入了时间、空间和有限之中。但这种落入
并不意味着我们的起源已被完全掩盖，它被体验为一种召唤我们
内转的东西，使我们超越于有限的存在。人就本性而言是受无限
感召的有限造物。这一本性表明，我们可以在人那里区分两种截
然不同的认知模式：一种属于作为受造物的我们，另一种则属于超
越了受造物而达于无限的我们。的确，这一区分是埃克哈特大师
的布道中反复出现的主题。

　　我们还记得，埃克哈特宣称，耶路撒冷就像他的身体一样靠近
他的灵魂，而且如果他的灵魂明天不比今天年轻，他应当感到羞
愧。前引段落后面的一段话进一步阐述了对灵魂所预设的理解：

　　　　灵魂拥有两种与肉体毫不相关的能力，那就是理智和意
　　志：它们是超越于时间之上的。哦，但愿灵魂的眼睛能够睁
　　大，使之可以清晰地看到真理！请相信我，对于这样一个人来
　　说，撒下万物就像撒下豌豆或扁豆一样容易；确实，我要凭着

我的灵魂说,对于这样的人而言,万物等于什么都不是。①

这里,埃克哈特区分了与身体相联系的官能和不依赖于身体从而也不依赖于时间的官能。他将这两种较高的官能称为理智和意志。两者都预设了我一直在强调的那种自我超越能力。自由就是超越当下的自我,只有这样,我才能把我之可能是与我之所是对立起来,将自我和我所遭遇的一切投射到可能性的无限空间之中。这种自我超越能力与我们的人性和自由密不可分。这种能力也使一种内转成为可能,此时意志不再外求,而是想回归它自身。

这两种认知样式的区分在埃克哈特的布道中一再出现。考虑他在布道《当一切都归于宁静,黑暗已过去一半之时》中的一段话,一位门徒将这段话命名为"这就是埃克哈特大师,上帝对其毫不隐瞒":

> 灵魂所做的一切事情,都是借助于它的各种力量来做到的:它是用理智去认识它所认识的东西的;当它回想起什么东西时,它是靠它的记忆力来做到的;如果它想要去爱,它会用意志去爱;由此可见,它靠它的各种能力来行事,而不是用本质来做事。它对外所做的任何事情,总是依附于某种起中介作用的东西。视力是通过眼睛起作用的,否则,这视力就毫无作为了;对于其他感官也是如此:灵魂对外所做的所有事情,

---

① Eckhart, "Adolescens, tibi dico: surge!" 2: 305 – 306; trans. *Meister Eckhart*, p. 134 (translation modified).

都是通过某种起中介作用的东西来实施的。[①]

在这方面,主动灵魂就类似于亚里士多德的神,也要依靠中介才能起作用,但其本质超越了时间。

因为,灵魂借以行事的各种力量,虽然都是从那存在之根基里流出来的,但是在这个根基本身里面,"中介"是沉默无言的:在这里,统摄一切的只有宁静,以及对于这种生养和这一事业的赞美,以便让上帝父神在那里将他的道说出来。因为就本性而言,能够接受这个的,只有那不经过任何中介的属神的存在,除此以外,就再也没有别的什么东西能够去接受这个了。[②]

首先,我们的视觉在大部分时间里是有中介的,这里埃克哈特毫不犹豫地援引了柏拉图哲学(特别参见《蒂迈欧篇》,31—35)和亚里士多德哲学的语言:

因为,如果灵魂的那些能力触及了受造物,那么,这些能

---

① Meister Eckhart, "Dum medium silentium tenerent omnia et nox in suo cursu medium iter haberet …," in *Deutsche Mystiker des 14. Jahrhunderts*, ed. Franz Pfeiffer, vol. 2, *Meister Eckhart, Predigten und Traktate* (Leipzig: G. J. Goschen, 1857), 1; Meister Eckart, *Deutsche Predigten und Traktate*, trans. Josef Quint (Munich: C. Hanser, 1955), p. 57; trans. M. O'C. Walshe in *Meister Eckhart: German Sermons and Treatises*, with intro. and notes by O'Walshe, 3 vols. (London: Watkins, 1979 - 1987), 1:3. Cf. *Meister Eckhart*, pp. 95, 316 n. 1.

② Ibid.

力就从受造物那里抽取出其影像（image）和似像（likeness），并将其吸收到自己里面来。这些能力就是如此来认识受造物的。受造物是不可能更接近地进到灵魂里面去的，而如果灵魂不是预先自愿地把某个受造物的影像接受到自己里面来的话，那它也绝不会更进一步接近那个受造物。正是借助于灵魂可及的这个影像，灵魂才能接近受造物；因为，影像乃是灵魂以其各种能力从（外在）事物之中抽取得到的某种东西。不管是一块石头、一匹马、一个人还是灵魂想要认识的其他任何东西，它总是先抽取得到一个影像，以这样的方式，它就能使自己与那个认知对象合而为一了。

于是，埃克哈特认为我们认识事物是先去构想、然后接受事物的观念或图像。因此，这种认识绝不会达到事物本身。它认识的只是现象，它受制于人的认知模式。

然而，当人以这样的方式去接受一个影像时，这影像必然是由外部通过感官而进入到里面来的。因此，对灵魂来说，没有什么东西像它那样不被自己所认识。所以有一位大师说，灵魂不可能由它自身创造出或者抽取出什么影像。故而灵魂无法认识自己，因为各种影像都是通过感官而进入的，因而，它不可能具有自己的影像。所以，它知晓各种其他的事物，却对自己毫不知晓。对于任何事物，它所知道的都比对它自己知道的多，而这正是由于有了起中介作用的东西的缘故。

因为，你们应该知道，灵魂内在地摆脱了一切起中介作用的东西，摆脱了所有影像。这也就是为什么上帝可以不用影像或似像就能直接与灵魂合一的原因。①

我们所说的认识以影像为前提。但埃克哈特坚称，这些影像总是来自经验。鉴于我们通常的认知模式，不能把灵魂看成任何东西——在这个意义上就是"无"。这种在一切明确内容上的缺乏与灵魂的自由密不可分。然而，如果灵魂在某种意义上是"无"，那么，没有这个"无"，也就不可能有认识。正如很久以后萨特继海德格尔之后所主张的，这个"无"是一切理解和认识的前提。通往神秘主义的道路，至少是埃克哈特所代表的那种神秘主义，似乎是向人类开放的。这里的关键是一种内转，即回到埃克哈特所谓的灵魂的"中心宁静"。这种宁静的呼唤也许类似于海德格尔所谓的良心的呼唤，但埃克哈特认为这种宁静为圣言的无声降临做好了准备。可以预料，这两种宁静（灵魂的宁静和神之降临的宁静）很难分开，它们倾向于结合在一起。②

对两种理解模式的这种认识使埃克哈特预先提出了库萨的尼古拉的有学识的无知学说。考虑出自同一布道的下面这段话：

---

① Eckhart, in "Dum medium silentium tenerent omnia," in *German Sermons and Treatises*, 1：4.

② 参见 Martin Heidegger, "Der Feldweg(1949)," in *Aus der Erfahrung des Denkens*, *Gesamtausgabe*(Frankfurt am Main：Klostermann, 1983), 13：87 - 90, 海德格尔在这里援引埃克哈特作为能够教我们如何阅读和生活的大师（"深刻的阅读大师和生活大师埃克哈特", p. 89），并以解释田间小路的呼唤作结，这种呼唤使我们好奇这里言说的究竟是谁：灵魂，世界，还是上帝？——"田间小路的呼唤现在已经很清楚了。灵魂在言说？世界在言说？上帝在言说？"(p. 90)

虽然各位大师运用了他们自己的理智和理解力将各种真理教导给大家，或者，还将要教导大家直到世界末日，但就这些真理而言，他们丝毫也没有做到前面所说的那种从认知和根基之中来加以理解。尽管那种认知甚至于可以称之为无知，称之为非认知，然而，它所包含的却胜过所有在这一根基之外的认知；因为这样的无知吸引你摆脱掉所有的认知对象，进而又摆脱掉你自己。基督也这样认为，他说："凡是不去否定自己的，不去撇下父母以及一切外在的东西的，就不配跟从我。"(《马太福音》10:37)①

这里的"自己"当然是指世俗的自我。

在布道《那生来做犹太人之王的在哪里?》(Ubi est qui natus est rex Judaeorum)中，埃克哈特的有学识的无知学说表达得更为明确：

这样一来，就又产生了一个问题。你们会说："先生，你们将我们全部的得救都置于无知之中了。这听起来像是一种缺陷。上帝造人，是为了要他有知识；就像先知所说的：'主啊，求你使他们成为有知识的人！'(《托比传》13:4)无知就意味着缺陷和缺失；一个无知的人是野蛮的，是动物式的人，是个傻瓜。人只要无知，就会一直如此。"然而在这里，我们务必进入

---

①　Eckhart,"Dum medium silentium tenerent omnia,"in *German Sermons and Treatises*,1:11(translation modified).

到一种经过转化的知识中去，而且，应该说这种非认知并不可能来自于无知，而是，我们务必由认知而进入这种非认知。这样，我们就将由于属神的知识而富有知识，我们的非认知就将由于超乎本性的知识而大大得到拔高。并且，我们在此保持受动反而比我们主动更使我们完美。[①]

要点很明显，其思想同样是：通过认识我们的无知，我们将在灵魂中准备好一个位置，以迎接神的降临。为了解释这一降临，埃克哈特有时会使用亚里士多德心理学的语言，比如以下这段出自布道《我必定在我的父那里》(In his, quae Patris mei sunt, oportet me esse)的话：

177　　　　　我们刚才说到了主动理智和被动理智。主动理智从外部事物中抽象出形象，剥离其质料和偶性，并把它们引向被动理智，在其中生成心灵的形象。而被动理智以这种方式怀上了主动理智的孩子，在主动理智的帮助下怀有并认识了这些事物。即使如此，被动理智无法持续认识这些事物，除非主动理智重新照亮它们。现在注意：主动理智为自然的人做了什么？更进一步，上帝为人做了什么？上帝带走了人的主动理智，将他自己安置于人之中，自己承担了主动理智理应做的一切。[②]

---

①　Meister Eckhart, "Ubi est qui natus est rex Judaeorum," Pfeiffer 2; *Deutsche Predigten und Traktate*, p. 58. Trans. in *German Sermons and Treatises*, 2: 21; cf. *Meister Eckhart*, p. 107.

②　Meister Eckhart, "In his, quae Patris mei sunt, oportet me esse," Pfeiffer 3. Trans. in *German Sermons and Treatises*, 3: 29 - 30; cf. *Meister Eckhart*, p. 112.

埃克哈特依赖于当时很常见的一种观点：主动理智从可感事物中抽取纯粹的形式，然后这些形式被可能理智所接受，从而产生实际认知。在神秘体验中，心灵不再主动。它是宁静的，可以说成为一面明镜。这面镜子反射出上帝之光。然而，应当明确的是，这种说明的隐喻性过强，太受制于受造物的知识，因此不能作字面理解。这里重要的是，埃克哈特所理解的神秘体验——这一点使他的想法与异端想法区分开来——并非自恋式地退回自我，而是蕴含着向上帝之光彻底敞开：对埃克哈特而言，重要的是神的逻各斯降临到灵魂之中。

库萨的尼古拉曾说，有限与无限不成比例：也就是说，一种仍然与有限相联系的理解永远达不到上帝。埃克哈特的观点也是如此："说实在的，所有受造物的知识，还有你自己的智慧以及你全部的知识，都不能使你以属神的方式去认识上帝。如果你想要以属神的方式去认识上帝，你的认知就必须变成一种纯粹的非认知，变成对你自己以及所有受造物的忘却。"[①]在其他地方，受造物的知识这一观念总是与关于"这个或那个"的知识相联系。于是，据说神学家曾试图通过在熟悉事物的形象中看到上帝来言说上帝：

　　　　在我看来，有一种很自然的教导是不适当的，那就是，人必须通过类比，用这或那来展示上帝。因为毕竟，上帝既不是

---

① Meister Eckhart,"Et cum factus esset Jesus annorum duodecim, etc. ,"Pfeiffer 4;*Deutsche Predigten und Traktate* ,p. 59. Trans. in *German Sermons and Treatises* ,3: 40 – 41;cf. *Meister Eckhart* ,119.

这也不是那。除非返回到起始点,返回到最内,返回到其父性的那个根基和内核,否则父永远不会满意。在那里,他享受着自己,即作为父的父在合一的"一"里面享受着自己。

埃克哈特又说:

> 昨晚我一直在想,[精神事物的]任何类比都像是一个外边的大门。我不能看见任何事物,除非它与我自己有某种相似性,我也不能理解任何事物,除非它与我类似。上帝是以隐秘的方式在自己里面包含有一切事物,但并不是以非此即彼的方式,而是作为在统一之中的"一"来拥有这一切的。①

我们是以所熟悉事物的形象、特别是以我们自己的形象来认识事物甚至上帝的。但这样做不可避免会陷入现象的多样性之中。我们分散于世界各地,所做的事情和所知道的东西都不一样。

上一章把这种分散与好奇心联系在一起。奥古斯丁和彼特拉克因此而反对好奇心,呼吁让灵魂回归自身。埃克哈特的观点与此相关,只是更为激进。好奇心换成了我们对各种事物的日常关切。埃克哈特对日常关切的种种离心倾向提出了质疑,让我们重新注意到人类起源处的那种首要的统一性(central unity)。埃克

---

① Meister Eckhart,"Haec dicit dominus;honora patrem tuum,"in *Meister Eckharts Predigten*,2;469-470,471-472;trans. *Meister Eckhart*,pp. 147-148,148(translation modified).

哈特教导说："人性和人是不同的。"这里区分的并非普遍与特殊，而是我们每个人内在的本性与我们通常的存在方式：

> 我说："人性"和"人"是不同的。人性原本就是很高贵的，至高的人性乃是与天使相等同的，乃是与神性同类的。基督所拥有的与天父的最大的统一性，我也有可能获得，只要我能够摆脱跟"这个或那个"相关的东西，做到以"人性"对自己自律。因此，上帝曾经给予他的独生子的所有东西，他也同样全部给予了我，一点也不少。①

这两种认知模式间的差异也可以视为以下两种理解的差异：一种是试图理解某物是什么（是此而非彼），另一种理解则不问某物是什么，而是径直向存在之谜敞开。考察布道《他们被剑刺死》179（In occisione gladui mortui sunt）中的这段话：

> 在上帝里面认识到的最微不足道的东西，哪怕是一朵花在上帝里面所具有的存在，这样的知识也比其他知识更完美。在上帝里面认识到的最卑微的东西，也比认识一位天使要来得好。②

---

①　Meister Eckhart, "Moyses orabat dominum, deum suum," in *Meister Eckharts Predigten*, 2:13 - 14; trans. *Meister Eckhart*, p. 176(translation modified).

②　Meister Eckhart, "In occisione gladui mortui sunt," in *Meister Eckharts Predigten*, 1:132; trans. *Meister Eckhart*, p. 171(translation modified).

埃克哈特质疑了那种将受造物按等级排列、然后将上帝置于阶梯顶端的思想。即使我们向着最微不足道的事物的具体展现敞开自身，我们也能最好地认识上帝。连粪堆也可以成为上帝的显现。邓斯·司各脱所说的事物的"这个性"（haecceitas）在这里得到了正面审视。[1]

五

埃克哈特常在上帝与神性（超越于上帝的上帝之本质）之间作出的区分重复了这两种认知模式的区分。在布道《当一切归于宁静》（Dum medium silentium tenerunt omnia）中，埃克哈特说：

> 为此，狄奥尼修斯劝告他的门徒提摩太说："亲爱的提摩太儿子，你应该用十分平静的心情使你自己超越你自己和你所有的能力，超越推理和理性，超越行为、一切方式以及存在，从而进入那幽静的黑暗之中，这样，你就可以认识那未知的超上帝的上帝。必须从万事万物那里撤回来。上帝拒绝通过影像行事。"[2]

布道《凡听从我的人，不会感到羞耻》（Qui audit me，non con-

---

① 参见 Friedrich Heer, *Europäische Geistesgeschichte* (Stuttgart：Kohlhammer，1953)，p. 180。

② Eckhart,"Dum medium silentium tenerent omnia,"in *German Sermons and Treatises*,1；8；cf. *Meister Eckhart*，p. 100。

fudetur)中的说法则更为激进：

> 人的离开，再也没有比他为了上帝的缘故而离开上帝更加终极和崇高的了。现在，圣保罗为了上帝的缘故而离开上帝，他也就放弃了他从上帝那里所能获得的一切，放弃了上帝可能给予他的一切，放弃了他对上帝所能设想的一切。当他离开这一切时，他就为了上帝的缘故而离开了上帝，而上帝仍然留在他那里，是以上帝原本的存在方式留在他那里，也就是说，不是以上帝被设想和被赢得的方式留在他那里，而是以上帝原本所是的方式留在他那里。①

还有一段话被认为出自埃克哈特的布道：

180

> 当现象表达上帝时，上帝就发生了变化。当我还存在于神性之根基中，立足于神性之源流中时，没有人来问我要到哪里去和要做些什么事：根本没有人会来问我。可是，在我显露的那一刻，所有受造物都在呼喊："上帝！"如果有人问我："埃克哈特兄弟，你是什么时候离开家的？"那将表明，我必定在某一时刻在家里面。我刚才就在那里。所有的受造物正是这样来谈论"上帝"的。而他们为什么不去谈论神性呢？这是因为，神性里面只有"一"，人们无从谈论。上帝做事，而神性不

---

① Meister Eckhart, "Qui audit me, non confudetur," in *Meister Eckharts Predigten*, 1:196 – 197; trans. *Meister Eckhart*, p. 204(translation modified).

做事,神性也没有什么要去做的,它从来没有想到要去做什么事。上帝与神性之差异,就在于做事和不做事。①

我们再次看到了两种认知模式之间的差异,它也表现为一与多之间的存在论差异。一是多的起源,但并非让位于多,而是作为存在之谜呈现于世间诸多事物之中。

埃克哈特在布道中继续说:

> 如果我返回到上帝,那么我将没有形式,我的重新进入要比我的出来还要高贵。我独自引领所有的受造物离开它们分离的本原而进入我自己的本原,使它们在我里面合一。当我回到神性之根基和源流里时,没有人会问我从哪里来以及我去了哪里。没有人会惦念我,因为连上帝也消失了。
>
> 我希望能有人理解这次布道。假如没有一个人来听,我也会对着这个奉献箱来讲它。②

六

这些段落所表达的神秘主义与克尔凯郭尔(Søren Kierkegaard)

---

① Meister Eckhart, "Nolite timere eos, qui corpus occidunt, animam autem occidere non possunt,"in *Meister Eckhart*, p. 226. 参见 Blackney's comment, p. 328 n. 1; "Quint 表明,这篇布道在早期手稿中被广泛引做埃克哈特的。它显示了晚年的埃克哈特。"但倘若是这样,这个埃克哈特就会被自由精神兄弟会的兄弟姐妹们大加利用。

② Eckhart, "Nolite timere eos,"p. 226.

所说的无限顺从(infinite resignation)并无多少不同。[1] 克尔凯郭尔也指出,这不可避免会导向他所谓的对道德的目的论悬置。教会所惧怕的必定是这样一种悬置。很难想象他们会对布道《上帝爱我们的心,在此就显明了》(In hoc apparuit caritas Dei in nobis)中　181 的以下说法漠不关心:

> 几千年来,一直有人问生命:"你为了什么而活着?"倘若它能回答的话,它无非会说:"我活着就是为了活着。"这是因为,生命是其自身的存在根基,是发源于它本有的东西。因此,它活着并没有"为什么",活着就是为了活着。如果你问一个出于自身的根据而行事的真实的人:"你为什么做你正在做的事呢?"那么,正确的回答只可能是:"我做我的事,因为我在做我的事。"[2]

埃克哈特似乎在告诉我们,要想生活得好,我们就不应追问生活的意义和它的理由,不应问"为什么?"而只要敞开自己去接受生

---

[1]　参见 Reiner Schürmann,*Meister Eckhart:Mystic and Philosopher*(Bloomington:Indiana University Press,1978),p.16:"在表示'超然'的大量词汇中,一个关键术语是 *gelazenheit*,对应于现代德语的 *Gelassenheit*。……我们可以把这个词译成'无限顺从'和'宁静'。"

[2]　Meister Eckhart,"In hoc apparuit caritas Dei in nobis,"in *Meister Eckharts Predigten*,1:91-92;trans.*Meister Eckhart*,p.127(translation modified).这篇布道让我们想起了 Angelus Silesius 的 *Cherubinischer Wandersmann* 中的玫瑰,它"没有为什么"地开花:"玫瑰没有为什么;它开花,因为它开花。它没有注意它自己,不问人是否看到它。"海德格尔对这首诗的讨论显示了他与埃克哈特大师的亲近。参见 Martin Heidegger,*Der Satz vom Grund*(Pfullingen:Neske,1957),pp.67-75。

命的奥秘。这也适用于构成我们生活的种种行为：它们应当发自内心，自发地完成。这样一个人不会因为某种戒律或法律而这样行事，而是会遵循内心，为了内心而悬置世界对他的要求。自由在这里变成了自发性。

这种对真人的看法也许暗示（事实上很可能已经暗示了埃克哈特的部分追随者），证明自己是这样一个真人的一种方式是违反既定的秩序。这里，神秘主义引出了政治和道德上的一种无政府主义。在布道《嘱咐他们说，不要离开耶路撒冷》（Convescens praecepit eis, ab Jerosolymis ne discrederent, etc）中，埃克哈特直接指出了人们对其教诲的一种误解：

> 现在有一些人说："如果我有了上帝以及上帝的爱，那么我就能做一切我想做的了。"这些人误解了道。只要你还能去做某种违背上帝的意志及其诫命的事情，那么上帝的爱就不在你里面，尽管你可以欺骗世界说你具有上帝的爱。那站在上帝的意志和爱里面的人，乐意做一切讨上帝喜欢的事，避离一切违背上帝意愿的事；对于上帝想要做成的事，他绝不会掉以轻心，同样，对于违背上帝的事，他也绝不会去做。立足于上帝意志之中的人一定是疾恶如仇的，他绝不会去做任何邪恶之事，就像一个绑住腿的人寸步难行一般。有人说："哪怕上帝亲自命令我弃善从恶，我也不会作恶。"因为除非自己有美德，不然就不会热爱美德。人若将自己连同万物都撇下了，如若在任何事物上都不去寻求属于自己的好处，他的一切所作所为都不问为什么，而是仅仅出于爱，那么，这

样一个人就已经对世界死了心而活在上帝里面，而上帝也活 182
在他里面。①

善的生活在这里被理解为，一个人觉得自己别无选择。在这
样一种生活中，如何生活与应当如何生活之间不存在张力。这样
一个人将不再体验到意愿与义务之间的张力。

但这是对美德的一种相当形式化的刻画。我们难道不能想象
这样一个人会作出极恶之举吗？埃克哈特的神秘主义的问题在
于，它使上帝的观念很难被用作人的量度。埃克哈特太想超越造
物以及关于造物的知识了。更加正统的基督徒也许会这样表达这
种关切：埃克哈特没有足够严肃地对待道成肉身，对待三位一体的
第二个位格；导致他这样做的原因在于傲慢之罪。

伦理层面的可能丧失在下面一段文本中表现得尤为明显。该
文本出自莱茵河畔的神秘主义者海因里希·佐伊泽（Heinrich
Seuse）之手，他曾在科隆跟随埃克哈特学习，并且面对指控勇敢地
为其师父作辩护，纵然这种辩护已经变得很不明智。佐伊泽谈到，
在一个晴朗的星期天，一位沉湎于冥想中的门徒看到了一个无形
的形象：

　　　他开始问：你自何来？

---

① Meister Eckhart, "Convescens praecepit eis, ab Ierosolymis ne discrederent, etc. ,"in *Meister Eckharts Predigten*, 2:79-80；trans. *Meister Eckhart*, p. 193（translation modified）.

它说：我无所从来。

他说：告诉我，你是什么？

它说：我什么也不是。

他说：你想要什么？

它回答说：我什么也不想要。

然而他说：这是一个奇迹！你叫什么名字？

它说：我被称为"无名的不羁"（daz namelos wilde）。

门徒说：您被称为不羁是恰如其分的，因为你的话和回答确实不羁。现在回答我一个问题：你领悟的目标是什么？

它说：无边界的自由。

门徒说：什么叫做无边界的自由？

183　　　它说：一个人完全按自己的意愿生活，不依附他物（sunder anderheit），不瞻前顾后。①

当然，在《真理之书》（*The Book of Truth*）第七章中代表佐伊泽讲话的并非"无名的不羁"，而是这位门徒。这篇对话题为《生活在虚假自由中的人缺乏什么》，在其结尾，该门徒坚称与基督合一的人仍然与基督迥异，并断言恰当的区分十分重要。但正如洛里斯·斯图莱塞（Loris Sturlese）所表明的，这位无名的不羁（这里代表自由精神兄弟会）能够援引遭到教皇约翰二十二世通谕谴责的

---

① Heinrich Seuse, *Das Buch der Wahrheit*, *Daz buechli der warheit*, ed. Loris Sturlese and Rudiger Blumrich, intro. Loris Sturlese, trans. Rudiger Blumrich, Mittel-hochdeutsch – Deutsch(Hamburg: Meiner, 1993), pp. 56 – 57. Cf. Cohn, *The Pursuit of the Millennium*, p. 186.

一些埃克哈特论题;由于与异端的这种相似性,佐伊泽觉得有必要质疑该谴责,以使其师父免遭他所认为的误解。[①]但此举恰恰表明,埃克哈特的一部分思路容易召致这种误解。

我在开始时提出,现代性的起源之一在于一种特别重视上帝无限性的上帝观。这种理解开启了一个深渊:由于一切明确内容都被认为与上帝不相容,上帝渐渐被视为"无名的不羁"。但一个变得如此不明确的上帝有彻底消失的危险。上帝成了一种空洞的超越性,无法为人类提供量度。对这一上帝的体验与对一种自由的体验无法区分,这种自由不承认任何量度,必将沦为一种纵容。

这一发展的一个内在组成部分是内转。个人被抛回到他自身。内转为个人赋予了一种新的意义,即使它促使个人将其个体性遗弃在其内在的深渊中。在中世纪的灵性中,我们看到了现代主体主义的一个根源。因此,在佐伊泽的小对话中,"自由精神"的代言人诡异地接近了萨特的立场:早在14世纪,我们就看到了一种自由观,它与存在主义者在很久之后提出的立场同样激进。

① Loris Sturlese, introduction to Seuse, *Das Buch der Wahrheit*, pp. xv - xxi.

第十章　工匠人：重新发现普罗泰戈拉

一

根据埃克哈特的说法，由于试图以受造物的形象来理解上帝，神学家未能正确认识上帝的本质。诚然，以这种方式来理解很自然，因为"除非与我自己有某种相似性，否则我什么都看不到，也无法理解任何东西"。① 我们通过所熟悉事物的形象，尤其是我们自己的形象来认识事物甚至上帝。然而，尽管这很自然，但埃克哈特认为不宜通过与受造物进行类比来彰显上帝，因为我们这样做的时候仍然受制于现象界，受制于我们自己有限理智的视角。要想以更适合其本质的方式来接近上帝，就必须学会超越那个视角。

埃克哈特承认，在某种意义上，人是他所能看到和理解的一切事物的量度。因此在某种意义上，我们无法看到或理解上帝：上帝与受造物及其知识的分离不就像无限与一切有限事物的分离吗？但随着呈现给我们理智的受造物（康德可能会说"现象"）与上帝之

---

① Meister Eckhart,"Haec dicit dominus：honora patrem tuum,"in *Meister Eckharts Predigten*,ed. and trans. Josef Quint,3 vols. (Stuttgart：Kohlhammer,1936 – 1976),2：469 – 470；trans. Raymond B. Blakney, in *Meister Eckhart*（New York：Harper,1957）, p. 148.

间的距离变得无限大,对我们而言,上帝不再能够充当它们的量度。我们现在唯一可能拥有的量度似乎就是人这个认知者。由此我们回到了普罗泰戈拉。

第四章提请我们注意,阿尔贝蒂和库萨的尼古拉都引用了普罗泰戈拉这位遭到柏拉图和亚里士多德诋毁的哲学家的话。回想阿尔贝蒂的说法:"既然人最了解的是人,或许普罗泰戈拉说人是万物的规矩和量度的意思是,所有事物的偶性都是通过与人的偶性相比较而被认识的。"①在这句话之前,阿尔贝蒂说"所有事物都是通过比较来认识的":相比凡人,埃涅阿斯很高,"但站在独眼巨人波吕斐摩斯旁边却显得像一个侏儒。……许多少女在德国人看来皮肤黝黑,在西班牙人看来却年轻貌美。象牙和银子都是白色的,但如果与天鹅和雪放在一起,又会显得暗淡。"通常,我们会用熟悉的东西对事物进行比较或测量。但我们最熟悉的是我们自己的身体。于是,身体为我们提供了某种天然量度——比如臂尺(braccio)为手臂的长度——虽然这当然不是一个绝对的量度,因为它依赖于人体的偶然结构。同样,人似乎天生会把自己置于世界的中心。画家所构建的空间也以观察者的视点为中心。透视艺术显示了人经由反思而实现的"去中心"(decentering)如何与"回到中心"(recentering)相联系,亦即将他再次置于中心,但他并不

①　Leon Battista Alberti, *On Painting*, trans. and intro. John R. Spencer, rev. ed. (New Haven: Yale University Press, 1966), p. 55. 阿尔贝蒂还在大约写于同一时间的《论家庭》的第二卷提到了普罗泰戈拉。参见 Charles Trinkaus, "Protagoras in the Renaissance: An Exploration," in *Philosophy and Humanism: Essays in Honor of Paul Oskar Kristeller*, ed. Edmund Mahoney (New York: Columbia University Press, 1976), p. 195。

能自称获得了一个绝对的中心。

让我重申这一点:在埃克哈特的神秘主义中得到明确表达的自我提升能力使得受造物领域不可能有任何绝对的中心或量度。在前一章我曾指出,这种反思会导向无序。正如那一章结尾的伦理反思所表明的,这种去中心引出了一个问题:它不可避免会导致对一个新的中心、一种新的量度的需求。埃克哈特已经认识到在哪里可以找到这个中心:人天然会以自己的形象来理解事物。这里已经暗示,思考上帝无限性所导致的"去中心"会引出一种人文主义的"回到中心"。难怪像库萨的尼古拉那样的思想家会得益于埃克哈特和阿尔贝蒂,得益于莱茵河的神秘主义和意大利的人文主义。文艺复兴时期的人类中心主义对反思上帝的无限性所引出的去中心化力量作出了回应。15 世纪的基督中心主义(Christo-centrism)便属于这一背景,它在库萨的尼古拉《论有学识的无知》第三卷表现得非常明显。阿尔贝蒂为普罗泰戈拉恢复名誉也是如此。这种恢复名誉的基础仅仅是那句名言"人是万物的量度"的含意。阿尔贝蒂对这位希腊智者不可能了解很多:他写作《论绘画》时,普罗泰戈拉主要是通过亚里士多德在《形而上学》中的批判而为人所知,虽然西塞罗和塞内卡等罗马作家也曾提到和引用普罗泰戈拉。但无论是柏拉图的《普罗泰戈拉篇》还是《泰阿泰德篇》,阿尔贝蒂都没有看过,因为这些作品直到大约 30 年后才被马西利奥·菲奇诺(Marsilio Ficino)翻译出来。① 那句名言就是阿尔贝蒂所需要的一切。

---

① Trinkaus,"Protagoras in the Renaissance,"p. 194.

在第四章我曾指出,库萨的尼古拉在 1458 年的对话《论眼镜》中也对普罗泰戈拉作了一种类似的、更为成熟的名誉恢复,因此这篇对话的写作时间要晚于阿尔贝蒂的《论绘画》。是年轻一些的阿尔贝蒂促使库萨的尼古拉援引了普罗泰戈拉吗? 我们知道,库萨的尼古拉有一本阿尔贝蒂的《绘画基础》(*Elementa Picturae*)。[①]无论如何,阿尔贝蒂和库萨的尼古拉援引普罗泰戈拉的方式惊人地相似。以下是库萨的尼古拉的话:

> 第三,请注意普罗泰戈拉所说的人是万物的量度。人以感觉衡量可感知的东西,以理智衡量可理解的东西,对于超出理解的东西,人以超越性的手段来达到。人根据上述[认知模式]来作这种衡量。因为当他知道有认识能力的灵魂是可知事物指向的目标时,他便基于感知能力知道,可感知的东西就应该是那样才能被感知。同样,关于可理解的东西,[他知道它们就应该是那样]才能被理解,[他知道]超越性的东西[就应该是那样]才能超越。因此,人在自身之中,就像在一个量尺中,遇到了所有受造物。[②]

---

① Paul O. Kristeller,"A Latin Translation of Gemistos Plethon's *De Fato* by Johannes Sophianos Dedicated to Nicholas of Cusa,"in *Nicolò Cusano:Agli Inizi del Mondo Moderno*, Atti del Congreso internazionale in occasione del V centenario della morte di Nicolo Cusano, Bressanone,6 - 10 Settembre 1964(Florence:Sansoni,1970),pp. 84 - 85. Kristeller 依据的是 Girolamo Mancini,*Vita di Leon Battista Alberti*(Florence,1882),p. 137。

② Nicholas of Cusa, *De Beryllo*,in *Opera Omnia*,ed. Hans G. Senger and Karl Bormann,vol. 11(Hamburg:Meiner,1988),p. 6;trans. Jasper Hopkins,as *On [Intellectual] Eyeglasses*,in *Nicholas of Cusa:Metaphysical Speculations*(Minneapolis:Banning,1997), pp. 36 - 37.

就我们可以认识事物而言，事物必须能够进入我们的意识——要么作为感觉的对象，要么作为思想的对象，要么作为超越理性能力的奥秘；要想进入我们的意识，我们须能度量它们。正如画家对世界的描绘以感知的眼睛为中心，我们所认识的世界的基础也在于认知的主体。如果这种说法是把一种类似于神的创造力赋予了人，我们不应感到太过惊讶，因为根据圣经传统，神依照他自己的形象创造了人。库萨的尼古拉对这一形象的理解主要是，人有能力创造第二个世界即概念世界，它使我们能够衡量我们所经验到的东西。可以说，这第二个世界提供了语言或逻辑的空间，我们所感知的东西要想被理解，就必须在这个空间中有位置。于是，库萨的尼古拉继续说：

> 第四，请注意三重伟大的赫尔墨斯所说的人是第二个神。因为正如神是实际存在和自然形式的创造者，人也是概念存在和人工形式的创造者。人工形式仅仅是人的理智的摹本，正如神的造物是神的理智的摹本。①

于是和阿尔贝蒂一样，库萨的尼古拉也强调人的神性。正如上帝的创世理智在创世中展开自身，人的理智也在它所认识的东西中展开自身。正如创世的中心在上帝，已知世界的中心也在人类主体。在这方面，已知世界很像阿尔贝蒂的画家所创造的世界。

在《论眼镜》的后续章节，库萨的尼古拉回到了普罗泰戈拉：

---

① Nicholas of Cusa, *De Beryllo*, p. 7 ; trans. *On [Intellectual] Eyeglasses*, p. 37.

还有一件事：看看人为何是万物的量度。亚里士多德说，普罗泰戈拉的这种表述没有说出任何深刻的东西。然而在我看来，普罗泰戈拉这里表达了极为重要的真理。首先，我认为亚里士多德在其《形而上学》开篇正确地指出，求知是所有人的本性。他是联系视觉说这番话的，人拥有视觉不只是为了工作，我们热爱视觉是因为它为我们呈现了诸多差异。那么，如果人的感官和理性不仅是用来维持生活，而且也是为了认知，那么可感知的东西对人的滋养必定有两个目的：为了他的生活和为了他的求知。但求知更为卓越和崇高，因为它有一个更高和更加永恒的目标。早些时候，我们预设了神的理智创造万物以彰显自身；同样，使徒保罗在写给罗马人的书信中说，不可见的神是通过世间的可见事物并且在它们之中而被认识的。①

可以肯定的是，这听起来并不像是对亚里士多德的批判。恰恰相反，库萨的尼古拉听起来像是一个人文主义的亚里士多德主义者，他在这里以及其他地方把世间形形色色的可见事物都看成神的显现。查尔斯·特林考斯（Charles Trinkaus）把这段话与阿尔贝蒂为了重新强调可见形式而求助于"更为感性的智慧"[字面意思为"更为肥胖的智慧女神密涅瓦"]（la più grassa Minerva）正确地联系在一起。② 但所有这一切与为普罗泰戈拉恢复名誉有

① Nicholas of Cusa, *De Beryllo*, p. 7; trans. *On [Intellectual] Eyeglasses*, p. 65; trans., p. 68.

② Trinkaus, "Protagoras in the Renaissance," p. 203. 关于"更为感性的智慧"这一短语，参见 John R. Spencer's introduction to his translation of Alberti, *On Painting*, pp. 18-19。

何关系？这里打动库萨的尼古拉的并非可见事物的丰富，而是我们看到的一切都依赖于眼睛：据说亚里士多德已经看到了"这一点，即如果感知被移除，那么可感知的东西就被移除了。因为他在《形而上学》中说：'如果没有富有活力的事物，那么就既没有感官也没有可感知的东西。'"①这同样适用于我们所认知的对象。因此，普罗泰戈拉正确地说："人是万物的量度。因为人——凭借其感知［认知］的本性——知道，可感知的东西正是为了那种认知而存在，人衡量可感知的东西，以从感知上领会神的理智的荣耀。"②我们首先感知而后认知的事物的存在是相对于人类感知者和认知者的存在。库萨的尼古拉指责亚里士多德未能足够重视这种相对性，因此未能公正对待普罗泰戈拉。

要想理解这种为普罗泰戈拉恢复名誉的举动是多么了不起，再次考虑亚里士多德对普罗泰戈拉的批判，这种批判本身或许激励过一些人文主义者，为了更好地对待这位遭到中伤的智者，他们曾将亚里士多德与他们所拒斥的经院哲学联系起来。③

　　　　出于同样理由，我们把知识和感知称为事物的量度，因为我们是通过它们来认识事物的，尽管与其说它们度量事物，不如说是被事物所度量。但这正像别人来度量我们时，我们看到他用肘量了多少次，就知道自己有多少肘尺一样。普罗泰

---

① Nicholas of Cusa, De Beryllo, p. 69; trans. On [Intellectual] Eyeglasses, p. 70.
② Ibid.
③ Cf. Trinkaus, "Protagoras in the Renaissance," p. 193.

戈拉说人是万物的量度,他指的是认知的人或感知的人是量度,因为前者具有知识,后者具有感知,我们说这些东西是事物的量度。因此,这些人似乎在说某种引人注目的道理,其实 189
什么也没有说。①

亚里士多德坚持认为,更根本地说,我们关于事物的知识在这些事物中有其量度。它们仿佛是知识的天然量度。这就像有人递给我们一把码尺,由它来判定我们多高。

库萨的尼古拉也认为我们的知识始于感知。但感知并不能使我们直接通达上帝的造物。甚至码尺的例子也比初看起来引出了更多的问题。我们对"码"的长度的理解难道不是预设了对它与我们身体关系的理解吗?当我们说"1 码是 3 英尺"时,这种关系就变得明确起来。感知已经把一种人的量度强加于呈现给我们感官的任何东西。感知与理智的纠缠也加剧了这种对主体的依赖。于是,当我把一个物体称为橡树时,亚里士多德会坚持认为,命题的真或假取决于这棵树是否是一棵橡树。然而库萨的尼古拉可能会说,当我把这个物体看成一棵橡树时,这种看本身并不依赖于"橡树"这个人为创造的概念,因为它取决于我们眼睛的构造。从一开始,我们就让现象服从于我们人的量度。

---

① Aristotle, *Metaphysics* 10. 1, 1053a31 – 1053b4, trans. W. D. Ross in *The Complete Works of Aristotle: The Revised Oxford Translation*, ed. Jonathan Barnes, 2 vols. (Princeton: Princeton University Press, 1984), vol. 2.

　　诚然，我们可以援引库萨的尼古拉本人的有学识的无知学说来挑战普罗泰戈拉：事实上，亚里士多德本人已经认识到，在某种意义上必须说，事物由知识和感知来度量。但是当我们把人当作万物的量度时，现象与实在的区分不就不复存在了吗？库萨的尼古拉关于有学识的无知的教导提醒我们，所有人类知识的最终量度都是上帝，难道不正是为了阻止这样一种过度的自我提升吗？[①] 考虑柏拉图在《泰阿泰德篇》中对普罗泰戈拉的评论（库萨的尼古拉不大可能知道这一评论，因为菲奇诺当时尚未完成这篇对话的翻译）："你还记得，他说'人是万物的量度——是一切存在者存在的量度，也是一切不存在者不存在的量度'。……他的意思岂不是在说，你我都是人，因此事物'对于我就是它向我呈现的样子，对于你就是它向你呈现的样子'，对吗？"[②] 柏拉图已经指责普罗泰戈拉混淆了现象与实在，或者混淆了感知与认知。

　　但对于库萨的尼古拉而言，这种看似显然的区分却遭到了一种更高阶反思的质疑：认知者难道不是也把他的人类量度赋予了他自称知道的东西，使之受制于一个由人构建的语言空间或概念空间吗？ 正是出于这个原因，库萨的尼古拉和阿尔贝蒂一样也把人称为第二个神，人创造了概念形式来反映自身或展开自身，并借助概念形式以自己的形象重建或重新创造呈现给感官的杂多。

---

　　① 参见第三章第三节。

　　② Plato, *Theaetetus* 152a, trans. F. M. Cornford in *The Collected Dialogues of Plato*, including the Letters, ed. Edith Hamilton and Huntington Cairns (Princeton: Princeton University Press, 1961).

二

在《门外汉论心灵》(*Idiota de Mente*)中，库萨的尼古拉让他笔下的门外汉猜想(*conicere*)"'心灵'[*mens*]的名称来自'度量'[*mensurare*]"。[①] 库萨的尼古拉还在别处引用了大阿尔伯特的话，大阿尔伯特曾经根据错误的词源，把 *mens*(心灵)一词追溯到 *metior*(度量)；库萨的尼古拉本来也可以引用阿奎那的话。[②] 这里重要的不是词源，而是认为心灵的固有活动是度量。但如果是这样，这种度量活动合适的量度在哪里呢？根据库萨的尼古拉的说法，我们在自身之中找到了最根本的量度——他想到的主要不是身体，而是心灵本身。

柏拉图已经把思想理解成寻求"一"的过程：

> 如果单纯的"一"能被视觉或其他感觉所充分感知，那么它就不是一个把人引向存在的东西，就像我们前面关于手指所说的那样。但是，如果总是出现和它正好相反的东西，以至

---

① Nicholas of Cusa, *Idiota de Mente* 1, in *Opera Omnia* 11:170; trans. as *The Layman on Mind* in Jasper Hopkins, *Nicholas of Cusa on Wisdom and Knowledge* (Minneapolis:Banning, 1996), p. 171.

② 参见 Maurice de Gandillac, *Nikolaus von Cues: Studien zu seiner Philosophie und philosophischen Weltanschauung*, rev. German ed., trans. Karl Fleischmann(Dusseldorf:Schwan, 1953), p. 152. Gandillac 提到了 1455 年的一次布道，库萨的尼古拉在其中引用了 Albertus, *De Anima*，还让我们参考 Aquinas, *De veritate* X, art. 1, *In sent.* 1.35.1: *Mens dicitur a metior, metiris*。

于它并不表现为只是"一"而不是那与它相反的东西，那么灵魂就会感到困惑不解而去探索，追问"什么是绝对的一"。这样一来，对一的研究便会引导心灵转而沉思真正的存在。[①]

正如我们已经指出的，视觉仅仅为我们提供了事物的各个不同侧面。那么，这些东西实际上是什么？我们需要理解的是相关事物的存在，以把这些不同侧面合为一体。在很大程度上遵循着柏拉图的精神，[②]库萨的尼古拉也认为人的理智本质上介于吸引它的一与世界的多之间，人因身体和感官、欲望而被缚于世界之中。在这方面，库萨的尼古拉在巴塞尔的体验类似于他现在的自我体验。一与多之间的这种活生生的张力要求得到解决。人需要一，但又因为多中"总是存在着某种矛盾"而无法把握那个一。因此，必须让多服从于一。在寻求作为自身量度的一个过程中，理智在多大程度上能把这种量度成功地运用于多，便取得了多大成功。[③]

"门外汉"(Idiota)系列对话的第一篇《门外汉论智慧》(*Idiota de Sapientia*)一开篇便更加明确地阐述了这种从一展开为多的性质。[④] 一位受过大学教育的有学识的演说家和一个未受过教育的

---

① Plato, *Republic* 7. 524e – 525a, trans. Benjamin Jowett (New York: Random House, 1960).

② 参见 Ernst Cassirer, *Das Erkenntnisproblem in der Philosophie und Wissenschaft der neueren Zeit*, 4 vols. (Darmstadt: Wissenschaftliche Buchgesellschaft, 1994), 1:32 ff. 。另见 Ernst Hoffmann, *Platonismus und christliche Philosophie* (Zurich: Artemis, 1961), pp. 367 ff. , 429 ff. 。

③ Ernst Cassirer, *Philosophie der symbolischen Formen* (Berlin: Cassirer, 1923), 1:9.

④ Nicholas of Cusa, *Idiota de Sapientia*; trans. as The Layman on Wisdom in Hopkins, *Nicholas of Cusa on Wisdom and Knowledge*, pp. 87 – 155.

门外汉相遇了。两种认知模式发生了冲突：一个是傲慢地认知，另一个则是谦卑和宽厚地认知。演说家确信，你可以牢牢持有真理，然后写下你在书本中拥有的知识，别人以后可以往这个知识库中添加内容。门外汉则反对这种添加式的学习方法，而是通过一个论证表明了人如何与真理相割断，该论证不仅让我们想起了库萨的尼古拉的有学识的无知学说，而且也让我们想起了埃克哈特关于两种认知模式的区分。门外汉也强调上帝创造的知识与人重新创造的知识之间存在着无限的鸿沟。一个推论是，实在与人的认识之间存在着鸿沟。我们知道的永远只是现象。我们的知识将永远是埃克哈特所说的有限的造物知识。

那么，人类认知者的操作模式又是什么呢？门外汉先是引用《圣经》，宣称"智慧在街上召唤"，然后指向了市场上发生的活动。他们看到钱被清点，油被称量，物品被称重。在所有这些情况下，单位量度都被应用于所度量的东西上。任何存在理智的地方，难道不都能看到类似的情况吗？市场上的活动使我们想到，就人是进行量度的存在者而言，人超越了兽。"理性的动物"（*Animal rationale*）首先应当理解成"度量的动物"（*animal mensurans*）。

那么我们如何进行度量呢？门外汉注意到，我们总是通过某个单位，也就是通过"一"进行度量。因此，一切认知的范式都是计数。这里的基本想法似乎相当传统。在托马斯·阿奎那那里，库萨的尼古拉可以读到"'一'蕴含着一种首要量度的观念；数是由'一'度量的'多'"。① 此命题源于亚里士多德："显然，如果我们根

① Thomas Aquinas, *Summa Theologica* 1.11.2, in *The Basic Writings of St. Thomas Aquinas*, ed. Anton C. Pegis, 2 vols. (New York: Random House, 1945).

据词的含义来定义,那么'一'在最严格意义上是一种量度,尤其是量的其次是质的量度。"(《形而上学》10.1,1053b4)但我们看到,对于阿奎那和亚里士多德而言,人更根本地讲是被度量者而不是量度。如果我们没有混淆实在和虚构,那么类似的结论必定为真——当库萨的尼古拉指出,我们寻求看和理解是为了更好地欣赏上帝理智的荣耀时,他的确预设了这一点。作为一个基督教思想家,他从未忽视上帝创造的知识与人重新创造的知识之间的重要区分。也许可以把人类认知者比作阿尔贝蒂的画家,但我们不应忘记,这位画家描绘受造物是为了引领自己和他人更好地欣赏造物主的作品。上帝的创造仍然是艺术家之重新创造的量度。

　　所有这一切都意味着,即使计数对于度量必不可少,度量也不能还原为计数。计数尚未是度量。因此,如果单位是首要量度,那么要使称量面粉或测量布的长度等活动成为可能,那个首要量度必须体现在某个具体的单位量度之中。这些具体量度并非由人的心灵所赋予,而是必须由人来确立。在阿尔贝蒂透视建构中扮演重要角色的"臂尺"便是一个很好的例子。这一量度,即一只手臂的长度,来自人体。在这种意义上,它在自然中有其基础——更确切地说,在植根于自然的人类实践中有其基础。选择不同的长度单位并非不可能,这提醒我们,这些量度由人所创造而不是无中生有:它们在自然中,尤其是在人体的活动中也有其基础。之所以选择这一量度,是因为我们测量布时很自然会用到手臂。在其他活动中,我们可能会用到脚或手指。我们的语词或概念不是也有类似的情况吗?用库萨的尼古拉最喜爱的一个术语来说,它们同样是"猜想"(conjectures)——冈迪亚克(Gandillac)指出,库萨的尼古拉从这个拉丁词中理解了其德文翻译 *Mut-massung*，暗示用心灵进行度量。我们可以把这样的猜想称为虚构，只要我们牢记，与"臂尺"和"足尺"[即英尺]一样，它们并非无中生有，而是某些经验的反映。

当然，困难是我们无法像上帝那样理解他的创造。因此，我们看不到它的真相。说到底，一切真实的东西都超出了我们的概念把握：我们对感官提交的东西所作的解释必定极为混乱。甚至连这些解释也已经受制于我们人类的视角。因此，世界并非被简单地给予人。只要有经验，就会有人类心灵的解释活动。理解经验的方式对于经验是必不可少的。库萨的尼古拉认为这正是普罗泰戈拉的深刻洞见。

再重复一遍：在试图理解理智时，我们不应忽视人的创造力所做的贡献。人自身提供了认知的量度。于是，库萨的尼古拉显得像是维柯（Vico）的先驱。但是当库萨的尼古拉把心灵看成展开的"一"在寻求"一"时，他更像是在追随柏拉图。库萨的尼古拉也认为求知是不停地尝试让呈现给我们的东西服从于一，把多归于一。在这方面，他极为强调计数为人的认知提供了一种范式；正如我们已经看到的，数学为我们最好的猜想提供了形式。库萨的尼古拉也认识到，人对"一"的需求与我们往往混乱的知觉之间存在着张力。

由于我们是有限的认知者，被抛入了一片混沌，这种对"一"的寻求必定表现为不停地尝试让世界的多服从于一，在初看起来不同的东西里发现相同，把多归于一。因此，如果在某种意义上可以把人的心灵称为在量度和数中展开自身的活的"一"，那么要想不用任意的发明来取代理智，这种展开就必须在世界之中来实现自身。我们所寻求的"一"吸引我们沉思真正的存在，要求我们面对一个迷宫般的世界（我们并非这个世界的作者），要求对那个活的"一"（我们就是这个活的"一"）的展开同时也是对那个世界中的"一"的发现。把心灵理解成展开的"一"与要求这种展开不与实在相脱节（以免人类认知者脱离他自身的实在）之间存在着张力。

如果我们的理智要使呈现给感官的东西服从于理智自身的量度，如果我们的心灵要在现实中展开自身，那么呈现给我们感官的东西就必定会带有秩序的痕迹，被逻各斯所照亮。[①] 我将在后面的章节中回到这一点。这里我想着重关注库萨的尼古拉把心灵理解成一种展开的"一"的做法，这让我们想起了阿尔贝蒂的艺术家像神一样创造了第二个世界，其统一的中心位于眼睛。但是对库萨的尼古拉而言，为我们表现世界提供中心的不再是眼睛，为其提供量度的不再是人体：人的心灵既为我们表现世界提供了统一的中心，又把它所携带的那种"一"的量度应用于我们所感知到的东西。然而，这种量度过于形式和抽象，无法被立即运用于所给予的东西。正如阿尔贝蒂在其透视构建中以人体结构为量度来调解眼睛的视点与所要描绘的东西，库萨的尼古拉也不满足于心灵所提供的抽象的"一"，而是认识到需要有量度

---

① Plato, *Timaeus* 69b - c. 参见 Elizabeth Brient"The Immanence of the Infinite: A Response to Blumenberg's Reading of Modernity,"(Ph. D. diss. , Yale University, 1995),pp. 113 - 114。

来调解抽象的"一"与所要表现的东西。这里，成功地表现世界同样要求我们为自己提供量度，以使我们最好地度量所要表现的东西。但是正如身体结构为阿尔贝蒂的艺术家提供了量度，我们心灵的结构和运作模式——在数中展开自身的"一"，不也为我们提供了量度吗？

正如我们已经指出的，计数，尽管同时也是度量的形式，但不得与度量相混淆。然而，这种形式确实为我们提供了某种类似于量度之量度的东西。于是库萨的尼古拉坚称，这些量度必须尽可能地清楚："当我们使用一个形象，并尝试通过类比来研究未知事物时，那个形象必须是完全无可怀疑的；因为只有通过假定了的前提和确定的事物，我们才能达到未知的事物。"我们所感知到的东西太过混乱和不稳定，无法为我们提供所需的量度：

> 但是由于一切可感知事物之中都充满了物质的可能 195
> 性，所以一切可感知事物都处在持续的不稳定状态之中。
> 在考察事物的过程中，我们看到了那些比可感知事物更为
> 抽象的东西，即数学的东西，它们对我们来说非常确定和可
> 靠（它们并非完全摆脱了与物质的联系，没有物质联系就无
> 法设想它们，但它们也不是完全受制于一切可能变化）。这
> 就说明了有智慧的人为什么如此乐于到数学中去寻求理智
> 所要考察的事物。①

---

① Nicholas of Cusa, *On Learned Ignorance*, trans. Jasper Hopkins(Minneapolis: Banning, 1981), I. 11, trans. p. 61.

要想正确对待我们的理智所提出的要求，就应该转向数学。数学的世界之所以如此清楚，是因为我们亲自构造了它。"假如毕达哥拉斯学派以及别的什么人以这种方式进行了反思，他们就会清楚地看到，数学实体和数（出自我们的心灵，并以我们所构想的方式存在）并非可感知事物的实质或开端，而仅仅是我们所创造的理性实体的开端。"①因此可以预料，当我们寻找一种能够正确对待我们心灵运作的表现形式时，我们应转向数学。这尤其适用于我们为理解大自然的运作所付出的努力。但应当记住，根据库萨的尼古拉的说法，科学所引出的世界图像的相对清晰性并非基于被表现者，而是基于表现的形式——这引出了一个问题，就像在"合法建构"那里一样，这里所选择的表现形式的力量是否会以牺牲我们"在世界之中"（being-in-the-world）的诸多重要层面为代价。

"门外汉"系列对话的第四篇也是最后一篇《门外汉论杆秤实验》（*Idiota de Staticis Experimentis*）表明，库萨的尼古拉在某种意义上也呼吁对自然作数学处理。②他之所以这样做，可以理解为仅仅是其柏拉图主义的又一个推论。但这种柏拉图主义非常实用，因为库萨的尼古拉提出了许多建议，要把这种关于数学量度力量的洞见付诸实践："在我看来，通过重量差异，我们可以更加真实地把握事物的隐秘方面，而且通过更加合理的猜测可以知道很多东西。"③库萨的尼古拉暗示可以用这种方法来发明温度计和气压

196

①　Nicholas of Cusa, *De Beryllo*, p. 56; trans. *On [Intellectual] Eyeglasses*, p. 63.

②　Nicholas of Cusa, *On Experiments Done with Weight-Scales*, in Hopkins, *Nicholas of Cusa on Wisdom and Knowledge*, pp. 319 – 371.

③　Ibid. , p. 321.

计。更具启发性的是，可以用这种方法来理解不同物质的构成。库萨的尼古拉确信，比较物体的不同重量可以教给我们许多东西，于是他笔下的门外汉提议列出不同物质的比重，认为这可能在药学中特别有用。他呼吁医生不要只是依赖于第二性质，比如尿液的颜色，来诊断某种疾病，而要称量并记录病人和健康人尿液或血液的比重。通过这种定量方法，医生可以更清楚地认识某种药物究竟应当开多少。认真测量不同物质的比重也使我们能够明白"炼金术的掺杂的产物是多么远离真实的东西"。[①]

正如仔细地使用杆秤将会表明炼金术士所能完成的事情，坚持科学结论应当基于可以观察、测量和理解的东西也使库萨的尼古拉的门外汉对占星术产生了怀疑。这并不是说所有占星术预测都应当径直不予考虑——他自称有过一些成功的预测。但他指出，当占星术显得成功时，这种成功并非基于科学，较之星辰，与之关系更大的可能是注意一个人的"神色、衣服、眼睛的运动、说话的特点和语气、所讲的事态"。[②] 这里所设想的占星术科学代表了一种直觉的心理认识。我们的认识并非都有良好的基础。但是，尽管库萨的尼古拉不愿否认这样一种直觉认识的成功，并可能因此而承认那些依赖于文艺复兴魔法的医生和占星家会取得一定程度的成功，但他也深深地怀疑他们的做法，恰恰是因为它并非基于任何值得被称为科学的东西。于是他让他的门外汉说道："我知道我

---

① Nicholas of Cusa, *On Experiments Done with Weight-Scales*, in Hopkins, *Nicholas of Cusa on Wisdom and Knowledge*, p. 337.

② Ibid., p. 365.

经常依照心里产生的念头来预言很多事情，但我完全不知道［我的预测］的基础。最后，我认为一个严肃的人不能没有根据地说话，因此以后我将保持沉默。"[1]库萨的尼古拉在这里显得比菲奇诺、皮科、布鲁诺或康帕内拉更为现代，因为他们仍然固守着一种前现代的魔法世界观。

197 　　这里重要的不是细节，而是库萨的尼古拉为我们指出的一般方向：数提供了一把钥匙，使我们可以表现和更多地了解大自然的运作。与尺子和时钟一样，杆秤能够帮助我们重新描述自然，使它与我们心灵的运作模式更相称。这种对自然科学的数学化的呼吁隐含着从直接经验的异质世界向一个服从数的量度的同质世界的转变。在库萨的尼古拉这里，数学之所以具有这种特权，并不是出于事物的本性；相反，正如他在《论实现的可能性》（De Possest）中所指出的，这与人类认识的本性有关。我们可以想像，存在者通过类的定义来认识事物，就像我们由圆的定义得到了构造圆的规则。但我们经验到的世界并非我们的构造。在这方面，树与圆非常不同。我们构造的东西从来都只是一个相似物、一个难以捉摸的东西、一个意象或图像。这些图像的形式决定了它们会符合人类精神的本性。因此，它们应当尽可能地可理解。但不应把它们与被描绘的事物相混淆；对于后者，我们永远也不可能充分理解。

　　但这并不意味着柯瓦雷的以下说法是正确的，他声称，"库

---

① Nicholas of Cusa, *On Experiments Done with Weight-Scales*, in Hopkins, *Nicholas of Cusa on Wisdom and Knowledge*, p. 365.

萨的尼古拉反对现代科学和现代世界观奠基者的一个基本想法,即(无论是对是错)力图主张数学是至上的,[库萨的尼古拉]认为不可能用数学方式来处理自然。"①远非如此:正如他的《门外汉论杆秤实验》所表明的,在某种意义上,库萨的尼古拉也呼吁作这样一种数学处理。因此,将库萨的尼古拉与新科学区别开的并非如柯瓦雷所说,是他否认有可能对自然作数学处理,而是他对如此依赖于数学的人类理性能否参透自然的奥秘,对上帝是否是用我们的数学语言写了自然这本书缺乏信心。但库萨的尼古拉相信,数学将把我们引向越来越恰当的猜想,这预设了上帝的创世理解与人的心灵在试图领会上帝创世时的展开之间至少有某种相似之处。这就像在给定的圆中作边数越来越多的多边形,我们会越来越接近那个圆,直到最后再也看不出区别。

恩斯特·卡西尔(Ernst Cassirer)认为,库萨的尼古拉呼吁用数 198
学来研究自然仅仅是其柏拉图主义的又一个推论。② 库萨的尼古拉的著作曾经多次援引和提到柏拉图,文艺复兴时期对柏拉图的利用在很大程度上要归功于西塞罗对柏拉图的解读(特别是《论义务》[De officiis])和圣奥古斯丁的著作。但必须补充一点:如果认为必要,库萨的尼古拉会毫不犹豫地批评柏拉图,这种批评使两位思想家有了深刻的距离。我再次引述《论眼镜》中的话:

---

① Alexander Koyré, *From the Closed World to the Infinite Universe*(New York: Harper Torchbook,1958),p. 19.

② 参见 Ernst Cassirer, *The Individual and the Cosmos in Renaissance Philosophy*,trans. Mario Domandi(New York:Harper and Row,1963),pp. 15 - 24。

　　我发现，[那些]追求真理的人还有一些缺点。因为柏拉图说：(1)就一个圆被命名或定义而言(就其被心灵所描绘或构想而言)，它可以被思考；(2)圆的本质不能由这些[思考]而被知晓；但(3)圆的本质(它是简单的和不可摧毁的，没有任何相反者)只能被理智看见。事实上，柏拉图就所有[这样的事物]给出了类似的说法。①

　　库萨的尼古拉这里是在质疑柏拉图的说法，即我们的理智可以看到数学的东西和独立存在的其他[柏拉图的]形式。基督教对上帝超越性的强调必定加深了人的理性与上帝理性之间的鸿沟；由于这种加深，人的创造性开始被重新强调。这种创造性成了人类知识可能性的必要条件。因此在某种意义上，所有人类知识都有一种构造成分，②体现于我们语言的所有概念都是人的创造。它们并不因此就是无中生有的。为了让我们洞悉这个世界，这些量度必须在某种意义上来自于同一个世界，正如阿尔

---

　　① 　Nicholas of Cusa, *De Beryllo*, p. 55; trans. *On [Intellectual] Eyeglasses*, pp. 61 - 62.

　　② 　Jasper Hopkins 质疑他所认为的我的说法，即"一切推定的经验知识从根本上都是构造的知识"，而且更一般地质疑这样一些诠释者，他们仿照卡西尔把库萨的尼古拉解释成预示了康德或德国唯心论。"库萨的尼古拉的思想之所以从历史上讲是引人入胜的，是因为它偏离了托马斯的道路，而不是因为以虚构想象的方式预示了康德的道路。"(*Nicholas of Cusa on Wisdom and Knoweldge*, pp. 73, 490 n. 292)但正如我所指出的，把知识称为构造的并不是要否认我们的知识在我们试图理解的实在中有其量度。我们的任务是要认识到，我这里所谓的视角原理究竟以何种方式使这样一种转向变得必要并且规定了它的方向，前引 *Republic* 7. 524e - 525a 那段话已经暗示了这一方向。参见 Karsten Harries, "Problems of the Infinite: Cusanus and Descartes," *American Catholic Philosophical Quarterly* 63, no. 1(1989), pp. 89 - 110。

贝蒂在自然中、在人体的本性中找到了他的量度。但如果说这些量度必须在某种意义上来自于我们所经验的世界，那么就必须认识到，不能把这种经验归结为对可感事物的单纯接受。发现/发明这些量度所需要的不仅仅是对个体事物的感知，它还需要一种（用维特根斯坦的话说）对家族相似（family resemblances） 199 的感知。诚然，库萨的尼古拉会选择不同的说法。他可能会说感知具有猜想性。

回到库萨的尼古拉对柏拉图的批评："倘若柏拉图思考过那种［说法］，他一定会发现，我们的心灵构造了数学实体，与它们存在于心灵之外相比，心灵所掌控的这些数学实体在心灵之中更真实地呈现出来。"就这样，通过诉诸人类心灵的力量，数学的先验性以一种原康德的（proto-Kantian）方式得到了解释。数学的基础在于人类心灵的展开：

> 例如，人知道机械技艺，比起技艺形成于心灵之外的情况，他在心灵概念之中更真实地拥有这种技艺的形式——正如经由技艺而建造的一所房子，其更真实的形式在心灵中而不在木材中。因为刻画木材的形式是心灵的形式、理念或原型。①

但与柏拉图不同，库萨的尼古拉认为没有理由将房子的理念

---

① Nicholas of Cusa, *De Beryllo*, pp. 55 – 56; trans. *"On [Intellectual] Eyeglasses,"* p. 62.

具体化，并赋予它一种独立的实在性。他认识到，所有这些东西并非源于自然，而是源于人的精神。柏拉图的形式，就像数学实体一样，就这样被理解为人的创造。对于库萨的尼古拉和后来的笛卡儿而言，在某种意义上，我们在多大程度上能够制造事物，就能在多大程度上理解事物。

第十一章　人的尊严

一

1438 年的费拉拉会议（后来转移到佛罗伦萨举行），其更重要的作用与其说是实现东西方教会的短暂联合，不如说是促使盖弥斯托斯·普莱托（Gemistus Pletho）等拜占庭学者来到意大利。菲奇诺把他的普罗提诺评注题献给了洛伦佐·德·美第奇（Lorenzo de' Medici），他在献词中讲述了这一事件对希腊研究的推动作用。事实证明，这种推动不仅决定了他本人的生活，而且帮助近两个世纪的科学从据说迂腐的、书卷气的亚里士多德主义转向了库萨的尼古拉认为"严肃的人"①不值得从事的那种魔法的经验主义。

1433 年，菲奇诺出生在佛罗伦萨附近的菲利内（Figline）。因此，他比阿尔贝蒂和库萨的尼古拉都要年轻，属于下一代。他受过拉丁语言和文学的训练，然后可能在佛罗伦萨研究了亚里士多德主义哲学和医学。托马斯·阿奎那，尤其是奥古斯丁提醒他注意到了柏拉图的重要性。正是为了能够阅读柏拉图著作原文，他开

---

① Frances A. Yates, *Giordano Bruno and the Hermetic Tradition* (Chicago: University of Chicago Press, 1979), p. 13.

始研究希腊语。① 科西莫·德·美第奇（Cosimo de' Medici）愿意当他的赞助人，为其提供了充分的工作时间。1462 年，科西莫送给菲奇诺一套卡瑞奇（Careggi）的别墅——菲奇诺称之为他的"学园"（Academia）——并为他提供了手稿，使他可以翻译、解释和讲授柏拉图和柏拉图主义者的作品：这便是后来所谓"佛罗伦萨的柏拉图学园"（Platonic Academy of Florence）的开端。1473 年，菲奇诺被授予圣职，享有教士俸禄，收入有了保障。

　　菲奇诺一生中大部分时间都致力于翻译柏拉图以及普罗提诺、普罗克洛斯（Proclus）、伪狄奥尼修斯（Pseudo-Dionysius）等柏拉图主义者的作品。正如我们已经提到的，正是菲奇诺第一次将柏拉图的全部作品译成了西方语言即拉丁文。他试图对柏拉图和基督教的主题进行综合，其主要哲学著作《柏拉图的神学》（*Theologia Platonica*，1469－1474）的标题便暗示了这一点。但是在菲奇诺开始翻译神圣的柏拉图及其后继者的作品之前，他不得不为其奄奄一息的赞助者翻译《赫尔墨斯文集》（*Corpus Hermeticum*），科西莫·德·美第奇的一位经纪人刚刚把它的一个副本——更确切地说是它的前 14 篇文章——带到佛罗伦萨。② 对于注意力的这种转移，菲奇诺并非不情愿：从拉克坦修（Lactantius）和奥古斯丁开始，这些文本就被认为甚至可以追溯到摩西时代，由此我们不是可以通达神学和希腊哲学的埃及本原吗？正如海德格尔到前苏格拉底哲学家那里去寻找哲学的起源，用保罗·克里斯泰勒（Paul Kristeller）的

---

　　① 参见 Paul Oskar Kristeller, *The Philosophy of Marsilio Ficino*, trans. Virginia Conant(New York：Columbia University Press，1943)，pp. 16－17。

　　② Ibid. ,pp. 12－13.

话说，菲奇诺也相信他在赫尔墨斯或三重伟大的赫尔墨斯那里找到了哲学家、祭司和王，"一个不间断地延续到柏拉图的智慧传统的源泉和起源(*fons et origo*)"。① 菲奇诺认为有很好的理由把这个据称的埃及人称为"神学的第一位作者"。他相信，赫尔墨斯"之后是俄耳甫斯(Orpheus)，他在古代神学家中位居第二；阿格劳法莫斯(Aglaophamos)领受了俄耳甫斯的神圣教导，之后是毕达哥拉斯，其门徒是菲洛劳斯(Philolaus)，他是我们神圣的柏拉图的老师。因此存在着一种古代神学(*Prisca theologia*)，……它起源于墨丘利(Mercurius)②，最终在神圣的柏拉图那里达到顶点"。③ 这一起源的恢复预示着真正的神学和哲学的复兴，不仅如此，它难道没有预示着政治秩序的变革吗？欧洲难道不需要一位贤明的统治者、一个新的赫尔墨斯将它从使之四分五裂的纷争中解救出来吗？

菲奇诺如此重视《赫尔墨斯文集》中的文章，难怪流传下来的这一翻译的抄本要比他的任何其他著作都多。④ 菲奇诺称它为《牧人者篇》(*Pimander*)，这是用第一篇文章的标题来命名整本书。考虑到奥古斯丁对三重伟大的赫尔墨斯、尤其是针对《阿斯克勒庇俄斯》的批判，这种流传的意义自不待言。诚然，教父拉克坦修的意见与奥古斯丁相反，他把三重伟大的赫尔墨斯看成一位预见到基督教胜利的异教先知。在整个中世纪都有思想家带着敬意

202

---

① 参见 Paul Oskar Kristeller, *The Philosophy of Marsilio Ficino*, trans. Virginia Conant(New York: Columbia University Press, 1943), p. 15.

② ［即希腊神话中的赫尔墨斯。——译者］

③ Ibid. , p. 14, quoting Ficino's *Pimander*.

④ Ibid. , p. 17.

谈起传说中的赫尔墨斯,包括多明我会修士大阿尔伯特和托马斯·阿奎那,以及库萨的尼古拉。不过,奥古斯丁将《阿斯克勒庇俄斯》与恶毒的魔法联系在一起,这必定给那些试图到赫尔墨斯主义传统中寻找揭开自然奥秘钥匙的人心里蒙上了浓重的阴影。菲奇诺的《牧人者篇》有助于消除这种阴影,不是通过强化旧有的理解,即三重伟大的赫尔墨斯预见到了基督教的福音,而是把他与柏拉图联系在一起,将柏拉图的形而上学和宇宙论与受到奥古斯丁强烈谴责的魔法知识——库萨的尼古拉认为一个严肃的人应当对这种知识保持沉默——加以融合。① 菲奇诺的柏拉图主义促使一些严肃的人打破沉默,从而使文艺复兴时期的魔法变得可敬:这种魔法难道不能帮助贫困的人类让这个地球变得更像家一些吗?

我曾在第五章指出,绘画与魔法的联系给阿尔贝蒂的论著蒙上了阴影。菲奇诺使当时的画家能够把这种阴影重新诠释为一盏明灯。我们还记得,阿尔贝蒂曾经提到,《阿斯克勒庇俄斯》在关于制作神的技艺的谈话中创造了一些"充满感觉和精神的雕像,可以

---

① 菲奇诺知道库萨的尼古拉吗? 耶茨(Yates)引用 Raymond Klibansky, *The Continuity of the Platonic Tradition during the Middle Ages*: *Outlines of a Corpus Platonicum Medii Aevi* (London: Warburg Institute, 1939), pp. 42, 47, 声称菲奇诺把库萨的尼古拉看成柏拉图主义者长链中的重要一环(*Bruno*, p. 124)。卡西尔也要我们把他看成这样一环,但指出菲奇诺仅在一封信中提到了库萨的尼古拉一次,而且还把名字拼错了。(*The Individual and the Cosmos in Renaissance Philosophy*, trans. Mario Domandi [New York: Harper and Row, 1963], p. 46 n. 2)。另见 Kristeller, *Ficino*, p. 27。Willehad P. Eckert 质疑菲奇诺或皮科是否真的极大地得益于库萨的尼古拉,这似乎是正确的。参见 "Nikolaus von Kues und Johannes Reuchlin," in *Nicolò Cusano*: *Agli Inizi del Mondo Moderno*, Atti del Congraso internazionale in occasione del V centenario della morte di Nicolo Cusano, Bressanone, 6–10 settembre 1964 (Florence: Sansoni, 1970), pp. 199–200。

做到许多事情"。虽然在《理想国》中,柏拉图批评画家的技艺只关注对现象进行描绘,从而三倍远离了实在,但菲奇诺可以用普罗提诺的话来反驳这种批评。普罗提诺的说法大大提升了对画家技艺的理解,促使人们从非常不同的角度来理解柏拉图为何会把画家比作魔法师。

诚然,我们在普罗提诺那里看到了对形体美的批评,这可能使他看起来甚至比《理想国》中的苏格拉底对绘画更有敌意。考虑以下这段话,普罗提诺以《会饮篇》的方式将我们的美感经验描述成一种神秘体验:

> 如何才能看见那深居于圣所里面、不显现出来、免得不洁不敬者看见的"无法企及的美"呢?
>
> 人若能做到,就务必要反躬自省,把肉眼所及的一切事物都抛在外面,摈弃先前所见的一切形体的美。当他看到形体之美时,务必避而远之,不可追逐——须知,它们都只是映像、痕迹、影子——而要快速转向这些映像之原型。如果人追逐映像,以为它就是实在,想要抓住它(我想,这就像某处的某个寓言故事里所讲的,一个人想要抓住投在水面上的美丽影子,于是就跳入水中,结果沉到河里不见了),那么这个依恋形体之美、不愿放手的人也必定会像这寓言里的人一样,沉入到黑暗深处——当然沉下去的不是身体,而是灵魂——那里理智毫无喜乐,茫然无知地陷在地狱里,与到处弥漫的影子同流合污。①

---

① Plotinus, *Enneads* 1. 6. 8, trans. Stephen MacKenna (London: Faber, 1956).

对那喀索斯神话的暗示表明,我们应把前面讨论的阿尔贝蒂对该神话的使用看成自觉地拒绝听从普罗提诺的警告。

但是,虽然普罗提诺这里对形体美的拒斥似乎至少与柏拉图的拒斥同样坚决,但他也针对《理想国》中的批评为艺术作出了辩护:

> 如果有人因技艺模仿自然物而蔑视它们,那么我们首先要告诉他,这些自然物本身也是仿制品,然后让他知道,技艺并不是单纯地复制可见之物,而是要回溯到自然由以形成的理性本原;而且,技艺本身也有许多功能,因为它们拥有美,能够弥补自然所缺乏的许多东西。菲狄亚斯(Pheidias)并不是依据某个可感知的模型来造宙斯,他依据的是宙斯想要向人显明出来时会采用的形式。(《九章集》5.8.1)

这里说艺术家能够"回溯到自然由以形成的理性本原",从而创造出能够更充分显示出这些本原的作品。因此,这种作品的美据说就像正在显现的神的美。这肯定有助于我们认识到,

> 那些古代圣贤建造神殿和雕像,是希望诸神能向他们显现,洞悉大全的本性,是知道这个(世界的)灵魂在任何地方都有迹可循。但如果有人能构建与它相像并能接受它的部分事物,那么这样的事物最有可能获得灵魂。与它相像的事物就是以某种方式复制它的事物,就像镜子能够再现它的映像。
>
> 大全的本性也是使其整个内容最恰当地复制出它所分有

204

的理性本原,每一个特殊事物都是一种理性本原在质料里的映像,而这种理性本原本身又是之前质料里的理性本原的映像:于是每一个特殊事物都与神相联系,就是依照这个神造的……①(《九章集》4.3.11)

弗朗西丝·耶茨(Frances A. Yates)指出,菲奇诺在《论从天界获得生命》(De Vita Coelitus Comparanda)中评论这段话时为赫尔墨斯主义魔法作了辩护(菲奇诺以为普罗提诺依赖于三重伟大的赫尔墨斯的《阿斯克勒庇俄斯》)。② 艺术向我们表明,的确可以创造出艺术品使精神下降到可见物之中,这些精神化身将会比自然物更清楚地彰显神性。行家里手能将自然力引入特殊物体,比如创造出具有神奇特性的药水。和奥古斯丁一样,菲奇诺也确信,不仅魔鬼对我们人有某种影响,而且可以通过仪式获得它们的帮助——他也谴责这种可能性与基督教不相容,尽管邪魔可以被驱除。所有这些都表明,有可能对现实进行改造,使之成为我们更名副其实的家。这样一来,艺术便为一种魔法的自然科学指明了方向。

二

菲奇诺为其《关于心灵的五个问题》(1476)一文所写的导言也表明,有可能"回溯到自然由以形成的理性本原",并且创造出能够

---

① Yates, *Bruno*, pp. 64 - 65.
② Ibid., pp. 64 - 66. Cf. Kristeller, *Ficino*, p. 314.

更充分显示出这些本原的作品。他在这里考虑的不是艺术，而是哲学。我们再次遇到了那个现已熟悉的登山隐喻：

> 智慧女神诞生于造物主朱庇特的头冠，她警告其哲学爱慕者，如果他们真正渴望永远拥有自己心爱的东西，就应该始终寻求事物的最高峰，而不是最低的地方；从高天上派下的神的后代帕拉斯（Pallas）［即智慧女神雅典娜］，常去她所建立的高耸的城堡。她还表示，要想达到事物的最高峰，必须较少考虑灵魂的低劣部分，而是上升到它最高的部分——心灵。最后她承诺，如果我们将自己的力量集中到灵魂的这个最富有成果的部分，那么毫无疑问，凭借这个最高的部分本身，也就是凭借心灵，我们将拥有心灵的创造力，心灵乃是密涅瓦［即智慧女神雅典娜］的同伴和最高的朱庇特的养子。因此，我的哲学家同胞啊，前不久在塞拉诺山（Monte Cellano）上，我用一晚上时间也许已经通过心灵创造了这样一种心灵。①

菲奇诺告诉我们，在完成了篇幅长得多的《关于灵魂不朽的柏拉图神学》（*Platonic Theology on the Immortality of the Soul*）之后，他在山上仅仅用了一晚上就写出了这篇简短的作品，既在字面意义上，又在比喻意义上。彻夜工作是将白天的日常事务抛下，

---

① Marsilio Ficino, "Five Questions Concerning the Mind," trans. Josephine L. Burroughs, in *The Renaissance Philosophy of Man*, ed. Ernst Cassirer, Paul Oskar Kristeller, and John Herman Randall, Jr. (1948; reprint, Chicago: University of Chicago Press, 1971), pp. 193 – 194.

而在山上工作则是将这个有身体的自我抛下——我们被告知，要想获得智慧，就必须作这样一种提升。追求真理需要自我超越，需要自由，需要一种更加开放的眼光，超出我们感官的时空限制。

对心灵的自我提升和自由的这种强调我们已经很熟悉了，但与它同样重要的是对创造力的强调。菲奇诺说一部作品通过心灵创造心灵，这再次让我们想起了《阿斯克勒庇俄斯》：难道不正是他写到的诸如一尊富有生气的雕像的东西，使精神化身为一种可感材料，并且能够做到许多事情吗？我们还会想起《会饮篇》，其中狄奥提玛告诉年轻的苏格拉底，对于我们人来说，最好的生活不是把时间花费在沉思美的形式上，而是由这样一种人来过的，他能登上"天梯，一步步上升——也就是说，从一个美的形体到两个美的形体，从两个美的形体到所有美的形体，从形体之美到体制之美，从体制之美到学识之美，最后再从学识之美进到仅以美本身为对象的那种特殊的爱，最终明白什么是美"，然后返回到他在世界中的位置。他会加速产生和培育完美的美德，使之加速的是"美德本身"，而不是"与美德相似的东西"。① 这里沉思性的爱神让位于一个创造性的，或者毋宁说是生育性的爱神：我们所能产生的最高贵的东西就是精神。因此，菲奇诺本着相当柏拉图式的精神坚称，上山之后他得以创造出精神，也就是说，构想并写下他在一部传递真理的哲学作品中所构想的东西。

206

　　① Plato, *Symposium* 211e - 212a, trans. Michael Joyce in *The Collected Dialogues of Plato*, *Including the Letters*, ed. Edith Hamilton and Huntington Cairns (Princeton：Princeton University Press，1961).

菲奇诺简短的文章再次表明，尽管文艺复兴时期的人文主义极大地受益于柏拉图和柏拉图主义传统，但在很大程度上仍然是一种基督教人文主义。基督教人文主义者在柏拉图那里所能找到的是比他们更早的众多基督教思想家已经发现的东西：这位异教哲学家可以使他们对其信仰的奥秘获得更清楚的认识，尽管这可能导致异教哲学冲淡它所服务于的基督教内容。基督徒清楚地看到，柏拉图认为灵魂超越了有朽的身体，其真正的家在这个有朽的世界之外，因而是不朽的。就这样，菲奇诺的《关于心灵的五个问题》把知识理论与对不朽灵魂的探究联系在一起，这让我们想起了柏拉图的《斐多篇》。柏拉图这篇对话的关键是强调人的自我超越能力。这种强调引出了两种进一步的想法：通过超越有身体的自我而回到其真正本质，即我们所谓的灵魂，人在自身之中发现了知识的来源。正如柏拉图所说：为了获取知识，我们必须对形式即万物的理性本原进行回忆。这种回忆也意味着自我的回家，回归于本质的自我。然而在这里，这种本质的自我并没有像在埃克哈特那里一样，被视为一个无限的深渊，而是被认为与形式（Forms）在一起，自然在形式中也有其根据和量度。因此，灵魂本质上就与自然的本质和根据相契合。正是这种契合使求知成为可能。灵魂的回家也是回到寓居于事物之中的逻各斯。在基督徒看来，异教徒柏拉图显然是在用哲学来表达上帝创世之道。

灵魂以其回忆形式的能力而表现出不朽性。"我们现在回忆的东西肯定是从前学过的，除非我们的灵魂在进入人体之前在某处存在，否则这是不可能的。"《斐多篇》中的苏格拉底继续解释这种学说："假定你看到某个事物，你对自己说，我能看出这个事物像另一个事物,但还有所欠缺,并不能真的相同,而只是有点儿像。207
在这种情况下你难道不会同意我的看法,即任何接受这种印象的
人从前必定有过关于他说的那个有些相同、但并不完全相同的事
物的知识吗?"但即便如此,"在我们第一次看见相等的事物,明白它
们在努力追求相等但又缺乏相等之前,我们一定拥有某些关于相等
的知识"。这样的知识必定"在我们出生之前"便已获得,"在出生那
一刻失去了"。我们所说的学习就是恢复这些失去的知识。但是,
要使这些有意义,我们的灵魂在获此人身之前必须已经存在。①

　　柏拉图笔下的苏格拉底认为,我们的一些知识不可能来自经
验。这类知识的一个例子是关于相等的知识。这种先验知识的前
提是,灵魂以某种方式超越了感觉经验和身体。柏拉图声称,灵魂
的存在不可能等同于与生俱来、随死而去的有身体的自我,从而表
达了这种超越性。灵魂不会像身体一样受时间影响,它先于有身
体的自我而存在,当身体死亡时不会死去。我们不得不追问,这段
关于前世的谈话是否仅仅是一个隐喻,即理智超越于身体而且不
可还原为身体:我们丝毫不确定这是否意味着(或者柏拉图在《斐
多篇》中是否想主张)某种类似于个人不朽那样的东西。但对于本
书而言最重要的是:它宣称人超越了有身体的自我;在超越自己
时,他在自身之中发现了一种理性的根据,它同时也是自然的根
据;获得这种根据之后,他也可以希望至少能在一定程度上控制支
配他的那些自然力。

　　所有这些想法对于文艺复兴时期的人文主义对柏拉图的接受

---

① Plato, *Phaedo* 72e - 76c, trans. Hugh Tredennick in ibid.

都很重要，但应当注意，像库萨的尼古拉那样的人很难赞同第二种说法。菲奇诺的柏拉图主义基于对柏拉图文本更好的理解，它与库萨的尼古拉的柏拉图主义之间的确存在着一种深刻的区别：我们在这里感觉到了把两代人隔开的东西。再次考虑库萨的尼古拉对毕达哥拉斯学派的质疑，他声称："数学实体和数（出自我们的心灵，并以我们所构想的方式存在）并非可感知事物的实质或开端，而仅仅是我们所创造的理性实体的开端。"①菲奇诺可能不会同意这种看法，他会抗议说，数学实体的确可以揭示寓居于自然之中的精神，从而揭示如何引导自然的力量，使之促进人类的健康和幸福。因此，菲奇诺确信星辰会对人的命运产生影响，他本人则施行耶茨所谓的"一种温和形式的星辰魔法，试图通过将更幸运的星辰影响引向自己而改变和逃离他的土星天宫图"。②库萨的尼古拉可能认为，魔法对数学的这种依赖是毫无根据的。我们必须结合库萨的尼古拉从毕达哥拉斯转向普罗泰戈拉来理解他对柏拉图的利用，这一转向使他很难严肃地对待天宫图。诚然，正如我们在前一章所看到的，库萨的尼古拉愿意承认，画天宫图的占星学家可能会对某个人的心理有所认识，从而能够做出正确的预测。然后，他可能会用数学计算来装点这些预测，谈论行星及其影响。但无论这样一位占星家可能拥有什么样的认识，这种认识都是直觉上的，

① Nicholas of Cusa, *De Beryllo*, in *Opera Omnia*, vol. 11, ed. Hans Senger and Karl Bormann(Hamburg：Meiner，1988)，p. 56；trans. Jasper Hopkins as *On [Intellectual] Eyeglasses*, in *Nicholas of Cusa：Metaphysical Speculations* (Minneapolis：Banning，1998)，p. 63.

② Yates，*Bruno*，p. 60. 另见 Kristeller，*Ficino*，pp. 310 - 312。

在这个意义上是毫无根据的,不值得"严肃的人"去追求。虽然这样一种直觉理解是我们与人日常打交道的前提,但任何试图更好地理解自然运作的人都不应相信它。这种研究需要一种不同的检验。有学识的无知教导我们,我们无法从直觉上领悟事物的灵魂或自然中固有的力量。因此,库萨的尼古拉建议我们计算和测量,要求我们重新描述自然,使之与我们心灵的运作模式更相称,而没有说这种重新描述将使我们洞悉事物的本质。

但是对菲奇诺而言,柏拉图的回忆说恰恰承诺了这样一种对支配事物之力的直觉理解。他深信我们的灵魂与事物的灵魂是相契合的,不再像库萨的尼古拉那样怀疑隐秘科学。通过使柏拉图主义与魔法的联姻显得在哲学上可敬,菲奇诺为奠定文艺复兴时期自然哲学的基础做出了贡献。①

三

菲奇诺对人类创造性的强调引出了一个问题:是什么束缚着这种创造性?人到哪里去寻找其固有的位置和量度?菲奇诺在《关于心灵的五个问题》开篇对运动作了相当传统的讨论,暗示了这个问题的答案,他所谓的"运动"不仅指位置运动,也指生灭。他指出,所有这些运动都是以有序的方式进行的,都有一个明确的方向,从某个明确的开端发展到某个终点。② 菲奇诺也本着亚里士

209

---

① 参见 Cassirer, *The Individual and the Cosmos in Renaissance Philosophy*, pp. 101 - 102。

② Ficino, "*Five Questions*," p. 195.

多德的精神将运动限制在开端和终点之间。他把自己的思想毫不犹豫地拓展到整个宇宙:"在这个整体的共同秩序中,所有事物,无论多么不同,都会根据一种确定的和谐和理性的方案而被恢复为'一'。因此我们得出结论,万事万物都会受到某个最为理性所充满的秩序颁布者的引导。"(p.195)在这里,菲奇诺最坦率地给出了设计论论证的纲要,缩小了埃克哈特和库萨的尼古拉所坚持的上帝理性与人的理性之间的差距。菲奇诺的上帝并不像他们的上帝那样具有彻底的超越性。他的柏拉图主义-赫尔墨斯主义哲学让世界变得更像家。上帝的理性在宇宙中难道不是昭然可见的吗?我们自己的理性难道不是让我们分有了上帝的理性吗?正如柏拉图所教导的,活在我们之中的神圣的逻各斯也活在自然之中。由于它同时存在于两者之中,所以人可以知晓宇宙的理性规划。潜在的无序自由可以通过洞悉神圣的秩序来约束自身。

菲奇诺关于元素、植物和动物固有运动的论述表明他仍然在很大程度上遵循着传统:他说元素在寻求其固有位置;通过营养、产生和生殖来讨论植物的生命;通过自然需求的满足来讨论动物的生命。然而,如果所有这些东西都趋向于一个目标,那么人的心灵的固有目标是什么呢?

　　　　我说,心灵必须以大得多的程度被导向某个有秩序的目标,在其中,心灵根据其最真诚的渴求而得到完善。正如[人的]生活的单一部分,即思考、选择和能力,都指向单一目标(因为其中任何一个都朝向其自身的目标,就好像朝向它自身的善),所以[人的]整个生活也以类似的方式朝向普遍的目标和善。那么,既然任何东西的各个部分都服务于整体,各个部分彼此之间的固有秩序就从属于它们相对于整体的秩序。进而可知,它们关于特定目标的秩序取决于整体的某种共同秩序,这种秩序特别有助于整体的共同目标。(p.197)

我们再次看到了对"一"的柏拉图主义强调:人的心灵本质上被理解成渴求,在库萨的尼古拉那里,这种渴求也首先被理解为追求"一"、追求整体。其结果是追求整合:人生的不同目标被聚合成一个主要目标。同样有柏拉图主义色彩的是,"由于心灵知晓静止,并认为静止优越于变化,由于心灵天然地渴求静止而非运动,因此在某种静止状况而非运动状况下,心灵渴求并最终达到它的目标和善。"(p.198)渴求预设了缺乏满足。要想得到满足,就要与自身合一,也就是处于静止。但只要我们仍然迷恋这个世俗世界,就不可能与自身合一。我们最深的渴求要求我们超越自己的时空条件,提升到一种不被时间玷污的更高实在。

每当我们专注于不受制于时间的东西比如数学时,我们就开始接近这个更高的实在。

心灵所熟知的对象是事物的永恒原因,而不是物质多变的受作用状态;正如生命所特有的力量或卓越性,即理智和意志,超越运动事物的目标而达到稳定和永恒的事物,所以生命本身肯定也超越了任何时间变化而达到其永恒的目标和善;事实上,无论是通过理智还是意志,灵魂永远也无法超越运动事物的界限,除非它可以通过活着而超越它们〔这种表述也许

210

显得自相矛盾];最后,运动始终是不完整的,它总是努力朝向别的东西,而一个目标尤其是最高目标的本性首先是,它既非不完善,也不是朝向其他某个东西。(pp. 198 - 199)

身为人就是永不止息,就是渴望得到现世状况无法给予我们的满足。自柏拉图以降,这样一种满足伦理学就在伦理思想中起了重要作用,它预示着将生与爱的艺术转变为死的艺术,让沉思优越于创造。这就把我们带回了在《会饮篇》中十分重要的沉思的爱神与生育的爱神之间的张力。

211　　　这种对存在之完满性的渴求在认知上的表达就是对真理的渴求,和亚里士多德一样,菲奇诺相信人类能够把握真理。

理智把存在分为十个最普遍的属,再根据程度把这十个属分为尽可能多的较低的属。然后,它把基本的种安排在较低的属之下;最后,它按照我们所描述的方式把仿佛无尽的单个事物置于种之下。如果理智可以把存在本身理解为一个明确的整体,根据程度把它划分为它的所有成员,再将这些成员彼此之间进行比较和与整体进行比较,那么谁又能否认,它天然就能把握普遍的存在本身呢?(pp. 199 - 200)

这里我们看到了一种恢复的信心,即人能够把握本质,这种信心既是人文主义的又是基督教的,但也是文艺复兴时期魔法的基础。认知的人与自然是可公度的,这种可公度性源于上帝,他按照自己的形象创造了我们。我们后来在哥白尼那里看到的也是同一种信心，不过那里几乎不带有赫尔墨斯主义传统的色彩。

下面这段话很有启发性：

> 因此，亚里士多德说：正如质料（它是自然事物中最低的）可以具有一切物体形式，并通过这种方式而成为一切物体，理智（它仿佛是所有超自然事物中最低的和自然事物中最高的）也可以具有一切事物的精神形式，并成为一切事物。于是，在存在和真理的概念下，宇宙是理智的对象；同样，在善的概念下，宇宙是意志的对象。那么，除了在理智中根据理智的本性来描绘万物，从而把万物变成它本身，理智还会寻求什么呢？除了根据万物彼此的本性来享有万物，从而把意志本身变成万物，意志还会努力做到什么呢？前者试图使宇宙以某种方式变成理智，后者则试图使意志变成宇宙。因此在理智和意志这两方面，灵魂的努力都被导向这一目标（正如阿维森纳的形而上学所说）：灵魂将以自己的方式变成整个宇宙。于是我们看到，凭借一种自然本能，每一个灵魂都持续努力通过理智认识所有真理，通过意志享有一切美好的事物。（pp. 200 - 201）

212

这里是以亚里士多德所说的质料形象来思考理智的：正如质料可以具有一切物体形式，理智也可以具有一切现实事物和可能事物的精神形式。我们的理智是朝着无限的可能性开放的。因此，作为理性的存在，我们体验到了可能事物的诱惑力。我们所熟知的柏拉图式的爱神在这里产生了一种新的活力。我们之前看到的是灵魂渴望超越其时间限制;现在爱神表现为渴望占有宇宙,不仅是理智上的求知,而且是在一种更强的意义上:宇宙开始被视为人类享受的材料。诚然,这里距离我们的技术信仰仍然很遥远,但我们已经可以看到一些端倪。

　　菲奇诺也把理智与无限联系在一起,认为任何有限的事物最终都无法满足它的渴求。我们总是寻求无条件的、绝对的东西。但任何有限的东西都是有条件的。"的确需要记住,我们所说的宇宙是灵魂的目标,是完全无限的。我们认为任何事物都有其强烈渴求的特殊的、固有的目标。"(p.201)鉴于人的精神对于无限的开放性,只有无限的东西才能最终满足它。"因此,理智的探究永远不会停止,直到它找到那种原因,没有东西是这个原因的原因,但它本身是却是原因的原因。这个原因便是无限的上帝。"人类的最终目标只能是上帝:"你只可能憩息在无边的真理和善中,也只可能在无限中找到目的。"(p.201)人类不仅拥有自我超越的能力,而且超越一切有限事物也是其最深的渴求,这使我们不可能平静地面对我们的有限状况:"理性灵魂以某种方式拥有无限和永恒。否则它永远也不会具有趋向无限的特征。毫无疑问,正是由于这个原因,任何人都不会心满意足地在地球上生活,都不会对纯粹世俗的财产感到满意。"(p.202)这种对无限的激情预示着对魔法师使宇宙变得更像家的工作的削弱。

213　　　但是,只要我们追求这种无限,就能得到它吗?在《会饮篇》中,阿里斯托芬(Aristophanes)所说的圆形人受到渴求完满这样一种不可能实现的欲望的驱使,挑战诸神的地位,并因这种傲慢而受到惩罚,被宙斯切成两半,力量大大削弱。基督教所讲述的堕落不也传达了这个教义吗？同一主题的现代版本可见于萨特，他虽然自称无神论者，但认为人类生存的目标是上帝，这里上帝被视为自由与存在的合一。不过根据他的说法，没有任何东西也不可能有任何东西符合那种观念：萨特认为，上帝的观念是自相矛盾的。因此，追求这种矛盾说法——这是人类的基本规划、我们最深的激情——是徒劳的。然而对菲奇诺而言，事实并非如此，他和每一位优秀的基督徒都相信，我们对上帝的渴求是一种天然欲望，它本身就是上帝的馈赠，事实上，他深信每一种这样的天然欲望都会得到满足，而不觉得需要用论证来支持这种信念。

人有自我超越的能力，与这种认识相联系的是认识到我们并非完全受制于自己的性情。理性把我们提升到激情和动物之上，给我们以自由，让我们使用语言。"理性当然是我们所特有的。上帝并没有把理性赋予野兽，否则他将使野兽也会说话，说话能力是理性的信使。[否则也将使野兽拥有]手，这是理性的大臣和工具。[倘若野兽拥有理性，]我们就会看到野兽也能深思熟虑和多才多艺。"（p.206）诚然，正如我们已经看到的，这种理性馈赠的用意并不明确：把我们提升到野兽之上的那种自我超越能力也使我们感到不安和不满足。于是，当所有感官欲望最终得到满足时，我们会感到无聊。

> 我们凭借经验知道，我们内部的野兽，也就是感官，经常达到其目标和善。……[但是]当感觉本身在身体最大的快乐中得到了最大可能的满足时，理性仍然表现出极度的不安并使感官烦乱。如果理性选择服从感官，则它总是对某种东西

作出推测,发明新的喜乐,不断寻求进一步的我不得而知的东
西。另一方面,如果它努力抗拒感官,就会使生命变得不自
然,艰苦费力。因此,在这两种情况下,理性不仅不快乐,而且
完全扰乱了感官本身的幸福。(p.207)

菲奇诺被迫认识到,使人能够爬到顶峰的那种能力,给人以尊
严的那种自由,同时也导致了深刻的不幸福,此时这种认识给他的
世界观蒙上了一层阴影。我们每个人不都是不幸的普罗米修斯
吗?——菲奇诺告诉我们,唯一的补救方法就是返回他得到火的
那个地方,即神那里。正如萨特所认识到的,任何魔法都没有强大
到足以弥合自然与自由之间的缺口。菲奇诺坚持这种对和解的希
望,但他也承认,单凭人的理性必定无法满足这种希望。因此,他
也从哲学转向宗教:只有摩西的律法能为我们解决冲突。于是在
菲奇诺那里,我们也发现了与基督徒的希望相反的黑暗一面:

身体中的灵魂真的要悲惨得多,一方面是由于身体本身
的虚弱和不健全,并且想要一切,另一方面是由于心灵会不断
焦虑:因此,当天界的不朽灵魂落入一个放纵的、尘世的可朽
身体中时,不断追求其幸福就愈加费力,而当它从身体中解放
出来,或者处在一个有节制的不朽天体中时,就更容易得到其
幸福。(p.211)

如果像菲奇诺所认为的,没有任何自然欲望会得不到满足,那
么我们可以确信,我们将获得这样一个身体:"永恒的灵魂似乎最

自然的状况是,它应该继续住在自己持久的身体之中。"(p.211)在这一语境中,重要的是(尤其是与柏拉图相比较)菲奇诺这里对身体的强调。这种强调促使我们重新恢复在阿尔贝蒂那里如此突出、在库萨的尼古拉那里也有所讨论的眼睛。对于基督徒来说,这种恢复是道成肉身和承诺的复活所要求的。

菲奇诺以一种对幸福的展望结束了这篇讨论灵魂的文章:"因此,在那个地方[将会找到]永生和最明亮的知识之光,没有变化的静止,摆脱了贫乏的良好状况,对于一切善的宁静而安全的拥有,无处不在的完满的喜悦。"(p.212)我们在什么意义可以理解这样一种状态?它难道不是叔本华和萨特所说的"木的铁"(wooden iron)吗?它能与死亡区分开吗?这里菲奇诺是否效仿了他伟大的榜样,即神圣的柏拉图,最后也把"爱的艺术"(ars amandi)变成了"死的艺术"(ars moriendi)呢?

四

菲奇诺的朋友——早熟的皮科·德拉·米兰多拉(Pico della Mirandola)甚至更加重视人自我超越的能力和它所赋予的自由。① 皮科生于1463年,库萨的尼古拉于前一年去世。因此,他比菲奇诺年轻一代,仅比哥白尼大10岁。皮科的父亲是费拉拉附近一个小领地的亲王,与上层保持着良好的关系,因而他的儿子10岁时

---

① Brian P. Copenhaver and Charles B. Schmitt, *Renaissance Philosophy* (Oxford: Oxford University Press, 1979), pp. 163-176.

便获得了第一次教会任命——正如我们已经多次看到的,这首先意味着一项收入来源。父亲确保有天赋的皮科在拉丁、希腊文学和哲学方面能够得到良好的教育。皮科在博洛尼亚学习法律,在费拉拉学习人文学,在帕多瓦学习亚里士多德主义哲学。然后他去了巴黎,对中世纪的哲学传统更加熟悉,正是在那里,他萌生了总结当时一切知识的想法。他不再愿意只是援引希腊人和罗马人,而是在一切传统中寻找真理。事实上,皮科学会了希伯来语、阿拉姆语和阿拉伯语。

在同时代人眼中,皮科就像是一个学术奇迹。这个年轻人似乎也非常认同这样的判断。无论如何,他有一种与其学识相配的自信:1486 年 12 月,年仅 23 岁的皮科在罗马发表了 900 个论题,并计划为其作辩护,这是他从包括赫尔墨斯文本在内的大量资料中收集来的。他真的指望教会会欢迎这样一种讨论,就像他在《关于人的尊严的演说》(*Oration on the Dignity of Man*)中所宣称的那样吗?"尊敬的长老们,我并非不知道,对于推崇所有好的知识并庄重出席以示尊敬的你们各位而言,我提出的这场辩论有多受欢迎,多让人愉快,它对其他许多人而言就有多恼人和多让人不悦。"[①]但皮科的辛劳并没有像他所希望的那样得到教皇英诺森八世(Innocent VIII)的支持,教皇似乎很反感这个年轻人的狂妄自大,于是任命了一个委员会来审查他的论题。结果,有 3 条论题被视为异端,10 条有嫌疑,辩论遂被禁止。其中一条受谴责论题促

216

---

  ① Giovanni Pico della Mirandola,"Oration on the Dignity of Man,"trans. Elizabeth Livermore Forbes,in Cassirer,Kristeller,and Randall,*The Renaissance Philosophy of Man*,p. 239.

请教会支持魔法和犹太教神秘学卡巴拉（cabala）："没有什么知识能比魔法和卡巴拉更让我们确信基督的神性。"①对魔法和卡巴拉的这样一种提升在教会看来必定是不可接受的。更糟的是，皮科在随同《关于人的尊严的演说》发表的一篇"申辩"中为受谴责论题作了辩护。皮科被迫收回他的论题，逃到巴黎。在那里，教皇使节下令将其逮捕，监禁在巴黎城外的樊尚（Vincennes）。朋友们打通关系，安排他返回佛罗伦萨。洛伦佐·德·美第奇和佛罗伦萨学园，尤其是菲奇诺，张开双臂欢迎他。当对魔法感兴趣的亚历山大六世 1492 年接替英诺森八世担任教皇之后，洛伦佐关于赦免皮科的请求很快得到批准：1493 年 6 月 18 日，皮科将基督教与魔法和卡巴拉结合在一起的努力的正统性得到教皇认可。

直到皮科去世之后，那篇旨在引起巨大争论的著名的《关于人的尊严的演说》才由他的侄子吉安·弗朗切斯科（Gian Francesco）出版。演说一开始便赞叹人类的伟大，皮科既没有引用基督教思想家，也没有引用希腊思想家，而是别具一格地说："尊敬的长老们，阿拉伯人的古文献中写道，有人问撒拉逊人阿卜杜拉，在世界这个舞台上什么最值得惊叹时，他回答说：'没有什么比人更值得惊叹了。'三重伟大的赫尔墨斯的说法与此一致，他说：阿斯克勒庇俄斯啊，人是一个伟大的奇迹。"②菲奇诺已经引用了后面这句话。③

---

① Yates, *Bruno*, p. 111, quoting Pico, "Oration."

② Pico della Mirandola, "Oration," p. 223.

③ Kristeller, *Ficino*, p. 407.

这个开头可能会让现代读者想起索福克勒斯《安提戈涅》中的合唱颂歌,海德格尔的《形而上学导论》(*Introduction to Metaphysics*,1953)便有不少内容基于此:

> 奇异的事物虽然多,却没有一件比人更奇异;他要顶着狂暴的南风渡过灰色的海,在汹涌的波浪间冒险航行;那不朽不倦的大地,最高的女神,他要去搅扰,用马的女儿耕地,犁头年年来回地犁土。
>
> 他用多网眼的网兜儿捕那快乐的飞鸟、凶猛的走兽和海里的游鱼——人真是聪明无比;他用技巧制服了居住在旷野的猛兽,驯服了鬃毛蓬松的马,使它们引颈受轭,他还把不知疲倦的山牛也驯服了。
>
> 他学会了怎样运用语言和像风一般快的思想,怎样养成社会生活的习性,怎样在不利于露宿的时候躲避霜箭和雨箭;什么事他都有办法,对未来的事也样样有办法,甚至难以医治的疾病他都能设法避免,只是无法免于死亡。
>
> 在技巧方面他有超乎想象的发明才能,这才能有时候使他遭厄运,有时候使他遇好运;只要他尊重地方的法令和凭天神发誓所要主持的正义,他的城邦便能耸立起来;如果他胆大妄为,犯了罪行,他就没有城邦了。我不愿这个为非作歹的人在我家做客,不愿我的思想和他相同。①

----

① Sophocles, *Antigone*, lines 332 – 375, trans. R. C. Jebb in *The Complete Greek Drama*, ed. Whitney J. Oates and Eugene O'Neill, Jr., 2 vols. (New York: Random House, 1938), 1: 432.

使人惊叹的东西也使人对抗自然,使人以足智多谋来面对和弥补其自然状态的贫乏。然而,使人凌驾于自然之上并与自然相对抗、使人自称为自然之主人的那种力量也预示着道路的失去。做主人的承诺(现在被魔法科学提升到更高的层次)和可怕的恶行也伴随着皮科的《关于人的尊严的演说》。

皮科所参考的第二份权威文献值得更多引述,因为它显示了皮科如何把自己置于赫尔墨斯主义传统之中:

> 所有生灵都会繁殖它们的个体,无论是魔鬼、人、鸟、动物,等等。人类的个体是多种多样的,他们来自上界,与魔鬼打过交道,从那里下来之后,又与所有其他生灵建立了联系。人离诸神很近,一种天启宗教将他与诸神统一在一起,这要归功于将人与诸神联系起来的精神。因此,阿斯克勒庇俄斯啊,人是最伟大的奇迹,一种值得尊崇和致敬的存在。他进入了神的本性,仿佛他自己就是神;他熟悉魔鬼一族,知道自己有着相同的起源;他鄙视作为人的那部分本性,因为他已经把希望放在了神性上。①

在《关于人的尊严的演说》中,皮科拒斥了几种已有的关于人之伟大的解释:人被说成是 218

> 造物之间的中介

---

① *Asclepius*, translated in Yates, *Bruno*, p. 35;另见 pp. 110–111。

> 诸神的至交
>
> 低等存在之王
>
> 自然的解释者
>
> 不变的永恒与飞逝的时间的间隔
>
> 世界的纽带或婚歌，略低于天使

皮科表明，这些回答是不恰当的，因为它们的解释并未排除天使被安排在人类之上、并且更值得惊叹的可能。这些回答无法令人满意，因为它们在宇宙中为人指定了一个明确的位置。但人并无这样的位置。宇宙不需要人来形成一个完美的整体。鉴于宇宙的完美性，人似乎是多余的。皮科远比菲奇诺更加鲜明地将人的自由与宇宙的结构对立起来。

> 上帝，至高无上的父和建筑师，已经按照他神秘智慧的法则建造了我们看到的这个宇宙家园，这是他的神性所栖居的最神圣的殿宇。他已经用灵智装饰了天外之天，用永恒的灵魂使天球转得更快，并使诸种生灵充满下界污秽肮脏的地方。然而，作品完工后，这位工匠还希望有人来思索这一伟大杰作的道理，去爱它的美，赞叹它的浩瀚。（p. 224）

皮科的文献来源再次是《阿斯克勒庇俄斯》：

> 但是，必须有另一种存在者可以沉思神的造物，于是神创造了人。由于除非用物质把人包裹起来，否则人无法管理万

物,于是神给了人身体。因此,人有双重起源,这样他便可以
欣赏和崇拜天上的事物,照管地上的事物。①

皮科说,人被创造出来是为了沉思上帝的造物(这有些像亚里 219
士多德的神),"爱它的美,赞叹它的浩瀚",但这就是说,人被创造
出来时必定已经拥有理解那个计划的能力。对人类认知能力的信
念表现在这一陈述中。宇宙虽然浩瀚,却能被人的心灵所认识。
要想爱造物的美,就必须能够理解我们应当爱的东西。要想赞叹
世界的浩瀚,人的心灵本身必须极为浩瀚。

皮科认为创造人类是上帝事后的想法。上帝已经分配了一
切:就像一件完美的艺术品,这个受造的世界已经是一个完美整
体。因此,新的存在不可避免会落在宇宙秩序之外。于是,人被界
定为超越了宇宙的存在,并且正是由于这种超越,才最适合作为宇
宙的赞叹者。

　　最后,造物主决定,这个他不能给予任何专属之物的造
物,要与每一种其他造物共享其所有。因此他把人这种本性
未定的造物置于世界的中间,对他说:"亚当,我们没有给你固
定的居所或专属的形式,也没有给你独有的功能。这样,你选
择的任何居所、形式、功能,都是按照你自己的欲求和判断所
拥有和掌控的。其他造物的本性都要受我们规定的法则的约
束和限制。但你不受任何限制的约束,可以按照你的自由意

---

① 　引自 Yates, *Bruno*, p. 36。

志来决定你的本性，我们已把你交给你的自由意志来抉择"。
(pp. 224 - 225)

　　不受法则的约束，不受限制的制约，人类必须选择或创造其本性。后来，存在主义者以本质上相同的精神宣布，存在先于本质。因此，我们有很好的理由把皮科称为一位早期的存在主义者——顺便说一句，我想提醒读者注意一个事实：皮科《关于人的尊严的演说》的第一个英译本发表在若干期超现实主义杂志 *View* 上，[①]它似乎在杰克逊·波洛克(Jackson Pollock)所属的艺术圈子里被广泛讨论。

220　　人的尊严在于，人生来就是自己的立法者，在这个意义上是自主的。人的自由和缺乏本质是一体的。诚然，皮科也一次次地援引存在之链及其相关评价，上帝被说成在"世界的中间"为人指定了一个位置。然而，我们似乎可以把自己定位于这一链条上的任何地方：我们既可以升至天使，也可以沦为野兽。于是，皮科把人比喻为普罗透斯(Proteus)[②]和变色龙："谁不赞叹我们这条变色龙呢？谁会更多地赞叹其他生灵呢？雅典的阿斯克勒庇俄斯说，由于人的特征和本性千变万化，在秘传宗教中便用普罗透斯来象征，这并非没有道理。"(p. 255)在皮科所主张的各种可能性当中，有一种是以埃克哈特大师的神秘主义方式超越万物："上帝在人出生时

---

　　① 参见 Cassirer, Kristeller, and Randall, *The Renaissance Philosophy of Man*, p. 216 n. 4。
　　② 普罗透斯：早期希腊神话中的一个海神，能随意变化自己的形状。——译者注

为他注入了各类种子以及各种生命的根苗。这些种子将在每个培育它们的人那里长大结果。培育其植物性的种子，他就变成植物；培育其感觉的种子，他就变成野兽；培育其理性的种子，他就变成天上的生灵；培育其理智的种子，他就成为天使和神子。并且，如果对任何造物的命运都不满意，他会撤回到自己统一体的中心即精神中，与高于万物的上帝合一，并将在上帝那孤独的幽暗中超越万物。"(p. 225)

　　这种千变万化性必定会使人面对一个问题：我要做什么？存在的巨链的传统形象暗示了这个问题的答案：保持你的位置不动！皮科对上和下的含义也没有任何疑问：精神生活肯定要优于感官生活。我们似乎显然应当用上帝创造的最高的东西来衡量自己，如炽爱天使（seraphim）和他们的爱，普智天使（cherubim）和他们的智慧，宝座天使（thrones）和他们坚定的判断。事实上，最好是撤回到那孤独的幽暗中，高于万物的上帝在那里与我们自身的中心合一。但真的如此显然吗？在皮科这里存在着一种张力：一方面是他对"上帝那孤独的幽暗"的理解和他把人的尊严置于人的自由之中，另一方面则是他诉诸存在的巨链以及对上和下的传统规定的认可。如何才能将其协调在一起呢？

　　还有一个相关的问题：我们对自己的感官应当持什么态度呢？要想上升到上帝那里（这里与向内转向他自身存在的无限内核没有区别），人应当否定感官和身体吗？皮科用"雅各的阶梯"这一形象给出了一个富有启发性但也有疑问的回答，此阶梯从最低之地延伸至最高之天，上帝坐在阶梯的顶端，天使们上下穿梭。我们应当像那个阶梯。

如果我们必须这样做才能效仿天使的生活，请问："谁敢用肮脏的脚或不洁的手触碰这上帝之梯？"诸多神圣秘仪都禁止以不洁触碰洁净。但这些脚是什么？这些手是什么？无疑，灵魂的脚是灵魂中最可鄙的部分，灵魂凭借它踩在物质上就像踩在土地上；我的意思是，它有滋养和哺育的能力，是欲望的火种，是感官快乐的老师。再者，何不将灵魂中易怒暴躁的部分称为灵魂之手？它为欲望而战，在光天化日、众目睽睽之下，如强盗般掠夺食物，以供憩息于暗处的欲望贪食。这些手和脚就是身体的全部有感觉的部分，其中有种力量将灵魂回拽，如他们所说，拧着灵魂的脖颈。为了不因邪恶和不洁而被从阶梯上拉回，让我们在道德哲学的河流中沐浴吧。然而，若是想与那些在雅各的阶梯之上上下穿梭的天使们为伴，这仍然不够；除非我们提前做好充分准备并有好的指导，能被逐级提升而不致从阶梯上滑落，可以应对上去下来的运动。一旦我们受普智天使之灵的启发，借由言说或推理的技艺进身至此，运用哲学爬过梯级即自然的等级，从一个中心到另一个中心穿透万物，我们就会时而下降，以提坦之力将奥西里斯（Osiris）那样的整体分成数块；时而上升，用太阳神之力将奥西里斯肢体那样的诸多部分合而为一，直到最终憩息于阶梯顶端的天父怀中，我们将得到完满的神圣幸福。（pp. 229－230）

这一形象之中存在着张力。一种观点认为，要想过完整的生活，就必须知道下降和上升，知道奥西里斯和太阳神；必须有时把一分成无数碎片，然后再把这些碎片合而为一；用尼采的话说就是必须知道酒神狄俄尼索斯和阿波罗。另一种观点则认为,下从属于上,下降从属于上升,多从属于一,阶梯上的运动从属于天父怀中的静止。皮科对哲学与神学的思考同样存在着张力,尽管最终神学胜出——考虑到自由使"我应当做什么"这个问题重新变得紧迫起来,这也许并不太让人惊讶。

皮科关于人的尊严的导言性陈述引出了对当前哲学状况的简短讨论,他称之为不同哲学派别之间的战争状态;还引出了他为其事业的辩护,他说自己的事业是为神学服务,因为只有神学能够提供我们渴望的和平。他声称自己拥有一种自由,能够摆脱不同学派及其学说,这种自由类似于他声称每个人都拥有的不受宇宙秩序限制的自由。他将自己的立场与阿奎那或司各脱的追随者的立场进行对比,写道:"我已下决心——不必按任何人的学说发誓——钻研所有哲学大师的著作,细读所有书页并熟知一切学派。"(p.242)他进而描述了自己的涉猎有多么广泛,从基督教思想家到阿拉伯、希腊、希伯来、波斯和巴比伦的思想家,不一而足。他从所有这些传统中挑选出一些正确的命题,表明不仅是柏拉图和亚里士多德,而且所有这些不同传统都融入了一种更高的和谐。皮科特别自豪于给这些传统共同持有的信条添加了"来自三重伟大的赫尔墨斯的古代神学的许多教导,来自迦勒底人和毕达哥拉斯的许多学说,以及来自希伯来人的许多秘仪"(p.245)。

他以一种似乎预见到笛卡儿、但实际上属于笛卡儿试图取代的那种魔法科学的方式说道:"还有一种通过数来进行的哲学思考方法,我把它像一件新鲜事一样提出来,实则它很古老,最早的神学家,主要是毕达哥拉斯学派、阿格劳法莫斯、菲洛劳斯和柏拉图

以及早期柏拉图主义者,都曾发现这种方法。但在我们这个时代,
它就像其他著名学说一样,因后代的粗心而被束之高阁,几乎无迹
可寻。"库萨的尼古拉发现智慧在市场上召唤,在商人们的计数和
称量中召唤,而皮科则说柏拉图曾经警告我们"不要以为商人的算
术就是那神圣的数学"(p. 246)。皮科声称已经恢复了这种久违的
223　神圣数学,它能洞悉某些数字和图形的隐秘力量,在物理学和形而
上学中已经显示了重要性。接着,他讨论了魔法的重要性——当
然,这是一种好魔法,据说是最高的智慧,绝不能与邪恶的坏魔法
相混淆,坏魔法理所当然会受到教会谴责,因为它依赖于魔鬼的力
量,"使我们成为受邪恶力量束缚的奴隶"。虽然坏魔法会使我们
失去自由、受这些魔鬼力量的摆布,但好魔法,他称之为"自然哲学
的彻底完善",却使我们成为魔鬼力量的统治者和主人(pp. 246 -
248)。

　　在皮科这里,我们一次又一次地看到这种对自由的关切,这使
他拒绝接受占星术,因为这会使我们的命运受制于星辰。这种对
自由的关切支持了他的折中主义方法。皮科自豪于不受任何学派
的限制。这种折中主义本身不就是人的尊严的一种表达吗?但他
从如此众多的不同命题中汲取真理的宏大计划的前提是,思想的
自由不会导致我们最终在冲突意见的海洋上漂泊。所有这些传统
都包含着有待发现的真理,这些真理将汇合成一个真理,只有基督
教神学能最终把我们导向那里,但它也表现在三重伟大的赫尔墨
斯的古代神学中。这种古代神学现在仅存片段,在相互冲突的哲
学和宗教中遭到扭曲和稀释。尽管如此,那真理的梦想宛如一道
彩虹超越于哲学家的纷争之上,一如赫尔墨斯王权归来的梦想超

越于导致人类分裂的纷争之上。

在皮科这里,这一梦想也被一种诺斯替主义的厌世所笼罩,这使他遭到了萨沃纳罗拉(Savonarola)禁欲主义说教的攻击,萨沃纳罗拉试图说服患病的皮科进入圣马可修道院。皮科 1494 年去世时年仅 31 岁。他的导师菲奇诺于 1499 年去世。

第三部分：地球的丧失

第三编：单相流体力学

第十二章　哥白尼的人类中心主义

一

正如我们所见,①安德烈亚斯·奥西安德尔希望通过为哥白尼《天球运行论》(1543)伪造那篇序言来消除那些革命性的假说可能招致的敌意,他坚称,此书仅仅提出了一些假说,作者并未声称描述的是真实情况。正如奥西安德尔所言:"这些假说无须为真,其至并不一定是可能的,只要它们能够提供一套与观测相符的计算方法,那就足够了。"②奥西安德尔在这里表现出来的态度等同于所谓中世纪学者在天文学上的放弃(astronomical resignation)。亚里士多德不是也承认,天文学家必须满足于绝对真理的不可达到,并且指出,解释现象所需的天球数目可以被合理地假定为49个或55个吗?"关于**必然性**的断言必须留待更强有力的

---

① 参见第六章第四节。

② "Ad Lectorem de Hypothesibus Huius Operis,"in Nicolaus Copernicus, *Das neue Weltbild*: *Drei Texte*: *Commentariolus*, *Brief gegen Werner*, *De revolutionibus I*, Lateinisch-deutsch, trans. , ed. , and intro. Hans Gunter Zekl (Hamburg: Meiner, 1990), p. 62; trans. Edward Rosen, in *Three Copernican Treatises*: *The"Commentariolus"of Copernicus*, *the"Letter against Werner*," *the"Narratio Prima"of Rheticus*, 2nd ed. (New York: Dover, 1959), p. 25.

思想家作出。"①再者，托勒密不是也承认，太阳、月亮以及五大
行星的天球次序并不能确定，而且他关于行星运动的太过频繁
的特设性构造有可能遭到其他假说合理的挑战吗？② 本着同样
的精神，托马斯·阿奎那曾经指出，使用了偏心圆和本轮的构造
并不足以确定真理，因为其他解释也能拯救现象。③ 在这些权威
的支持下，中世纪学者深信，天文学家应当满足于达不到真理，满
227 足于拯救现象——这个术语可以追溯到柏拉图（参见《蒂迈欧篇》
29b-d）。因此，库尔姆（Kulm）主教蒂德曼·吉泽（Tiedemann
Giese）警告哥白尼不要企图胜过天文学之王托勒密：阿威罗伊难
道不是正确地坚称，上帝的创造中不包括本轮和偏心圆，托勒密
的天文学仅仅对计算有用，而绝不能自称描述了事物的真实情
况吗？④

　　哥白尼的确主张了更多的东西：除了这篇可疑的序言，《天
球运行论》并未使读者产生放弃认知之感，有一件事可以表明这
一点：布鲁诺在并不知晓该序言真实作者的情况下，就敢断言它
不可能是哥白尼写的，称序言的真实作者是一头"无知而自负的
驴子"，而开普勒则将这篇序言称为一个荒谬绝伦的谣言（*fabula*

---

　　①　Aristotle, *Metaphysics* 12. 8, 1074a10 - 17, trans. W. D. Ross in *The Complete Works of Aristotle: The Revised Oxford Translation*, ed. Jonathan Barnes, 2 vols. (Princeton: Princeton University Press, 1984), vol. 2.

　　②　Ptolemy, *Ptolemy's "Almagest,"* trans. and annotated by G. J. Tomer (Princeton: Princeton University Press, 1998), 11. 1 - 2; pp. 419 - 423.

　　③　Thomas Aquinas, *Summa Theologica*, 2. 32, art. 1 ad 2, *Commentaria in libr. Arist. de caelo et mundo*, 12. 17.

　　④　古泽的话引自 Copernicus, *Das neue Weltbild*, p. xxiv.

absurdissima）。① 在哥白尼这里，我们的确看到，一种对于人类能够把握真理的自信复活了。

在不知其真实作者为谁的情况下，读罢这篇序言的读者一定会对接下来的内容感到惊讶——卡普阿（Capua）红衣主教尼古拉·舍恩贝格（Nicholas Schönberg）的一封信，以及哥白尼给教皇保罗三世（Paul III）的献辞，合起来相当于第二篇序言。在那篇献辞中，哥白尼说，由于担心他本人和这部作品会不被人接受，他本不愿出版这部论著，但红衣主教舍恩贝格和另一位主教都鼓励他出版此书。哥白尼还告诉教皇，促使他重新思考地心假说的不是别的，而是天文学家的意见不一。于是，他恳请红衣主教、主教和教皇为此事提供教会方面的支持。接下来，哥白尼坚称，地心宇宙观乃是基于希腊科学和哲学的权威，而非《圣经》的权威。他说自己先在西塞罗那里、后来在普鲁塔克（Plutarch）那里读到，即使是古代思想家（如希克塔斯[Hicetas]、菲洛劳斯、庞托斯的赫拉克利德[Heraclides of Pontus]和埃克番图斯[Ecphantus]）也认为地球在运动。② 哥白尼并未诉诸新的观测。正如他所强调的，促使他提出新假说的主要是一些老问题和天文学传统内部的冲突。前人已经提出了太多特设性假说（ad hoc hypotheses）。在他看来，他所提出的解决方案很管用。然而在这篇献辞中，哥白尼从一开始就清楚地表明，他旨在声言其日心观点的真理性。天文学不应仅仅提供

---

①　Rosen, *Three Copernican Treatises*, p. 24；特别参见 n. 68。关于布鲁诺，参见本书第十三章。

②　Copernicus, *De Revolutionibus*, "Praefatio" and 1. 5, in *Das neue Weltbild*, pp. 72, 100.

一种与观测结果相符合的计算方法。即使达不到目的，它也应当试图描述实在。这种看法的预设是，我们与真理并不是隔绝的。

228　　　在支持这一预设时，哥白尼求助于《圣经》和柏拉图。倘若《诗篇》作者认为人类无法洞悉上帝作品的神圣秩序，他还会歌颂这些造物的伟大吗？柏拉图在《法律篇》中不仅强调了天文学的重要性，说天文学"将日组织成月，将月组织成年，使季节及其献祭和节日可以符合真实的自然秩序，并以适当的方式得到庆祝，从而使城邦保持活力和警觉"①——关心历法改革的教会必定会认识到这段话持久的重大意义——而且坚持认为，如果没有掌握天文学这门"神的科学而非人的科学"，②一个人就既不能成为也不能被称作与神相似。诚然，哥白尼在普鲁塔克的作品中读到，希腊人理应谴责阿里斯塔克不信神，因为为了拯救现象，他让地球运动了起来（《论月球表面》[De facie in orbe lunae]，923a），这一警示或许加深了哥白尼本人对于发表其信念是否明智的疑虑。然而，正如亚里士多德拒斥了西莫尼德斯有关真理只属于神的主张，哥白尼也没有把声言真理与不信神联系起来。神按照他自己的形象创造了人，如果不是为了让我们努力变得更像神，又是为了什么呢？因此哥白尼悲叹，在那么多个世纪以后，天文学家依然未能对这个世界机器的运动给出令人信服的说明，而这个机器乃是一切工匠中最好、最精确的那一位为我们（propter nos）创造的。③

---

①　Plato, *Laws* 8. 809d, trans. A. E. Tayor in *The Collected Dialogues of Plato*, *Including the Letters*, ed. Edith Hamilton and Huntington Cairns (Princeton: Princeton University Press, 1961).

②　Copernicus, *De Revolutionibus*, "Proemium", p. 82.

③　Ibid. , p. 72.

　　然而,如果我们能够把握真理,我们又如何知道自己确实把握了它? 如果认为真理的意义就在于符合,那么如何来检验真理? 需要哪些条件,才能认为天文学命题是在严肃地声言真理? 哥白尼认为有两个条件。首先,命题必须能够"拯救现象",即必须与迄今为止最好的观测相符合。① 当然,人们通常会理所当然地接受这一点,哥白尼和奥西安德尔对此并无分歧。但哥白尼还追随托勒密提出了另一个要求:科学必须通过一种基于确定原则(*certa principia*)的方法来提出其假说,②这些原则的确定性源于对自然之本质的洞察。托勒密曾将天是球形、地球位于中心等等列入了这类原则。《蒂迈欧篇》似乎暗示,从天是球形可以推出圆周运动原则,由《蒂迈欧篇》我们得知,巨匠造物主在把世界创造成一个完美的球形之后,又为其赋予了与其完美性相配的运动:"但适合于他[指'包含所有生命体的生命体',即宇宙]的球形的运动被赋予他,即所有七种运动中最适合心灵和理智的那种运动:在原处作同一种运动,在自身的界限内不断旋转。"③托勒密认为,天文学家的假说要想被认为可信,就必须遵循这些原则。这些原则决定了托勒密认为天文学中应当使用的唯一恰当的表现形式。尽管哥白尼

229

————————

　　①　参见 Copernicus, *De Hypothesibus Motuum Coelestium a Se Constitutis Commentariolus*, in *Das neue Weltbild*, pp. 2 - 3。

　　②　Copernicus, *De Revolutionibus*, "Proemium", p. 72. Cf. Ptolemy, *Ptolemy's "Al-magest"* 9. 2, p. 423:"我们知道,不能振振有词地认为与[行星的]圆有关的假说类型的多样性很奇怪或违反理性……;因为当假定所有天体无一例外都作匀速圆周运动时,可以证明各个现象所符合的原则要比假设[所有行星]都相似更为基本和普适。"当哥白尼坚持说,科学必须通过遵循一种基于确定原则的方法来提出假说时,他是在仿效托勒密,尽管这些原则不再要求地心说。

　　③　Plato, *Timaeus* 34a; trans. Benjamin Jowett in *The Collected Dialogues*.

不再想把地心论题包括在这些原则中，但他仍然坚持那条柏拉图公理。于是，哥白尼在据信早得多的《要释》(*Commentariolus*)开篇指出，其所有先驱者都承认这条公理。而且，天体运动要么是匀速圆周运动，要么由这种运动复合而成，这条公理正是《天球运行论》第四章的标题："天体的运动是均匀而永恒的圆周运动，或是由圆周运动复合而成"(*Quod motus corporum caelestium sit aequalis ac circularis perpetuus vel ex circularibus compositus*)。哥白尼始终坚信，这条公理表达了天文学家必须遵循的对自然界的洞见。没过多久，开普勒就意识到这条假想的公理是站不住脚的，进而将行星的椭圆路径理解为完美的圆的间接表示，而开普勒本人同样理所当然地相信圆形是最完美的。[1] 然而，哥白尼在批评前人的思辨既不"足够绝对"(*satis absoluta*)又不"足够符合理性"(*rationi satis concinna*)时，[2] 却又预设了柏拉图公理的有效性。他之所以拒斥托勒密体系，部分是因为是它违背了均匀性的要求。

　　然而，我想在此强调的是别的东西，即哥白尼相信人能够获得真理。他有些闪烁其词地写道："哲学家试图凭借上帝所允许的理性寻求真理，在上帝的帮助下（如果没有上帝我们将一事无成），我将试图推进对这些问题的探究。"[3] 在这里，哥白尼并未声称已经

　　① Alberto Perez Gomez and Louis Pelletier,*Architectural Representation and the Perspective Hinge*(Cambridge, Mass. ;MIT Press, 1997), pp. 158 - 159;Fernand Hallyn,*The Poetic Structure of the World : Copernicus and Kepler*, trans. D. M. Leslie (New York;Zone Books,1993),pp. 203 - 209.

　　② Copernicus,*Commentariolus*,p. 4.

　　③ Copernicus,*De Revolutionibus*,"Introduction,"p. 84;trans. *Three Copernican Treatises*,p. 269.

一劳永逸地把握了真理。但他毫不怀疑自己的目标:尽其所能地描述真正的世界形式(*mundi formam*)。[①]

哥白尼给教皇保罗三世的献辞让人想起了阿尔贝蒂对神一般的艺术家的颂扬,米开朗琪罗正是为这位人文主义教皇画了《末日审判》,这幅著名壁画有使神圣内容沦为次要的危险。正是保罗三世召集了特伦托会议,引领了反宗教改革,奠定了天主教巴洛克时期的文化基础,其中包括一种试图通过透视法来为信仰服务的艺术(图8)。仅仅两代人之后,改革的天主教会就会在新科学以及人的自我肯定(human self-assertion)(它支持了新科学)中发现比路德或加尔文更可怕的敌人。

哥白尼这部主要著作正是在召集特伦托会议那年问世的。这种关联令人惊奇:哥白尼是奠定现代性的英雄人物之一,而与教皇相联系的则是反宗教改革和对现代性的传统主义反对。或许,科学(面对着神学的保留态度重新肯定人的认识能力)与教会(在权威性遭遇挑战时自我改革)之间存在着一种更为紧密的关联?无论如何,我们应当记得,直到《天球运行论》问世73年后的1616年,教会才将其列入《禁书目录》,并且一直保留到1822年。而在开始的时候,反对力量更多来自新教阵营,包括路德本人。

我曾强调,关于一个具有无限权能的上帝的思想具有解放的力量。在思考上帝无限能力的含意时,基督教思想家认识到,世界并不必然像亚里士多德所宣称的那样。与这种上帝观密不可分的

[①]　Copernicus, *De Revolutionibus*, "Proemium," p. 70.

是认为创世是偶然的：上帝本可以创造出一个不同的世界，甚至根本不创造任何世界。对于我们这些有限的认知者而言，世界只能显示为它碰巧所是的样子。我们对事物的"为什么"毫不知晓。声称知晓就等于预设了上帝的理性与人的理性的相似性，但这种预设是不成立的。然而，正是由于我们无法以必然方式解释世界，想象力才得到了解放。奥雷姆和布里丹的思想实验正是这种自由的体现。

哥白尼同样明确自称有这样一种思想自由。他问道，为什么他就不能获得其异教先驱所享有的研究自由呢？[①] 追求真理需要自由。但布里丹和奥雷姆等人的思辨与哥白尼的思索之间有一个决定性的区别：唯名论者的想象自由伴随着我们在奥西安德尔那里也能看到的那种放弃认知。他们的自由是以放弃真理为代价换来的，他们宁愿把真理留给上帝。正如奥西安德尔告诫读者的："既然是假说，谁也不要指望能从天文学中得到任何确定的东西，因为天文学提供不了这样的东西。如果不了解这一点，他就会把为了其他目的而提出的想法当作真理，于是在离开这项研究时，相比刚刚开始进行研究，他俨然是一个更大的傻瓜。"[②] 天文学家应当满足于能使他尽可能简单地计算出星体运动的模型。模型有效性的标准在于人的理智而非上帝的理智。正如我们已经看到的，在这一点上，奥西安德尔有权认为传统站在自

———————

① Copernicus, *De Revolutionibus*, "Proemium," p. 74.

② "Ad Lectorem de Hypothesibus Huius Operis," p. 62; trans. Copernicus, *Three Copernican Treatises*, p. 25.

己一边。

　　然而，正如哥白尼在给教皇保罗三世的献辞中清楚表明的，他不愿放弃声言真理。有趣的是，哥白尼在这里强调指出，他的作品是在地球上的偏远一隅（*in hoc remotissimo angulo terrae*）完成的。当然，他是指自己在弗劳恩堡（Frauenburg）从事研究和写作，远离像帕多瓦、佛罗伦萨或罗马这样的学术和权力中心。但他也知道，他所处的偏心位置并不妨碍他获得真理：理性战胜了偏心性。叔本华尤其是尼采等思想家将会声称，哥白尼对地心说的拒斥必然也会导致对人类中心主义的拒斥，我将在后面回到这一点。然而，哥白尼本人似乎并未怀有这种想法：他消除了人类中心主义与地心说的关联。不要忘了，这种关联的消除在基督教对人之尊严的理解中有着坚实的基础：托马斯·阿奎那已经坚称，人因其灵魂而高于天体（《神学大全》1.70，art. 2 ad 4）。这里我们已经看到了即将在皮科那里变得至关重要的认识：身体给人指定的位置并不能真正为人定位。精神是自由的。

二

　　哥白尼相信天文学家有能力声言真理，这似乎在人文主义中有其基础。哥白尼 1473 年生于维斯图拉（Vistula）河畔的托伦（Thorn），早年在那里受的教育，1491－1495 年在克拉科夫大学学习；1496 年，他离开波兰前往意大利，在博洛尼亚大学学习自由技艺（liberal arts）、医学和法律；1503 年在费拉拉大学获得法学博士学位；他还曾在帕多瓦大学学习。此前不久，皮科也被父亲送到这些大学学习。这种人文主义将教皇保罗三世和哥白尼联系了起来，融合了以西塞罗为首要代表的异教哲学、基督教主题和赫尔墨斯主义传统。在这里，对人的理性与实在相协调的信念，战胜了以神为中心的真理观所导致的怀疑论。

彼特拉克已经表明自己就是这样一种人文主义者。在一本小书《论他本人的无知和其他许多人的无知》(*On His Own Igno-rance and That of Many Others*)中，彼特拉克引用西塞罗的《论神性》(*De natura deorum*)，讲述了一个纯朴的牧羊人看见阿尔戈英雄们(Argonauts)乘船驶向科尔基斯(Colchis)的故事："当牧羊人在遥远的山上看见这艘船时，它对这一前所未见的奇迹感到惊恐，并作出种种猜测：要么是从地球的肠中甩出的一座山或一块岩石被风吹到海上，要么是'因海浪的撞击而黏连在一起的黑色旋风'，诸如此类。"[①]当他看见船上的英雄们并开始理解这一现象时，惊讶、恐惧和好奇便消失了。西塞罗从中得出了如下教益：

> 此人第一眼看见船时，相信自己看到了一个全无意义的无生命物。之后，根据一些更清楚的迹象，他开始猜测它究竟是什么。同样，哲学家初看世界时也许同样会感到困惑。然而一旦看到，世界的运动有限且均匀，任何物体都以一种能够精确计算的秩序被组织起来，处于不变的一致性当中时，哲学

---

① Francesco Petrarca, "On His Own Ignorance and That of Many Others," trans. Hans Nachod, in *The Renaissance Philosophy of Man*, ed. Ernst Cassirer, Paul Oskar Kristeller, and John Herman Randall, Jr. (1948; reprint, Chicago: University of Chicago Press, 1971), p. 82.

家们就不得不相信,在这个天国的神圣殿宇之内有一个存在
者,他不仅是同住者,更是统治者和管理者,仿佛是这一巨型
杰作的建筑师。①

上帝就像一位建筑师,因为他的作品就像工匠的作品一样受理性
支配。西塞罗(当然,我们也可以追溯到柏拉图,尤其是《蒂迈欧
篇》)已经为我们提供了神的技艺与人的技艺之间的类比,这一类
比在笛卡儿那里将会变得极为重要。彼特拉克引述的西塞罗的如
下段落看起来尤其像是对笛卡儿的预示:

> 我们看到,有些东西是被机械装置推动的,比如天球、钟表
> 以及其他许多东西。我们看到这些时,难道不应确信这些东西
> 是通过理性设计出来的吗? 当我们看到,推动天空迅速旋转的
> 冲力始终不变地产生着使万物最完美的那些周年变化时,我们
> 难道会怀疑,所有这一切不仅源于理性,而且源于某个卓越的
> 神圣理性吗? 我们现在就应放下一切琐碎的争论,用自己的眼
> 睛在某种程度上见证由神意而产生的万物之美。②

这些情感促使彼特拉克补充说,这里讲话的西塞罗不像异教哲学

---

① Francesco Petrarca, "On His Own Ignorance and That of Many Others,"
trans. Hans Nachod, in *The Renaissance Philosophy of Man*, ed. Ernst Cassirer, Paul
Oskar Kristeller, and John Herman Randall, Jr. (1948; reprint, Chicago: University of
Chicago Press, 1971), p. 82, quoting Cicero, *De natura deorum* 2. 90.

② Ibid., pp. 84 – 85, quoting Cicero, *De natura deorum* 2. 97 – 98.

家,而是像使徒保罗。保罗在《罗马书》中写道:"神已经给他们显明。自从造天地以来,神的永能和神性是明明可知的,虽是眼不能见,但借着所造之物,就可以晓得,叫人无可推诿。"①彼特拉克认为西塞罗把我们引向了如下结论:"我们眼睛所看到的一切,我们用理智所感知到的一切,都是神为人的福祉而创造的,都服从于神的旨意和计划。"②由于神为人创造了世界,所以我们理解受造物的愿望不会落空。然而,我们是通过把人的技艺所提供的量度运用于自然而理解自然的。

我们还记得,菲奇诺声称,只要努力研究我们的周遭世界,进行比较和分类,人的理智就能把握"普遍存在本身"。灵魂试图与宇宙相合:更具体地说,灵魂试图通过认知宇宙来与之相合。而且菲奇诺向读者保证,这种愿望不会落空。同样,皮科指出,上帝造人是为了有人能够欣赏这位神匠的作品。哥白尼也表达了一种明显基督教式的情感:"在上帝的支持下,我将尝试进一步研究这些问题。没有上帝,我们将一事无成。"但这一誓言也让人想起了西塞罗的话:"若无神的启示,无人能够伟大。"③彼特拉克添加了一则注解:一个虔诚的人所理解的启示不是别的,就是圣灵。基督教人文主义显得像是新科学的一个前提。如果没有这种人文主义信念,哥白尼很难表现得如此不屈不挠。

---

① Francesco Petrarca, "On His Own Ignorance and That of Many Others," trans. Hans Nachod, in *The Renaissance Philosophy of Man*, ed. Ernst Cassirer, Paul Oskar Kristeller, and John Herman Randall, Jr. (1948; reprint, Chicago: University of Chicago Press, 1971), p. 85, quoting Romans 1:19 - 20.

② Ibid., p. 86.

③ Ibid., p. 87, quoting Cicero, *De natura deorum* 2.167.

三

　　哥白尼在给保罗三世的献辞中告诉我们,促使他撰写《天球运行论》的是数学家——即天文学家——在解释天体运动方面的意见不一。根本问题在于奥西安德尔所指出的,假说可以不止一种。我曾在第六章引用过一段话:"但由于对同一种运动有时可以提出不同的假说(比如为太阳的运动提出偏心率和本轮),天文学家将会优先选用最容易领会的假说。也许哲学家宁愿寻求类似真理的东西,但除非受到神的启示,他们谁都无法理解或说出任何确定的东西。"[1]这里奥西安德尔的立场与托马斯·阿奎那大同小异,阿奎那追随辛普里丘(Simplicius)指出,在天文学中,我们往往缺乏充分的理由在竞争的假说之间作出取舍。[2]根据托勒密的说法,有一个问题仅靠天文学无法解决,那就是如何确定行星的次序。其次序可能是:

　　月球,水星,金星-太阳-火星,木星,土星;

也可能是:

---

　　[1]　"Ad Lectorem de Hypothesibus Huius Operis,"p. 62;trans. Copernicus,*Three Copernican Treatises*,p. 25.

　　[2]　Aquinas,*Summa Theologica* 2.32,art. 1 ad 2,*Commentaria in libr. Arist. de caelo et mundo* 12.17;他根据的是 Simplicius,*In Arist. de caelo* 32。参见 the commentary of Hans Gunter Zekl,pp. 218 – 219。

月球-太阳-水星，金星，火星，木星，土星。

　　水星和金星究竟位于太阳之下还是之上，对这个问题不可能给出确定答案，尽管托勒密认为"以前的［天文学家］所假设的次序"——也就是把太阳置于行星序列的中间——更有可能。^① 然而，由于这两种假说能够同样好地解释观察到的现象，所以天文学家可以声称其中任何一个都不为真。哥白尼似乎难以容忍这种不确定性。^② 对他而言，这种不确定性似乎暗示，行星并非沿独立轨道绕地球运转，而是绕太阳运转。但这一转变也使太阳失去了它在行星之中的中心位置。

　　托勒密用行星的运行周期来为他的行星次序辩护。哥白尼维持了这一判据，不过是让月球绕地球运转。考虑到这些前提，没有任何充分理由把地球列为行星：第谷的解决方案是合适的，也就是把静止的地球置于恒星天球的中心，并让行星围绕运动着的太阳运转。但汉斯·布鲁门伯格指出，尤其有两个理由让哥白尼没有止步于此：^③天球据称的实在性以及他对真空的恐惧（*horror vacui*）。因为一旦行星都与位于中心的太阳相联系，金星天球的外表面与火星天球的内表面之间就会出现一片巨大的空荡荡的空间。只有假定被月球环绕的地球也是一颗行星，才能填补这一空

235

———————————

　　① Ptolemy, *Ptolemy's"Almagest"* 9.1, p.419.
　　② 参见 Copernicus, *De Revolutionibus* 1.10。以下讨论得益于汉斯·布鲁门伯格；参见 *Die Genesis der kopernikanischen Welt*（Frankfurt am Main：Suhrkamp，1975），pp.272-299，尤其是 p.277。
　　③ Blumenberg, *Die Genesis*, pp.286,291.

间。可以肯定的是，这会赋予月球一种尴尬的独特角色，它与宇宙同质性的假定难以调和。月球成了一个很大的例外，在伽利略发现木星的卫星之前，它一直是人们接受哥白尼体系的一个障碍。

正如我们所看到的，迪昂指责哥白尼错误地持有实在论立场，认为他本应满足于假说。但如果哥白尼是这样一个虚构主义者，他就很难提出其宇宙论。得益于托勒密和赫尔墨斯主义传统（后者主张，理智直觉能使我们洞悉支配自然的理性原则），哥白尼的推理依赖于有关世界实际状况的假定，依赖于他对他所谓的"确定原则"或物理学公理的理解。哥白尼相信其宇宙论模型是正确的，这与一种对自然之本质的理解有关，当他帮助开创的科学取得进展时，这种理解被超越了。但它的失败很有启发性。我们还记得，哥白尼认为，一种宇宙描述要想自称真理，必须满足两项要求：它必须既与观测相符，又与我们所理解的自然本质相符。这样看来，科学需要确定那个本质；它需要某种类似于自然的本体论那样的东西，而这种东西又规定了某种描述形式。对这种描述形式的承诺与科学家对真理的声言密不可分。一个世纪后，笛卡儿将自然规定为广延物，希望确保一种本体论和正确的科学描述形式，从而确保科学能够声言真理，由此不再需要在哥白尼和开普勒的思想中仍然起重要作用的赫尔墨斯主义智慧。

四

智者阿方索（Alfonso the Wise）是13世纪卡斯蒂利亚（Castile）和莱昂（Leon）的国王，据说他曾有过亵渎神明的言论，说如果上帝创世时能够听取他的建议，上帝将会创造出一个更好的世界。[①] 这个国王的名字与阿方索星表联系在一起，此星表记录了观测到的天体位置，在许多个世纪里一直很权威。哥白尼仍然要依靠阿方索星表。这位国王的上述传言使我们想起了托勒密体系混乱的天界机制，其中充满了各种偏心圆、本轮等等。因此，似乎可以用阿方索星表来证明上帝创造的世界不够优雅。给上帝提供建议的想法当然是渎神的，相传国王为此付出了代价：他被雷电击中，并迅速堕入地狱。

多年以后，莱布尼茨为智者阿方索作了辩护，说他的厄运在于哥白尼出生得太晚，[②] 因为哥白尼已经证明，世界的简单和美令人惊叹。于是，莱布尼茨认为哥白尼展示了宇宙的简单秩序，并使上帝免于被指责为创造了一个混乱的宇宙。他致力于证明上帝的创世行动是正当的。这一信念的前提是，人能够证明上帝的做法是合理的，神义论是可能的。换句话说，其前提是坚信人的理性能够理解宇宙的秩序，能够判断上帝的智慧，人的认识与上帝的认识是可公度的。

然而，这并非保守读者对哥白尼成就的反应。在他们看来，哥白尼的话似乎有悖直觉。在《关于两大世界体系的对话》中，伽利略指出，天真的人认为，如果世界在旋转并以惊人的速度穿过空间237（根据哥白尼的说法，它必须如此），那么离心力将把地球、石头、动物和人抛到天上。[③] 参与对话的萨尔维亚蒂回应说，这种信念的

---

①　Blumenberg, *Die Genesis*, pp. 303 - 307.

②　Ibid. , pp. 305.

③　Galileo Galilei, *Dialogue Concerning the Two Chief World Systems—Ptolemaic and Copernican*, trans. Stillman Drake, 2nd ed. (Berkeley: University of California Press, 1967), pp. 188 - 189；另见 132。参见 Blumenberg, *Die Genesis*, pp. 312 - 313。

前提是,地球曾经处于静止,在不动的地球上产生了动物和人,然后有某种东西碰巧使地球运动起来。伽利略本人认为,地球的绕轴自转和围绕太阳的圆周运动是自然运动,而任何自然运动都不可能导致破坏性的后果。

根据这种幼稚的观点,哥白尼这位宇宙论改革者变成了一位准神圣的行动者(divine actor),他使地球实际运动起来,并使太阳止步不前。令人惊讶的是,我们经常会看到这种对哥白尼的描述。比如在他的墓碑上,我们发现有这样一条铭文:"地球的发动者,太阳和天空的停止者。"(*Terrae Motor Solis Caelique Stator*)①诚然,这块墓碑是其仰慕者——普鲁士国王在 19 世纪——设立的。但这条铭文却把一种在更为保守的欧洲看来可能有渎神之嫌的活动归于这位理论家;在对伽利略的诉讼中,原告之一耶稣会士梅尔基奥尔·因考菲(Melchior Inchofer)把哥白尼主义者称为"地球的发动者和太阳的停止者"(*terrae motores et solis statores*)。②墓碑上的铭文似乎有意指向了这一更早的谴责。

哥白尼本人很清楚自己的理论违反了常识。在给教皇保罗三世的献辞中,他正是这样说的。我们也不应由于常识与专家的共识相反而批评常识。正如哥白尼所指出的,这样的共识并不存在,不论诉诸这种共识是否有效。一些古人不是也提出了日心假说吗?因此,理性既不能依赖常识,也不能依赖专家的共识。常识和

---

① Blumenberg, *Die Genesis*, p. 310.

② Ibid., p. 311, citing Domenico Berti, *Il processo originale di Galileo Galilei, pubblicato per la prima volta* (Rome: Cotta, 1876), p. cxxxv.

历史的权威性都是可疑的,这在某种意义上预示了笛卡儿。我们
应当把这种方法与哥白尼的同时代人马基雅维利(Machiavelli)更
为保守的看法相比较,马基雅维利在《论李维》中写道,我们应在法
律、医学和政治上效仿古人,因为大自然并不发生变化。[①] 认为这
种效仿不合时宜的人也会顺理成章地认为,古代的天空、太阳、诸
元素和人类以及它们的秩序和能力与今天有所不同。

　　我们也许会提出一个显而易见的问题:理论只是因为大自然
保持不变就必定保持不变吗? 但我们也要记住,相信(无论是人性
238 还是理论)恒定不变是多么给人安慰。哥白尼有可能消除的正是
这种安慰。但这种安慰是专属于基督教,还是源于异教?

　　在《关于两大世界体系的对话》中,伽利略把一种很像哥白尼
的观点归于毕达哥拉斯。他说亚里士多德和托勒密等理论家会从
情感上抵制一种新理论,尽管这种抵制很可以理解。[②] 于是,哥白
尼现在面临的抵制便被解释为对令人痛苦的真理的一种情绪性反
应。世界似乎已经变得不那么像我们的家。但问题同样是:这种
较早的理解专属于基督教吗?

　　一些人认为,哥白尼的著作明显与《圣经》的权威不相容,尽管
很难找到许多《圣经》段落来支持这种说法。也许最著名的是路德
用来反对哥白尼以及后人在对伽利略的诉讼中所使用的那段话,即
《约书亚记》的第 10 章 12—14 节,它讲述了约书亚如何吩咐太阳停住

---

　　① 　Nicolo Machiavelli, *The Discourses*, in *The Portable Machiavelli*, ed. and trans. Peter Bodanella and Mark Musa(Harmondsworth:Penguin,1979), p. 170.

　　② 　Galileo, *Dialogue*, pp. 188 – 189.

不动,以及因他的祈求,神的确让太阳停住不动。约书亚因此而被称为"天的停止者",尽管真正配得上这一赞誉的是神。这个故事预设,太阳在约书亚吩咐它停住不动、直到完全赢得战斗之前是运动的。①

事实上,这一奇迹也与亚里士多德的自然观不相容。在理解这些经文时,只有坚持上帝全能的唯名论者才不会觉得有困难。比如奥雷姆便带着认可引用它们。② 但这种认可预设了哥白尼所拒斥的一种上帝中心主义。其人文主义的人类中心主义坚持认为,应把自然理解成一种秩序。敌视神迹是这种人类中心主义的一部分。开普勒已经指出,不能对这段话作字面理解:在受以色列人追击的约书亚看来,太阳就好像停住不动。在启蒙运动看来,这段话应作隐喻理解,这是显而易见的。

五

在一部早期传记中(1627),西蒙·斯塔罗瓦尔斯基(Simon Starowalski)对哥白尼的行为给出了一种神话解释,让人想起了柏拉图的《会饮篇》中阿里斯托芬所讲述的神话:阿里斯托芬说从前有一些圆形人,像神话中的巨人一样试图取代奥林匹斯山诸神。239为了惩罚他们的傲慢,宙斯将这些圆形人一分为二;现在,哥白尼威胁要把我们这些残缺的人再次分开,让我们用一只脚跳,从而提

---

① 关于哥白尼主义者如何处理这段话,参见 Blumenberg, *Die Genesis*, pp. 317 - 324。

② Ibid. , p. 321.

醒我们所处的位置。斯塔罗瓦尔斯基让他笔下的朱庇特注意到，哥白尼因为让天空停止旋转和让地球运动而藐视自然法则。朱庇特惊恐地记起与那些试图攻占奥林匹斯山的巨人们的战斗，想知道在哥白尼这里是否会有巨人幸存下来，再次威胁诸神的统治。①尼采说，哥白尼把我们置于一个斜坡之上，使我们滑向虚无。哥白尼的自我肯定被视为导致了虚无主义。

　　可以预料，在认为哥白尼成功地移动了地球的讨论中，阿基米德会被提及，他说只要有一个支点就能撬起地球。哥白尼难道没有在人的理性中找到这个支点吗？考虑启蒙运动的重要代表人物德国人约翰·克里斯托夫·戈特舍德（Johann Christoph Gottsched）的说法：

　　　　我们听说，哥白尼在他通常观天的教堂塔上找到了地球以外的那个固定位置，阿基米德曾经要求有这样一个位置，以用杠杆从那里推动整个地球。我们听说，他大胆打碎了水晶天球，以扫清行星在天界稀薄的空气中自由移动所遵循的路径。我们听说，他将太阳从已经运行了数千年的轨道中释放了出去，可以这么说，他让太阳停住不动，静止下来。我们听说，他把地球变成了一个旋转的陀螺，被漫游的行星所包围，每年绕太阳运转一周。整个知识界惊恐地听说，有一位教士

①　关于哥白尼主义者如何处理这段话，参见 Blumenberg, *Die Genesis*, p. 328, citing Simon Starowalski, *Vita Copernici*, ed. F. Hipler, in *Zeitschrift für die Geschichte und Alterthumskunde Ermlands* 4(1869), p. 359.

使人类曾经安稳的居所变得不再安全和稳定。①

认为哥白尼是位革命者,他改变了一个符合常识的既定体系,这是我们对哥白尼和哥白尼革命的理解的一部分。

正如我们所看到的,哥白尼亲自提醒我们注意,他的科学与常识相左。事实上,如果常识是实在的量度,那么亚里士多德和托勒密的表现要远远优于哥白尼和新科学。后者以彻底远离常识为先决条件,愿意采用一个看似偏心的位置。于是,哥白尼告诉读者,他正在一个远离学术中心的地方进行思考。戈特舍德让哥白尼爬到塔上占领制高点,使他成为地球的推动者。在隐喻意义上,此塔与菲奇诺攀登上去写他的《关于心灵的五个问题》的山或彼特拉克的山几乎没有差别。我们现代人则是登山者,无论在字面意义上还是隐喻意义上。

这种远离常识也是远离现象。实在的量度不是由感官给出的,而是由精神给出的。换句话说,实在本身是不可见的,而只能被思想所把握。我们所看到的永远只是现象。这种说法意味着感官的降级。尼采说的不错:我们不具备揭示真理的器官。这种感官的降级是现代实在观的一部分,因为实在只能用精神来把握。但精神并不观看,我们没有精神的眼睛。在这方面,现代性站在库萨的尼古拉一边,反对柏拉图和赫尔墨斯主义传统。只有在我们自身精神的重构之中,实在本身才向我们呈现。这同样是哥白尼

---

①　关于哥白尼主义者如何处理这段话,参见 Blumenberg, *Die Genesis*, p. 336, quoting Johann Christoph Gottsched, *Gesammelte Schriften*, ed. Eugen Reichel, 6 vols. (Berlin:Gottsched Verlag,1903－1906),6:141－142.

留给我们的遗产。如今,对我们现代人来说,这种遗产已经变得十分可疑,以致许多人都梦想能超越现代性,梦想一个后现代的世界。这些梦想家也许愿意支持奥西安德尔,试图取消哥白尼的成就对以上帝为中心的旧观念的挑战,消除它所蕴含的人类中心主义转向。

　　奥西安德尔这样一位路德宗牧师竟然会大力支持哥白尼(即使他歪曲了作者的意图),这也许看起来有些奇怪。但是否真的如此令人吃惊呢?宗教改革强调自然秩序与救赎的秩序之间存在着深刻的鸿沟。以这种观点来看,人的精神在这个世界上迷失了,只有信仰和恩典能够赋予人类一个真正的中心。也许正是这一信念把奥西安德尔引向了哥白尼,他认为,哥白尼提出了一种堪与托勒密匹敌的假说,从而质疑了许多人仍然对亚里士多德主义科学怀有的信心。奥西安德尔可能已经感觉到,新科学能够促进放弃认知,使个人蒙受上帝的恩典。但这一立场要求他拒绝声称哥白尼描述了事物实际的样子。因此,当听到有关哥白尼所作所为的最初传言时,路德坚称只有傻瓜才会试图让天文学发生革命。[①] 在他看来,试图提供一种新的宇宙论模型是可疑的。路德同样认为人的理性无法领悟上帝的创造。在这方面,他与奥西安德尔的立场相同,这本质上也是中世纪唯名论的立场。

　　在反对这种放弃认知的过程中,菲奇诺和皮科等基督教人文

---

　　① 关于哥白尼主义者如何处理这段话,参见 Blumenberg, *Die Genesis*, p. 375, citing Martin Luther, *Tischgespräche*, ed. Johann Aurifaber(1566), in *D. Martin Luthers Werke*, *Kritische Gesamtausgabe*(Weimar;Böhlau, 1883 -), I, Nr. 855.

主义者，也包括哥白尼，都坚持认为，上帝创造世界是为了让我们人类认识它。他是为我们创造这个世界的。[1] 但这种信念很难与另一种信念相调和：假如世界果真是为我们人类创造的，为什么基督会为我们死在十字架上呢？人的堕落难道不是否定了皮科所声称的人的尊严吗？人的尊严不是只有通过基督才能重新获得吗？正如菲利普·梅兰希顿(Philipp Melanchthon)所说："由于我们就人的尊严所说的一切都只能用来言说基督，在基督之中我们已经恢复了由亚当失去的尊严。因此应当相信基督是主，相信万物服从于我们。"[2] 这里出现的"人的尊严"一词与皮科在《关于人的尊严的演说》中所说的"人的尊严"非常不同。人的尊严并非源于人受造是为了认识世界；而是说，万物要服从于亚当的尊严，亚当被创造成自然的主人和拥有者。诚然，随着堕落，人已经失去了那种尊严。但是根据这位改革者的说法，对基督的信仰可以使我们基督徒重获亚当对万物的统治(见《创世记》1：28)。与人文主义者相比，这种解释导向了一种对待自然的极具侵略性的姿态，导向了一种更注重开发的态度，尽管正如我所指出的，菲奇诺为这种态度埋下了伏笔。但我们应该记住，把自然首先看成资源和原料来源的我们这个技术世界在《创世记》第一章中有其根源。

---

[1]　关于哥白尼主义者如何处理这段话，参见 Blumenberg, *Die Genesis*, p. 393.

[2]　Ibid., n. 110, quoting Philipp Melanchthon, *Commentarius in Genesin II*, in *Corpus Reformatorum Philippi Melanchthonis Opera Quae Supersunt Omnia*, ed. Carolus Gottlieb Bretschneider, 28 vols. (Halle: Schwetschke, 1834–1860), 13: 774.

第十三章　布鲁诺的罪行

一

相比于布鲁诺的任何其他作品,《圣灰星期三的晚餐》(*The Ash Wednesday Supper*)更能奠定布鲁诺作为重要的哥白尼主义者的声誉。标题已经暗示,这将是一本难读和令人费解的书:为什么这样一部经常被用来捍卫哥白尼体系的著作会有一个让我们想到圣餐的标题呢? 这部著作的内容非常清楚地表明,布鲁诺这里的确既关注哥白尼,又关注主的晚餐。但它们之间的关联是什么?

布鲁诺曾被诽谤为可恶的无神论者。笛卡儿的朋友马兰·梅森(Marin Mersenne)谴责布鲁诺是"地球上曾经有过的最邪恶的人",[①]皮埃尔·培尔(Pierre Bayle)在其《历史与批判词典》(*Dictionnaire*,1697)中重复了这一指控。[②] 而当约阿希姆·雅可

---

① Frances A. Yates, *Giordano Bruno and the Hermetic Tradition* (Chicago: University of Chicago Press,1979), pp. 444 – 445, quoting M. Mersenne, *L'Impiété des Déistes* (Paris, 1624),1:229 – 230. 关于梅森对赫尔墨斯主义传统的批判,参见 pp. 432 – 447。

② Paul-Henri Michel, *The Cosmology of Giordano Bruno*, trans. R. E. W. Maddison (Paris: Hermann; Ithaca, N. Y. : Cornell University Press,1973), p. 10; Sidney Thomas Greenburg, *The Infinite in Giordano Bruno*, *with a Translation of His Dialogue*, "*Concerning the Cause*, *Principle*, *and One*" (New York: Octagon,1978), p. 4.

比(Joachim Jacobi)在《关于斯宾诺莎哲学的书信》(1785)一文中为其恢复名誉之后,布鲁诺现在通常被视为哥白尼革命所造就的第一位殉道者。据说布鲁诺因为拒绝接受地心说和宣扬宇宙无限而被宗教裁判所判为异端,并于1600年被处以火刑。这样看来,他似乎是伽利略的一位先驱,我们后面会讨论伽利略不那么悲惨的命运。可以肯定的是,对布鲁诺悲惨命运的这样一种教诲性解释很难与已知事实调和起来。正如我们所看到的,过了很长时间教会才把哥白尼的《天球运行论》列入禁书目录,而且教会中还有其他很多哥白尼主义者并没有遭遇布鲁诺的命运。教会单单把他挑出来,一定还有别的原因。

　　再次考虑梅森对布鲁诺的激烈谴责。正如弗朗西丝·耶茨所指出的,梅森"致力于把文艺复兴时期的魔法师从其座位上拉下来,对长期盛行的赫尔墨斯主义和卡巴拉主义所导致的各种卑鄙魔法的繁荣进行攻击"。在这种对文艺复兴魔法的攻击中,最根本的是本体论议题:对自然持一种泛灵论的理解,据说能使魔法师"把精神注入物质之中"而施行法术。① 在梅森这样的人看来,基督教真正的敌人并非刚刚出现的新科学,而是承诺通过直觉来把握自然内部运作的魔法世界观。在见证旧的宗教世界观瓦解的时代,文艺复兴时期的魔法许诺了一种真正的复兴——不是回到亚里士多德及其基督教追随者的那种用滥了的智慧,而是据说已经在赫尔墨斯著作中(尽管只是片段)向我们展示出来的那种更早的智慧。

---

① Yates, *Bruno*, pp. 433,52.

　　布鲁诺也深信埃及人的古代宗教优越于基督教，赫尔墨斯的智慧优越于亚里士多德的教导，而且正如《阿斯克勒庇俄斯》中的挽歌所预言的，很久以前沉没的赫尔墨斯的太阳不久会再次升起。我们只需记得三重伟大的赫尔墨斯作为哲学家、祭司和国王的三重角色，便会认识到这种期望也带有政治含意，必然会使当权派的捍卫者感到忧虑。他们不得不抵制这样一些人，后者宣称，"埃及人神奇的魔法宗教将会回归"，"他们的道德法律将会取代现时代的混乱"，"挽歌的预言将会应验"。①

　　即使是粗略地阅读《圣灰星期三的晚餐》也会表明，把布鲁诺解释成哥白尼事业的第一位殉道者未能公正对待其生活和思想的复杂性。② 这种解释也未能公正对待他的死。布鲁诺是 1600 年 2 月 17 日即圣灰星期三之后那天在罗马鲜花广场被处决的。③ 当时他 52 岁。那天清晨，"被斩首的圣约翰组织"(Company of St. John the Beheaded)的修士们将布鲁诺带出地牢，这些人"致力于安慰受谴责的囚犯并使其改变信仰"。④ 但布鲁诺死不悔改，顽固

---

①　Yates, *Bruno*, p. 215, in a discussion of Bruno's *Spaccio della bestia trionfante*.

②　Giordano Bruno, *The Ash Wednesday Supper*, ed. and trans. Edward A. Gosselin and Lawrence S. Lerner(Hamden: Archon, 1977). 文中页码引用均指这个版本。原著的校勘考订版参见 Giordano Bruno, *La cena de le ceneri*, ed. Giovanni Aquilecchia(Turin: G. Einaudi, 1955)。

③　Vincenzo Spampanato, *Vita di Giordano Bruno*, con documenti edite e inedited vol. 1(Messina: Principato, 1921), pp. 579 - 597. 另见 Gosselin and Lerner, introduction to Bruno, *The Ash Wednesday Supper*, pp. 11 - 53; Hans Blumenberg, *Die Legitimität der Neuzeit*(Frankfurt am Main: Suhrkamp, 1966), pp. 524 - 584, and *Die Genesis der kopernikanischen Welt*(Frankfurt am Main: Suhrkamp, 1975), pp. 416 - 454。

④　Gosselin and Lerner, introduction, p. 22; Spampanato, *Vita*, pp. 582 - 583.

不化,还嘲笑他的刽子手,看都不看提供给他的十字架。这个异端 244
的舌头被钉住,然后被烧死在火刑柱上。现在一般承认,教会的动
机大多是政治性的:处死布鲁诺与其说是因为他的宇宙观,不如说
是为了杀一儆百,以警告这样一些人,他们与正在那不勒斯监狱服
刑的托马索·康帕内拉一样希望,1600 年将会迎来一个梦寐以求
的黄金时代。① 处以死刑是为了证明,做这样的梦是徒劳无益的。
我将要尝试表明,布鲁诺之死在某种意义上的确可以说迎来了一
个新时代,我将勾勒其轮廓——它是否是黄金时代则完全是另一
个问题。不过我们先回到死刑。

在 1600 年 2 月 19 日出版的《罗马通告》(Avvisi Romani)上,我
们看到了相关报道。我们读到,这个"最顽固的异端分子,用他臆想
的各种教条来反对我们的信仰,特别是反对最神圣的圣母和圣徒,
这个恶棍顽固地想为他们而死"。该报道还声称,他想为自己的信
念殉道,"并说他正在作为殉道者自由地死去"。② 如果当时这则报
道属实,我们就会发现,布鲁诺最具冒犯性的是他拒绝接受教会的
核心教义,而这些教义初看起来似乎与哥白尼革命并无关系。

那时,布鲁诺已被监禁了 8 年。1592 年 5 月 23 日,他在威尼
斯第一次入狱。在此之前,身在德国的他收到了一份邀请,威尼斯
贵族乔万尼·莫琴尼戈(Giovanni Mocenigo)请他赴意大利。③ 当

---

① 参见 Gosselin and Lerner, introduction, p. 22; Yates, Bruno, p. 355。关于康帕
内拉,参见 John M. Headley, Tommaso Campanella and the Transformation of the
World (Princeton: Princeton University Press, 1997), p. 30。

② Documenti romani XI; in Spampanato, Vita, p. 786.

③ Spampanato, Vita, pp. 460 - 461; Documenti veneti, in ibid. , pp. 679 - 704. 另
见 Michel, The Cosmology of Giordano Bruno, pp. 17 - 19。

时威尼斯以宽容开放的态度而闻名,布鲁诺正在寻找一个固定的大学职位,帕多瓦大学的数学教席刚刚空出来。于是他去了帕多瓦,给德国学生讲课。但这个令人垂涎的教席并没有提供给他,而是给了伽利略。于是他回到威尼斯,加入了一个对哲学讨论感兴趣的贵族圈子。由于在意大利似乎看不到前途,他决定动身返回法兰克福,表面上是为了监督印刷自己的一些著作。正在这时,

245 莫琴尼戈向宗教裁判所告发了布鲁诺,指责他的一系列异端观点——也许是因为他对布鲁诺在记忆术方面的私人授课感到失望,更有可能是认为自己受到了欺骗,觉得没有学到法术,而他认为布鲁诺是这方面的高手,布鲁诺回德国的决定肯定激怒了他。除其他事项外,这个威尼斯人还指控说,布鲁诺声称基督所施行的神迹是虚有其表,基督其实是一位魔法师,他向其使徒传授法术的基本知识。[1] 通过这种威胁,莫琴尼戈成功地把布鲁诺留在了威尼斯。

　　布鲁诺被捕后不久,宗教裁判所便开始了审讯。1593 年 1 月,威尼斯当局屈服于教皇的命令,他被转移到罗马继续受审。威尼斯审讯的文字记录保存了下来。我们还有一份关于整个审讯过程的报告:总共开庭了 17 次。[2] 7 年来,布鲁诺似乎认识到了自己的错误,并且越来越坚定地表示悔改,1599 年 4 月实际上承认了

---

　　① 参见 Mocenigo's statement of March 23,1592,Documenti veneti I,pp. 679 - 681。

　　② Spampanato,*Vita*,pp. 669 - 786. 这次审讯的综述发表于 Angelo Mercati:*Il sommario del processo di Giordano Bruno*,Studi e testi,vol. 101(Vatican City:Biblioteca apostolica vaticana,1942)。关于这一综述的内容和意义,参见 Michel,*The Cosmology of Giordano Bruno*,pp. 18 - 20。

自己有罪,但是到了 9 月 16 日,他竟然又愈发坚定地为自己以前的错误作辩护,[1]个中原因我们很难解释。主要的指控涉及关键教义:法官们并不看重宇宙论议题,整个记录几乎没有提到哥白尼。诚然,受谴责论题中有一条是世界的永恒性,但正如我们所看到的,这并不是一种特别哥白尼主义的观点;至少亚里士多德主义者也可能持这种看法。提出哥白尼议题是布鲁诺本人,而不是其审讯者,他在《圣灰星期三的晚餐》中自称想嘲笑某些博士的地心观点。[2] 对此,审讯者似乎没有什么兴趣,他们的回应引到了完全不同的方向:你是否称颂过异端的君主?我们知道,提出这个问题是有充分根据的:在《圣灰星期三的晚餐》中,布鲁诺称颂伊丽莎白女王是理想的君主,将会实现统一欧洲的政治愿景,克服正在使欧洲四分五裂的新教徒与天主教徒之间的分裂,给所有人以宗教自由。"这里没有篇幅来讲那位世间的女神,那位非凡而杰出的夫人,她是一盏明灯,从北极圈附近的寒冷天空照亮了整个地球:我指的是伊丽莎白,其头衔和王室尊严并不逊色于世界上的任何国王;在判断、智慧、集思广益和治理国家上,她不亚于握有世间王权的任何人"(p. 119)。伊丽莎白被称颂为照亮全球的一盏明灯。在这方面,也许可以把她比作哥白尼学说中的太阳。

此前,布鲁诺曾经称颂法国国王亨利三世是爱好和平的君主,说他根本不"满意军事器械的喧嚣骚乱",而会凭借他的正义和尊严使新教徒与天主教徒达成和解。[3] 在对伊丽莎白女王不再抱幻

246

---

① Michel, *The Cosmology of Giordano Bruno*, p. 20.

② Documenti veneti XIII (June 3, 1592), in Spampanato, *Vita*, p. 733. Cf. Blumenberg, *Legitimität*, p. 326.

③ Yates, *Bruno*, p. 181, quoting Bruno's *Spaccio della bestia trionfante*.

想之后,布鲁诺又期待加尔文宗的纳瓦拉国王亨利四世能够改造天主教信仰,后者为了登上法国王位刚刚皈依天主教,但支持宗教自由。莫琴尼戈的确向宗教裁判所报告说,布鲁诺希望亨利四世能用荣誉和财富回报他的辛劳,希望成为一位"首领"(capitano)——像三重伟大的赫尔墨斯一样实现成为哲学王的梦想?[①] 宗教裁判所对莫琴尼戈的报告表现出了极大兴趣,这是不足为奇的。亨利四世当时正投身于一场宗教战争,这场战争直到 1598 年才结束,亨利四世颁布《南特敕令》,规定新教徒享有崇拜自由,布鲁诺也要求享有同样的自由。在审讯中,布鲁诺说自己从未见过亨利四世,也没见过他的任何大臣;他所称颂的不是异端,而是许诺带来和平的人。他驳斥了关于他希望成为一位"首领"、一名斗士的说法:他对自己选择的哲学职业感到满意。[②]

在较早的一次庭审中,布鲁诺向审讯者提供了一份关于其自然认识的概要,强调他相信宇宙是无限的:上帝的无限能力必然会流溢在一个无限的空间之中,其中包含着类似于我们地球的数不清的世界。[③] 甚至在这些可怕的处境下,我们依然能够感受到布鲁诺对这一话题的热情,他援引了《所罗门智慧书》《传道书》和维吉尔的《埃涅伊德》。对此,审讯者的兴趣不大,他们想了解他对三位一体的否认。《圣灰星期三的晚餐》显示,这些宇宙论主题与宗教主题之间其实存在着一种密切关联。

---

① Documenti veneti Ⅳ, in Spampanato, *Vita*, p. 685. Cf. Yates, *Bruno*, pp. 340 - 346.

② Documenti veneti ⅩⅢ, in Spampanato, *Vita*, pp. 734 - 735.

③ Documenti veneti Ⅺ, in Spampanato, *Vita*, pp. 706 - 714.

二

在这些对话中，布鲁诺对圣餐进行了讽刺，斥之为一种令人厌恶的仪式。圣餐仪式是当时导致天主教徒与新教徒发生分裂的议题之一，很快便帮助酿成了三十年战争：新教徒坚持圣餐仪式中饼和葡萄酒兼有，而天主教徒则坚持只有饼。布鲁诺的讽刺必定会使任何虔诚的基督徒感到紧张不安：

> 感谢上帝，餐杯仪式没有举行。通常情况下，人们是围着桌子，从上到下，从左到右，沿各个方向传递高脚酒杯或圣餐杯的，虽然没有秩序，但也讲点礼貌和客气。前面一人将嘴唇脱离酒杯，留下一层可用作胶水的油脂之后，后一个人将酒饮下，留下一点面包屑，再后一人饮下，在杯缘留下一点肉，再后一人饮下，留下一根胡须。就这样，每个人都会很懂礼貌地品尝饮料，然后留给你粘在他胡须上的一些遗留物。如果一个人不想喝，要么因为他没有胃口，要么因为他不屑于这样做，而只需把杯子送到嘴边触一下，便能在杯上留下他的唇印。这一切的含义是，他们所有人聚在一起把自己变成了一匹食肉的狼，就好像用同一个身体吞下羔羊、孩子或小乳猪（Grunnio Corocotta）。[①]（pp. 126 - 127）

[①]　正如译者告诉我们的，Grunnio Corocotta 指的是"一头小乳猪，它的遗嘱是学童们由来已久的笑话"（Bruno, *The Ash Wednesday Supper*, p. 132 n. 87）。

　　这段话暗示，这样一种仪式仅仅造就了最为肤浅的团体：布鲁诺所梦想并且终生为之奋斗的更为重要和普遍的团体根本没有实现。在他看来，新教徒与天主教徒之间关于圣餐的争论非常愚蠢，即领受的圣餐究竟应该饼和葡萄酒兼有，还是应该只有饼。库萨的尼古拉呼吁所有信徒都能超越导致其分裂的视角，而布鲁诺的赫尔墨斯主义的人文主义则使这一呼吁发生了一种更为激进的、不再是基督教的转向。布鲁诺的讽刺还没完："他们把每个人的嘴用于同一个大酒杯，从而把自己变成了同一条水蛭，象征着同一个团体，同一个兄弟会，同一种瘟疫，同一颗心脏，同一个胃，同一个食道和同一张嘴。"(p.127)

248　　布鲁诺曾在作为该书前言的书信中向读者们许诺，他的《圣灰星期三的晚餐》不会是一场"无关痛痒的水蛭宴会"(p.67)："你可能会问我：这是什么宴会？是一次晚餐。什么晚餐？圣灰的晚餐。'圣灰的晚餐'是什么意思？以前举行过吗？我们可以正确地说'像吃饼一样吃灰'(*cinerem tamquam panem manducabam*)吗？并非如此，它其实是在大斋期第一天日落之后开始的一次宴会，我们的祭司称之为'圣灰星期三'或'圣灰日'(*dies cinerum*)，有时称之为'纪念日'。"(p.68)其拉丁词引用了《诗篇》第 102 章的一句诗，讲这话的是那些"我的年日如烟一般消散"的人，他们"因你的气愤和恼怒，食灰如饼，和泪而饮"，但期待有一天，主会以他的荣耀显现，逐步建立锡安。不过，虽然布鲁诺也怀有类似的期望，但他并不指望这一切由《圣经》中的神来实现。他的神是一个不同的神。

　　当布鲁诺在序言中表明，他正以这部著作作为我们准备一次更高级的晚餐时,我们想起了柏拉图的《会饮篇》,尽管布鲁诺非常明确地说,这不会是柏拉图的哲学晚餐。他头脑中想到的观众不同于柏拉图笔下参加宴会的人。在正面描述其宴会时,布鲁诺提出了对立统一的观点:"这场宴会是如此之大和如此之小,如此像教授和像学生,如此亵渎神灵和具有宗教性,如此欢乐和易怒,如此残忍和愉快,如此佛罗伦萨(因其贫瘠)和博洛尼亚(因其肥腻),如此愤世嫉俗和缺乏男子气,如此琐碎和严肃,如此庄重和滑稽,如此悲剧和戏剧,以至于我确信你们会有很多机会变成英雄和卑微者,老师和学生,信徒和非信徒。……"(p.67)这场宴会是亵渎神灵的和宗教性的——难怪宗教裁判所会关注它。布鲁诺摆弄的对立统一使我们想到,这场宴会是为那些对库萨的尼古拉有学识的无知和对立面的一致学说感兴趣的人而准备的;哥白尼和库萨的尼古拉(布鲁诺称他为神圣的库萨的尼古拉)都是布鲁诺极为钦佩的人。①

三

但是,布鲁诺的哥白尼主义和他对传统教义的攻击到底是如何关联起来的?布鲁诺是一个什么样的哥白尼主义者?在第三篇对话中,布鲁诺让一位饱受嘲笑的牛津学究农迪尼奥(Nundinio)持一种非常类似于奥西安德尔的立场:"我们必须相信,哥白尼并 249

---

① 参见 Greenburg, *The Infinite in Giordano Bruno*, p.169。另见 pp.16-18,43-44。

不认为地球在运动，因为这既不恰当也不可能，但为了便于计算，他将运动归于地球，而不是第八层天。"(p.136)布鲁诺的代言人哲学家特奥菲洛(Teofilo)答复道："托尔夸托(Torquato)博士作了这一断言；……他对语法并非一窍不通，所以他看得懂一封我不知道是哪一头无知而自负的蠢驴添加的前言书信。(仿佛他想通过为作者开脱或者为了其他蠢驴的利益来支持作者，这些蠢驴一见到草和小果实，就非要吃完才肯放下这本书)在他们开始阅读并思考其观点之前，[这头蠢驴]便给出了这种建议。"(p.137)在此之后，布鲁诺引用了很长一段奥西安德尔的序言。正如我们已经看到的，戈塞林(Edward A. Gosselin)和勒纳(Lawrence S. Lerner)声称布鲁诺可能第一次意识到这篇序言并非出自哥白尼之手，其中的论断是不可接受的：那些更接近哥白尼的人，比如雷蒂库斯(Rheticus)，很清楚该序言并不是他写的。早期拥有《天球运行论》的一些人的确把奥西安德尔的名字写进了他们的书中。正因如此，开普勒才知道了真实作者的名字。但布鲁诺只有正文，在驳斥这篇序言的真实性时，他援引了我早些时候提到的给教皇的献词："对于哥白尼而言，仅仅说地球在运动是不够的，他还在给教皇的献词中确认和断言了这一点。他写道，哲学家的意见与普通民众的意见相距甚远，[普通民众的意见]不值得听取，而是最值得避开，因为它们违背了真理和正确的思维"(p.138)。这里我们看到了对常识的远离，它将成为指导新科学的真理观和实在观的典型特征。

　　然而，布鲁诺急于否认任何权威，甚至是哥白尼的权威：

但事实上,对于这个诺拉人(the Nolan)①来说,以上所述 [地球的运动]在他之前早已有人表述、讲授和确证,比如哥白尼、毕达哥拉斯学派的叙拉古人希克塔斯、菲洛劳斯、庞托斯的赫拉克利德、毕达哥拉斯学派的埃克番图斯,柏拉图在《蒂迈欧篇》中(作者在这篇对话中胆怯地、不坚定地表述了他的理论,因为他坚持这种观点更多是凭借信仰而非知识)、神圣的库萨的尼古拉在《论有学识的无知》第二卷中,还有其他各种一流的论述。对于他[这个诺拉人]而言,主张[地球可以运动]乃是基于他自己的一些更为可靠的理由。在此基础上,不是凭借权威,而是通过敏锐的感知和推理,他坚持这种观点,就像坚持他可以确定的其他任何东西一样。(p.139)

布鲁诺所说的这些更为可靠的理由是什么? 如果作更认真的考察我们会发现,有些理由我们已经很熟悉;在其他地方,他的推理似乎很混乱。熟悉的理由中包括对视角的反思,对布鲁诺而言,它同样导向了对无限的洞察。在这方面,库萨的尼古拉显然是先驱者:

现在,如果我们的理解力足够明智和开明,能够认识到宇宙的这种视运动乃是源于地球的旋转,而且,如果考虑到天穹上所有其他天体的构成与这个物体(地球)类似[宇宙同质性原则],那么我们将能够首先相信,然后严格地得出与那个梦、那个幻想、那个基本错误完全相反的结论,那个错误已经引出

———————————

①　布鲁诺经常根据其出生地诺拉(Nola)而自称为"这个诺拉人"。——译者注

并将继续引出无数其他错误。它是这样产生的。从［我们］地
平线的中心，把目光转向四面八方，我们可以推算出较近事物
的距离以及它们之间和之内的距离，但超过一定限度，所有事
物看起来就同样遥远了。同样，如果我们观看天穹上的星星，
一些较近星星的运动差异和距离差异是可以分辨的，但较远
或很远的星星看起来将会静止不动，而且距离同样遥远。
（pp. 203 – 204）

所谓的恒星天穹不过是一种透视的错觉。布鲁诺这里也援引
了运动船只的传统例子，虽然他的用法有所不同：

我们可以用一艘很远的船为例来说明这一点，这艘船已
经走了三四十码的距离，但看起来似乎是静止的，仿佛根本没
有移动。因此相应地，更远的距离，最大、最亮的天体也是如
此（可能有无数其他天体和太阳一样大、一样亮甚至更大更
亮）。它们的圆周和运动虽然很大，但我们看不见。因此，即
使其中某些星体靠近［地球］，我们也看不到，除非经过最长时
间的观测；这些观测没有人做，因为没有人相信、寻找或者预
先假定这些运动；我们知道，研究的开端是认识到有东西存
在，或者可能存在和适合存在，使我们可以从［研究］中获益。
（pp. 204 – 206）

布鲁诺追随库萨的尼古拉，使哥白尼那个虽然放大许多但仍
然有限的宇宙迅速扩大。他不仅解释了为什么根据他对宇宙的理

解会有那样的现象产生,而且还说明了为什么我们不应期待用经验证据来支持他的观点。这些证据只能来自长时间的观测。但是由于没有人相信这样的观测会产生什么有趣的东西,似乎就没有理由作这种观测。在这些证据可以预期之前,必须有一个思想家向大家表明,所寻求的东西是合理的或可能的。在这里,布鲁诺看到了像他那样的人的意义;应当注意,宇宙的同质性原则在这里充当了一条受理智直觉支持的公理,它指导着科学观测,而不是在科学观测之后。

事实上,布鲁诺对其观测细节满不在乎。当他试图批评奥西安德尔时,这种粗心使他陷入了困境:

> 那个白痴,竟然极度担心哥白尼的学说会使人疯狂!他严肃而自信满满地说,那些相信[地球运动]的人对光学和几何学非常无知。我无法想象还有比这更荒谬的东西。我想知道,那头野兽指的是什么光学和几何学,这只能表明他本人和他的老师对真正的光学和几何学是多么无知。我想知道如何能从发光体的大小推算出它们的远近,以及反之,从它们的远近推算出其大小的相应变化。(pp. 139 – 140)

布鲁诺指的是奥西安德尔序言中的下面这段文字:

> 或许碰巧有这样一个人,他对几何学和光学一窍不通,竟认为金星的本轮是可能的,或者认为这就是为什么金星会交替移到太阳前后40°或更大一些角距离处的原因。难道谁还

能认识不到,这个假设必然会导致如下结果:行星的视直径在近地点处要比在远地点处大 3 倍多,从而星体要大 15 倍还多? 但任何时代的经验都没有表明这种情况出现过。在这门科学中还有其他一些同样重要的荒唐事,这里不必考察。①

这里奥西安德尔给出了一个论证,以反对那些把哥白尼(以及托勒密)看得太认真的人。那个假定的事实,即金星的大小和亮度看起来几乎保持不变,被认为与哥白尼理论的一个推论不相容,此推论表明,金星与地球的距离的变化会导致其视尺寸和亮度发生显著变化。② 布鲁诺理所当然地认为,金星的视亮度没有任何变化。但他否认距离变化必然会涉及亮度变化。事实上,虽然金星的直径和该直径的变化不能用肉眼观察到,但金星的视亮度却有显著变化(这一点奥西安德尔似乎也忽视了)。此外,金星视亮度的这种变化古人已经知晓,不仅哥白尼体系能够预言,托勒密体系也能预言。布鲁诺在这里显示了他对数学的鄙视。"反射和直射线,锐角和钝角,垂直线、入射线和平面线,较大或较小的弧:这些东西都是数学条件而不是自然原因。摆弄几何学是一回事,验证自然则是另一回事。"(p. 208)他认为数学毫不重要,一个成熟的思想家不应专注于数学,因此他责备欧几里得和阿基米德把时间都

---

① Andreas Osiander, "To the Reader, Concerning the Hypotheses of This Work," in Nicolaus Copernicus, *Three Copernican Treatises*: *The "Commentariolus" of Copernicus*, *the "Letter against Werner," the "Narratio Prima" of Rheticus*, trans. Edward Rosen, 2nd ed. (New York: Dover, 1959), p. 25.

② 参见 Gosselin 和 Lerner 在 Bruno, *The Ash Wednesday Supper*, p. 166 n. 19 中的讨论。

浪费在智力游戏上，还有更重要的事情需要他们关注。[1] 布鲁诺曾把一本书献给皇帝鲁道夫二世（Rudolf II），其颇具挑衅性的标题"反对数学家"（*Articuli adversus Mathematicos*）便说明了这一点。[2] 诚然，书中含有几何图形，并且穿插着炼金术的符号。他把其赫尔墨斯主义的学问（mathesis）与数学家的数学对立了起来。[3]

正如《圣灰星期三的晚餐》中常常混乱和令人困惑的论证所表明的，布鲁诺的推理并非很细心，他很难说是哥白尼或伽利略那样的科学家。他对哥白尼立场的坚定秉持似乎与科学证据并没有什么关系。他那些受理智直觉支持的宇宙论思辨似乎使他更接近于库萨的尼古拉而不是哥白尼。事实上，其无限宇宙观使他决定性地超越了库萨的尼古拉，因为库萨的尼古拉认为，只有上帝才可以当之无愧地被称为无限。他认为宇宙仅仅是一种受造的或有限的无限，而不是真正的无限。布鲁诺不再有这些保留；宇宙是充分意义上的无限，正如古人的智慧已经承认的："我们所拥有的残篇向我们表明，赫拉克利特、伊壁鸠鲁、巴门尼德和麦里梭（Melissus）懂得有关天界物体的这种观点。在[这些残篇]中我们可以看到，他们认识到有一个无限的空间、无限的区域、无限的物质和无限的容积，能够容纳与这个世界类似的无数个世界，这些世界像地球一样围绕自己的圆周运转。"（p. 206）这种宇宙观的活力值得注意，它把宇宙看成一再创造出无穷多个世界的过程。

253

---

①　参见 Michel, *The Cosmology of Giordano Bruno*, pp. 37 – 41。

②　参见 Yates, *Bruno*, pp. 313 – 315。

③　参见 Gosselin 和 Lerner 在 Bruno, *The Ash Wednesday Supper*, p. 228 n. 23 中的评论。

　　但这种宇宙论与宗教裁判所对布鲁诺的指控之间究竟有什么关系呢？宗教裁判所指控布鲁诺是一个异端，他否认天主教信仰的核心信条，在政治上制造麻烦，威胁业已建立的秩序。让我们再次考虑这种宇宙论的一个明显推论：它会导致宇宙中没有优先位置。地球肯定不是这样一个优先位置。那么应当如何来理解道成肉身呢？否认道成肉身是对布鲁诺的关键指控之一。对布鲁诺来说，正如地理上的优先位置不存在，历史上的优先位置似乎也不存在。说历史有开端或结尾，这比说空间有开端或结尾更有意义吗？于是同样的问题再次出现了：应当如何来理解道成肉身和耶稣受难呢？此即布鲁诺令当局困扰的核心。在布鲁诺心中，拒斥基督教和拥护哥白尼体系（他将其扩展为无限的宇宙）是密不可分的。

254

四

　　正如我们所看到的，那种常见的说法，即布鲁诺是哥白尼革命的第一位殉道者，很难得到辩护。我已经讨论了与布鲁诺的审讯和死有关的某些方面。现在看来，这两者似乎是他那种不安生活的一个悲惨但却恰当的结局。1548 年，布鲁诺出生在那不勒斯附近的诺拉，因此他经常充满感情和自豪地自称"这个诺拉人"。[①]他的父亲是一名军人。1563 年，他进入了那不勒斯圣多美尼克教堂修道院，获得"乔尔达诺"之名，托马斯·阿奎那曾在这所修道院

---

　　① 关于布鲁诺本人对其早年经历的简要叙述，参见 Documenti veneti VIII, pp. 696–698。

讲学，并且葬在这里。毫无疑问，布鲁诺充分利用了修道院壮观的图书馆，就像 25 年后康帕内拉所做的那样。在这个早期阶段，他似乎已经涉嫌异端。尽管如此，1572 年他被任命为祭司，并于 1575 年成为神学博士。进一步的神学研究使他确信，许多神学思辨是徒劳无果的。他不仅阅读伊拉斯谟等被禁作家的作品（据说他曾把伊拉斯谟的作品藏在厕所里），而且一个更为严重的指控是，据说他对否认基督神性的阿里乌斯主义异端表示同情。[①] 因此，异端思想似乎要先于他的宇宙论兴趣。

当布鲁诺因为异端罪名而即将面临审判时，他脱掉了修士长袍逃到罗马。没过多久，他在那里被指控谋杀。这一指控显然毫无根据，但由于面临又一调查，短短两个月后，他于 1576 年 4 月逃离了罗马，开始在意大利北部的一些城镇长时间流浪。短暂地造访法国之后，布鲁诺在日内瓦皈依了加尔文宗——但他对一位重要的加尔文宗教授安托万·德拉费伊（Antoine de la Faye）进行了攻击，这使他变得非常不受欢迎。他再次遭到逮捕，被逐出教会，撤销声明后又恢复了正常生活。但那时他已经受够了日内瓦，遂决定离开那座城市，城市的领导者们大概如释重负。然后，布鲁诺在法国旅行，希望能够回归天主教会，但没有成功。不过，他先是在图卢兹，后来在巴黎，终于找到了一种适宜的氛围，在亨利三世的宫廷获得了一个次要职位。当时，亨利三世正试图在天主教和新教派别之间寻找一条道路，这些派别的纷争有可能使法国（事实上是欧洲）四分五裂。在巴黎期间，布鲁诺发表了论记忆术的著作

---

　① Gosselin and Lerner, introduction p. 16.

255 以及一部指控那不勒斯社会的喜剧《举烛人》(*Il Candelaio*)。1583 年,布鲁诺去了英格兰,亨利三世给伊丽莎白女王宫廷的法国大使米歇尔·卡斯泰尔诺(Michel Castelnau)写了一封推荐信。布鲁诺本人则被委托了一项秘密任务。

　　布鲁诺到达时,正赶上牛津大学的一场关于哥白尼的辩论,此辩论是女王为了向来访的波兰王子阿尔伯特·拉斯基(Albert Laski)表示敬意而下令举办的。[1] 但热衷于哥白尼的布鲁诺并不为人称道,事实上,其对手指责他并不了解哥白尼。不久,他在《圣灰星期三的晚餐》中对牛津学者作了刻薄的讽刺,以报复那次充满敌意的接待。他为自己争取一个教授职位的希望破灭了,不过至少有一段时间,他的确在法国大使家中找到了避风港。在此期间,布鲁诺惊人地高产:他不仅出版了《圣灰星期三的晚餐》,还出版了关于天文学、道德、宗教等议题的相当数量的作品。但布鲁诺的好运没有持续很长时间。1585 年秋,大使被召回法国,没有人来接替他的位置。于是布鲁诺返回了巴黎。

　　那时法国首都的氛围已经有所变化。国王废止了关于接受新教徒并与之达成和平的政策,布鲁诺很快就因为攻击一些天主教徒而变得不受欢迎。于是他去了德国,在那里发表演讲并出版了一些小册子,其中包括《反对当今数学家和哲学家的 160 条》。在这部作品中,布鲁诺祈愿(再次追随库萨的尼古拉的脚步?)所有宗教和平

---

　　① Gosselin and Lerner, introduction p. 18. 另见 C. F. A. Yates, "Giordano Bruno's Conflict with Oxford," *Journal of the Warburg and Courtauld Institutes* 2 (1938 - 1939), pp. 227 - 242, and R. McNulty, "Bruno at Oxford," *Renaissance News* 13 (1960), pp. 300 - 305。

共处,呼吁自由讨论——他一直在寻找大学职位,使他能够自由地教学和发表他认为需要被听到的东西。他在马堡未能获得教职,于是去了维滕贝格,起初得到了友好的接待,在那里住了 20 个月,但随后,当时相对路德主义者占上风的加尔文主义者迫使他于 1588年 3 月离开。于是,他到资助了众多占星家的布拉格皇帝鲁道夫二世那里另谋高就。但他发现在那里同样不可能保住一个持久的职位,于是又去了黑尔姆施泰特(Helmstedt),在那里他再次得罪了学术当权派。这一次,将他开除教籍的是路德主义者,虽然布伦瑞克公爵海因里希·尤利乌斯(Heinrich Julius)愿意保护他。在黑尔姆施泰特他用拉丁文写了一些诗,发展了他的物质原子论。一年半以后,不安分的布鲁诺去法兰克福发表了这些诗。市议会否决了他的居留申请,于是他去了一所加尔默罗会(Carmelite)修道院避难,尽管如前所说,布鲁诺毫无信仰可言。① 当莫琴尼戈那份命运攸关的邀请送到他手中,请他到威尼斯时,他正在法兰克福。

就这样,布鲁诺过着一个学术流浪汉的不羁生活;在某种意义上,这种生活符合他对空间的理解,他否认有任何优先位置存在。和当时的许多人一样,布鲁诺觉得一个时代即将结束,一个新的、更好的时代即将开始。布鲁诺认为哥白尼的日心说象征着一个新时代的黎明。

请告诉我,你对哥白尼有什么看法?

特奥[菲洛]:他是一个深刻、杰出、勤奋和成熟的天才;除

---

① Documenti veneti VII, in Spampanato, *Vita*, p. 692.

了在时间顺序上，他不亚于他之前的任何天文学家；在先天智力方面，他大大优于托勒密、希帕克斯（Hipparchus）、欧多克斯（Eudoxus）以及他们的所有后继者。……那么，谁会对这个人的辛劳如此粗鲁无礼，以至于忘记了他的伟大成就，不想想诸神已将其任命为古代真正哲学的太阳升起之前的黎明？好多个世纪以来，这种哲学一直埋葬在盲目、傲慢、无知和忌妒的黑暗洞穴里。（pp. 86 – 87）

这种对哥白尼的赞誉所表达的自我理解是现代性的开端所特有的：一个新时代正在开始，中世纪之夜即将结束。我们看到了新的曙光。库萨的尼古拉去世后不久，乔万尼·德布西（Giovanni de Bussi）在给这位红衣主教写的颂词中第一次使用了"中世纪"一词。布鲁诺这段话中太阳隐喻的循环含义很重要。该隐喻本身是柏拉图主义的，但布鲁诺赋予了日心说一种赫尔墨斯主义特征：哥白尼本人不是援引了三重伟大的赫尔墨斯的权威吗？弗朗西斯·耶茨因此认为布鲁诺是"一位极为虔诚的赫尔墨斯主义者，他相信《阿斯克勒庇俄斯》中描述的埃及人的魔法宗教，在英格兰预言了阿斯克勒庇俄斯即将回归，他把哥白尼的太阳当作天空中的一个预兆，预示着这种即将到来的回归"。① 布鲁诺毫不犹豫地对哥白尼革命作了象征性解读：他本人不就是新的太阳吗？

于是，上述文本引出了一段自我祝贺的话，布鲁诺将他本人的成就与哥伦布等探险家的成就相比较：

---

① Yates, *Bruno*, p. 155.

[如果这些人被如此称赞，]那么我们应该如何向这个诺拉人致敬呢？他发现了升天之路，理解了诸星的边缘，并将天穹的凸面抛至脑后。前去探险的舵手们发现了如何去打扰别人的宁静，[如何]去侵犯[不同]地区的本地神灵，[如何]将有远见的自然一直分开的东西混杂在一起；[如何]通过交往来增加缺陷，给旧恶习增添上其他民族的新恶习，用暴力来传播新的愚蠢，在原本不空虚的地方植入闻所未闻的空洞之物，因此最强的人会断定自己是最有智慧的。他们显示了新的方法、工具和技艺来施行暴政和彼此谋杀。迟早有一天，由于所有这一切，那些人在（经由事情的结果）得知了自己的代价之后，会将这些有害的发明的类似的更糟后果交还给我们。(pp. 88-89)

这里我们看到了一种预感，即欧洲到一定时候将不再能够维持其在世界各地的霸权，那时它所造成的所有危害都将重新降临欧洲。布鲁诺以非常不同的方式描述了自己的成就：

　　为了产生完全相反的结果，这个诺拉人将人的心灵和知识从恶劣大气的监狱中解放出来。仿佛透过少数几个窥视孔，心灵几乎无法凝视最遥远的星星，它的翅膀被剪断，所以无法翱翔，刺破云端以看到实际存在的东西。……他们认可和肯定了诡辩家和傻瓜们那朦胧的黑暗，从而熄灭了使我们古圣先贤的心灵变得富有神性和英雄性的明灯。于是，长期受压迫的人的理性，现在又一次向着总在她耳旁低语的有先见之明的神圣心灵倾诉其卑下状况，她以这样的方式悲叹道：

258

圣母玛利亚啊，谁能使我升上天空，

从那里带回我失去的智慧？

[《疯狂的罗兰》(*Orlando Furioso*)]

看哪，这个人[这个诺拉人]越过大气，穿过天空，游荡在繁星之中，超越了世界的边际，抹去了第一、第八和第十层天球那臆想的墙壁，以及其他许多你可以根据空洞数学家的闲谈和庸俗哲学家的盲目看法而添加的东西。(pp. 89-90)

据信，这个诺拉人的成就带来了与探险家完全不同的结果，探险家们对多样性毫无尊重，他们披着正统的外衣，贪婪地破坏其他文化和信仰。我们这里看到了一种比库萨的尼古拉曾经努力实现的"公教和谐"(*concordantia catholica*)或"信仰的和平"(*pax fidei*)更为激进的版本。无论是布鲁诺还是库萨的尼古拉，宇宙论观点与使交战各方达成和解之间都有一种密切关联。

五

我已经强调了"解放"这一主题：新时代是启蒙的时代，也是自由的时代，哥白尼象征着这个时代的黎明。人与人的关系将不再基于权力，而是基于自由讨论，这乃是源于对不同境况下人和国家必然具有的差异的尊重。① 布鲁诺希望达成多样性的统一。

---

① 在给维滕贝格大学教授们发表的告别演说(1588)中，布鲁诺似乎是最早极力主张"哲学自由"(*philosophica libertas*)的人之一。康帕内拉和布鲁诺将会重复这一申辩。参见 Headley, *Campanella*, pp. 172-173 n.109。

我们应当注意这样一种后哥白尼看法（post-Copernican vision）的矛盾。正如我在导言中所指出的，虽然有些人像布鲁诺一样对宇宙似乎已经开放而感到欢欣鼓舞，觉得从监狱中释放了出来，但更多的人却觉得自己被抛入了一片荒凉寂寥的广袤之中。这种矛盾也延伸至布鲁诺的历史观。布鲁诺对太阳隐喻的使用蕴含着一种循环历史观：历史就像白天与黑夜的无尽更替。1586年，他在维滕贝格大学纪念册中以《所罗门和毕达哥拉斯》（*Salomon et Pythagoras*）为题写道：

现在者为何？（Quid est quod est?）

过去者。（Ipsum quod fuit.）

过去者为何？（Quid est quod fuit?）

现在者。（Ipsum quod est.）

太阳底下无新事。（Nihil sub sole novum.）①

正如已经指出的那样，这种主张——现在的就是过去的，过去的就是现在的，太阳底下无新事——不可能与基督教的历史观调和起来。在布鲁诺看来，基督教的历史观也必定受制于导致地心主义者拒绝承认哥白尼成就的那种盲目性。但我们也要记住，布鲁诺声称要超越哥白尼：毕竟，哥白尼只代表黎明，而布鲁诺则属

_____

① Documenti tedeschi III, in Spampanato, *Vita*, p. 664. 另见 Documenti veneti XI, in ibid., p. 711, 布鲁诺"以毕达哥拉斯主义的方式"（modo pittagorico）向审讯者解释了他对三位一体中第三位格的理解，即把它理解成赋予生命的宇宙灵魂。

于新的一天。在天文学上,从黎明到一天的转变似乎意味着从一个日心宇宙转变为一个没有中心、因此也可以有无穷多个中心的宇宙。布鲁诺的宇宙并不是一个体系。如果把它理解为一种政治隐喻,那么适合于它的政治必定会废除专制主义国家。布鲁诺的宇宙论范式要求这种国家的消亡。

这种对空间和时间的理解也使言说那个新时代成为禁忌,布鲁诺像等待千禧年一样急不可耐地等待它的到来。千禧年思维构想了一系列时代,其顶峰是最终的黄金时代,在那个时代,历史得以实现和终结,可以说历史进程得到了救赎。这些千禧年想法在中世纪很常见。于是,菲奥雷的约阿希姆(Joachim of Fiore)认为历史由三个时代组成,即圣父时代、圣子时代和圣灵时代,标志着从神逐步下降到人。经由莱辛的中介,黑格尔的历史进步观仍然在很大程度上得益于这种千禧年模式,马克思的思想也是如此。在过去的一千年里,这些末世论思想曾经多次重现。[1] 它们在1600 年以前的若干年里尤其兴盛,被认为"特别重要",正如耶茨指出的,"这是因为 9 和 7(其总和为 16)的数字命理学意义。在未来的宗教制度中将会建立一套更好的宗教礼仪和道德准则,既是基于自然,也是基于自然宗教"。[2] 康帕内拉把自己看成这个新时代的弥赛亚,他关于一个以神为中心的民主共和国的梦想启发卡拉布里亚(Calabrian)的农民于 1598 年和 1599 年起而反抗西班牙当局。[3] 耶茨指出,康帕内拉在那不勒斯遭受监禁和酷刑与他的

260

---

① 参见 Norman Cohn,*The Pursuit of the Millennium*,2nd ed. (New York:Harper Torch books,1961)。

② Yates,*Bruno*,p. 364.

③ Headley,*Campanella*,p. 3. 另见 Yates,*Bruno*,pp. 360 - 397。

多明我会同胞在罗马被处死之间显然存在着关联。

　　然而,布鲁诺的思想要比康帕内拉更具异教色彩(布鲁诺可能会说,更加赫尔墨斯主义)。布鲁诺并未预示黑格尔,黑格尔会让我们把笛卡儿理解成最终到达陆地的水手。根据布鲁诺的说法,不可能有陆地存在。对于宇宙来说是如此,把这种思想扩展到历史时也是如此。然而,这种声明使最后那个黄金时代的承诺成了问题;正如无限的宇宙有某种令人恐惧的东西,这种历史观也有某种令人恐惧的东西,它只知道无休无止的、因此最终毫无意义的黑暗与光明的更替。

　　布鲁诺对陆地的拒斥还暗示,我们不仅应当相对于特定地点,还应相对于特定时间来思考视角幻觉。于是,我们可以谈及被提升到更高层次、甚至是转换到不同基调的哥白尼革命。这一转换不仅适用于布鲁诺给出的宇宙观,而且适用于我们瞥见的历史观。可以说,正如眼睛受制于其空间位置,所以理性也受制于其时间位置。布鲁诺呼吁我们与这两者作斗争。

　　布鲁诺的世界很像库萨的尼古拉的世界,但正如我们看到的,它们有一个决定性的差别:库萨的尼古拉认为,宇宙的无限并非完全意义上的无限。受造的无限宇宙距离绝对无限的上帝依然无限遥远。这一主张背后的想法是,上帝不可能创造任何与他等同的东西,正如他不可能除去自己一样。根据这种传统观点,上帝的创造力不会在他创造的东西中耗尽。上帝可能创造出很多他不愿创造的东西。这种观点认为,创造是完全偶然的。布鲁诺对这些观点提出了质疑,他所依据的是阿瑟·拉夫乔伊(Arthur Lovejoy)在《存在的巨链》(*The Great Chain of Being*)中所谓的"丰饶原

261 则"(principle of plenitude)。① 根据这一原则，创造是无限的上帝本质的充分显现。为了与这种无限相一致，创造本身必须是无限的。上帝所能创造的都创造了。这里遭到拒斥的不仅有唯意志论的全能上帝，还有世界的偶然性：创造只可能是现在这个样子。宇宙渐渐被理解为上帝完全恰当的自我复制。因此，创造是无限的上帝本质的必然展开。这种观点中没有人格造物主的位置。正如布鲁诺准备告诉审讯者的，道成肉身也没有必要，甚至没有一个位置。②

　　库萨的尼古拉认为，道成肉身为人类提供了一种量度，因为它为历史提供了中心和支点。布鲁诺对无限宇宙的直觉不可能被这样一种宗教所接受，而他认为，宇宙是上帝本质完全充分的展开，从而使上帝和宇宙的区别几乎消失。我们不要以为只有基督教才认为无穷多个世界与其信仰不相容。在这方面，布鲁门伯格引用了犹太学者弗朗茨·罗森茨维格（Franz Rosenzweig）的话，后者强调这种观点与所有启示宗教都绝对不相容，异教思想与任何启示宗教的区别是，"对异教思想来说，存在着多个世界和多种可能性，存在着原因和偶然，而对于[启示宗教]来说，一切事物都只有一个范例。启示建立了上和下、欧洲和亚洲，一如它建立了早和晚、过去和未来。无限降临到地球，并从其降临之处绘制了空间之海和时间之河的边界。"③正是由于洞悉了这种降临的必要性，库

---

①　Arthur Lovejoy, *The Great Chain of Being : A Study of the History of the Idea* (1936 ; reprint, Cambridge, Mass. ; Harvard University Press, 1964), pp. 116 - 121.

②　参见 Documenti veneti XI, in Spampanato, *Vita*, pp. 712 - 713。

③　Franz Rosenzweig, *Briefe* (Berlin: Schocken, 1935), p. 211, quoted by Hans Blumenberg in *Die Genesis*, p. 439 n. 146.

萨的尼古拉才如此强调他的基督学。布鲁诺回到了罗森茨维格所认为的异教观点,虽然如果没有此前关于上帝无限性的基督教思辨,就无法理解他对无限的激情。下面这段话强调了与布鲁诺的宇宙观密切相关的赫尔墨斯主义泛灵论:

> 据我理解,没有什么东西能比动物更让我们认识到,[宇宙的]各个部分总是处于不断的变化和运动之中,有涨有落,总是从外部吸收一些东西,又从内部流溢出一些东西:正如指甲会生长,皮、毛和头发会生长,皮肤会愈合,兽皮会变硬,地球也以同样的方式接收其各个部分的流入和流出,许多生物由此以不同方式向我们展示了它们的生命。因此,既然万物都分有生命,那么无数生物不仅活在我们之中,而且也活在各种复合物之中,这是非常合理的;当我们看到据说已经死去的某种东西时,我们不应认为它死了,而应认为它改变和终止了其偶然组成和统一性,因为我们看到的正遭受死亡的东西总是长存不朽的。我们将在其他场合表明,与所谓的有形物质实体相比,所谓的精神实体更是如此。[①] (pp. 156 - 157)

这样一种宇宙观在柏拉图的《蒂迈欧篇》中有其根源,它使人类很难认真地对待个体,因此也很难认真地对待死亡和救赎的需要。通过否认有一个人格上帝存在,布鲁诺以一种原尼采

262

---

① Cf. Nicholas of Cusa, *On Learned Ignorance* 2. 12, trans. Jasper Hopkins (Minneapolis:Banning,1981),p. 120.

主义方式克服了偶然性和与之相关联的虚无主义。这种否认的另一面是对宇宙的神化,曾经留给上帝的形容词现在用来描述宇宙:它现在被说成是必然的。但是,与这种必然性相伴随的是把宇宙理解成一种动态的状态,它不可能有最终的满足。个体生命仅仅是更简单的东西的一种偶然配置,是一种表面现象,短暂而微不足道。

六

这种宇宙观与布鲁诺对核心教义的否认是如何联系在一起的,应该已经清楚了。再次考虑道成肉身的教义,布鲁诺早年做修士时就曾对它提出过质疑,在其最后的定罪中它也是最重要的议题。我们应当记住该教义可能赋予人的尊严:回想一下我在上一章引用的改革家梅兰希顿的话。基督教人文主义利用了这一教义。布鲁诺的宇宙观不仅可能削弱道成肉身的教义,而且可能削弱任何人类中心主义。但这必然会使哥白尼革命成为问题,因为哥白尼革命依赖于那种与人类中心主义分不开的认知信心。在这方面,我们想起了尼采和他在《论道德意义之外的真理与谎言》开篇所讲的故事,这里值得再次引用:

263　　　　从前,在分散成无数闪烁的太阳系的宇宙的某个偏远一隅有一颗星体,在它之上有聪明的野兽发明了认知。这是"世界历史"最为傲慢和虚假的时刻,但尽管如此,它只有片刻光景。自然呼吸了几下之后,这颗星便冷却和凝结了,聪明的野兽不得不死去。①

　　布鲁诺也许会补充说,这依然给了该事件太多的意义和独特性。倘若尼采不是用招人怜悯的最高级说起最为傲慢和虚假的时刻,而是言及一次次重演的偶然事件,这个故事会讲得更好。

---

① Friedrich Nietzsche,"Uber Wahrheit und Luge im aussermoralischen Sinne," in *Sämtliche Werke*:*Kritische Studienausgabe*, ed. Giorgio Colli and Mazzino Montenari,15 vols. (Munich:Deutscher Taschenbuch Verlag;Berlin:de Gruyter,1980),1: 875;trans. as"On Truth and Lie in an Unmoral Sense,"in *Philosophy and Truth*:*Selections from Nietzsche's Notebooks of the Early 1870's*,trans. and ed. Daniel Breazeale (Atlantic Highlands,N. J.:Humanities Press,1979),p. 79.

第十四章　伽利略的洞见与盲目

一

我曾在第十二章中追问：根据哥白尼的看法，一种天文学理论要想声言真理，应当具备什么条件？我指出这种条件有两个：

1. 它必须"拯救现象"，也就是说，需要得到观测的支持。

2. 它必须符合所理解的自然本质。用哥白尼的话来说：它必须符合确定的公理或原理，正是由于建立在对该本质之理解的基础上，这些公理或原理才被视为确定的。也就是说，必须把科学建立在一种自然的形而上学基础上。

如果用哥白尼自己的标准来判断，那么他的理论显然不够好。他对自然本质的理解以及对匀速圆周运动的坚持，很快便遭到了拒斥；已有的观测也并非强烈支持他的体系而不支持托勒密体系。哥白尼的基本洞见一直缺少足够的观测支持，直到伽利略作出那些发现为止；随着以牛顿的工作为顶峰的物理学的发展，自然的本质才得以确定，从而提供了近似于哥白尼所要求的那种基础。

回到观测支持这一问题，我们看到第谷·布拉赫已经做了一些观测。他对新星的观察表明，月上世界存在着变化，从而使亚里士多德的自然理论遭到沉重打击。同样重要的是，他证明彗星必定会冲破旧的宇宙论框架,尽管该证明并不总能被接受。事实上,我们发现伽利略仍在毫无根据地为彗星的月下特征作热情辩护。不过,当伽利略发现木星的卫星似乎提供了一个微小的太阳系模型时,他为哥白尼的理论提供了最有力的观测支持。[①]

二

不过在这里,我所要关注的主要不是伽利略而是望远镜,以及更一般地,关注现代科学的发展在何种程度上依赖于仪器。想想时钟、秤、温度计等等。库萨的尼古拉在其短篇对话《门外汉论杆秤实验》中已经认识到了量化以及这些仪器的潜在重要性。这些仪器的发展服务于越来越精确的量化要求。相信量化有助于我们更加接近真理,这种信念的先决条件是确定自然的本质,一如伽利略在《试金者》(*The Assayer*,1623)中的名言:

> 哲学被写在宇宙这部永远呈现于我们眼前的大书上,但只有在学会并掌握书写它的语言和符号之后,我们才能读懂这本书。这本书是用数学语言写成的,符号是三角形、圆以及其他几何图形,没有它们的帮助,我们连一个字也读不懂;没有它们,我们就只能在黑暗的迷宫中徒劳地摸索。[②]

---

① 参见 Hans Blumenberg, *Die Genesis der kopernikanischen Welt*(Frankfurt am Main;Suhrkamp,1975),pp. 453 – 502。

② Galileo Galilei, *The Assayer*, in *Discoveries and Opinions of Galileo*, trans. and intro. Stillman Drake(Garden City, N. Y. ;Doubleday,1957),pp. 237 – 238.

请再次注意这一观点所蕴含的人类中心主义。人类可以理解上帝所写的自然之书；数学为我们提供了理解自然的正确途径。

我刚才提到了时钟和秤。望远镜和显微镜则完全是另一种类型的仪器：它们承诺拓展人的视觉能力，以弥补其天然缺陷。它们满足了人类亲眼看到宇宙真实结构的愿望。伽利略在《星际讯息》266 (*The Starry Messenger*，1610)中指出，这种愿望并非徒劳：

> 这是一个绝佳的证据，足以消除某些人的疑惑。他们平静地接受了哥白尼体系中行星围绕太阳的运转，却极度困惑于月球绕地球运转并伴随地球绕太阳作周年运转。有些人认为这种宇宙结构是不可能的，应当予以抛弃。然而现在我们发现，不止一颗行星正围绕另一颗行星运转，而它们又沿着一个很大的轨道围绕太阳运转；我们亲眼观察到有四颗星正绕着木星运动，就像月球绕着地球运动一样，同时这四颗星又与木星一起，以 12 年为一个周期，在一个极大的轨道上围绕太阳运转。[①]

和当时的许多人一样，伽利略希望看到宇宙的实际结构。约瑟夫·格兰维尔在《教条化的虚荣》(1661)中指出，亚当能够看到日心位置是正确的；他"不需要镜片……。他或许清楚地知觉到了地球的运动，就像我们认为地球是静止的一样"。[②] 亚当是一位天

---

① Galileo Galilei, *The Starry Messenger*, in *Discoveries and Opinions*, p. 57.

② Joseph Glanvill, *The Vanity of Dogmatizing* (1661; facsimile reprint, New York: Columbia University Press, 1931), p. 5. 参见第六章第一节。

生的哥白尼主义者。他被认为已经看到了我们必须通过技艺才能重新获得的东西。但是请注意，我们的技术为我们提供了眼睛，它们在一种重要意义上优于亚当的眼睛：借助于仪器，我们现代人看到了更多的东西。堕落已被技术发明所撤消。"伽利略没有过犯地看到了所有古代人都没有看到的东西；尽管有托勒密和亚里士多德的光学，但他并不惧怕相信自己的眼睛。"①应当注意，格兰维尔承认有过犯的可能性，但他宣称这种过犯并不存在。伽利略也担心对其成就作这样一种解释，这可见于他在《星际讯息》中谈论其发明的一段话：

　　但是，我发现有四颗此前未知、也未被人观察到的漫游星体，这项发现超越了迄今为止的所有奇迹，特别需要所有天文学家和哲学家予以关注。正如金星和水星分别以自己的周期围绕太阳运转，这些星体也以自己的周期围绕某颗显眼的星体运转，它们有时超前，有时滞后，但与后者的距离从来没有超出某一限度。不久前，在被神的恩典照亮之后，我借助于我所设计的一架望远镜发现和观察到了所有这些事实。②　　267

于是，伽利略极力把他对望远镜的"发现"当作神的馈赠。我们还记得，笛卡儿同样认为把他的方法当作神的馈赠很重要。事

①　Joseph Glanvill, *The Vanity of Dogmatizing* (1661; facsimile reprint, New York: Columbia University Press, 1931), p. 140.

②　Galileo, *The Starry Messenger*, p. 28.

实上，伽利略告诉读者，他的望远镜发现实际上是一项重新发现：
"大约十个月前，我听说有一位荷兰人制造了一架小望远镜，能将
遥远物体变为宛若近处般清晰可见。"①伽利略又说，他预备了一
段铅管，在其两端分别固定了一块凸透镜和凹透镜。他对这架望
远镜不断完善，直到获得了 30 多倍的放大率。

望远镜显示了什么？它是如何改变流行看法的？让我们引述
《教条化的虚荣》中的一段话：

> 亚里士多德推测，天界不存在朽坏；但望远镜显示，天界
> 并不纯净；新近的天文学发现太阳中有黑子。关于金星和月
> 亮的发现证明，古人所说的第五元素是不正确的；它们其实和
> 我们的地球一样，材料很粗糙。光学玻璃和指南针一样，扩大
> 了可居住的世界；月球是一个地球，这一猜想并非不可能。②

这里的期望是，望远镜是人类新时代的一部分——我们还记
得布鲁诺称赞哥白尼是新一天的黎明。格兰维尔与笛卡儿和培根
拥有同样的想法。望远镜将把我们从空间位置和视觉缺陷所强加
的限制中解放出来。

事实上，望远镜无法满足这样的期望。当距离被克服时，还会
出现新的更大的距离；这种仪器非但不会带来新的安全，反而会增
加不安全感。因此笛卡儿坚称，只有回到自我才能使我们获得真

---

① Galileo, *The Starry Messenger*, pp. 28 - 29.

② Glanvill, *The Vanity of Dogmatizing*, p. 174.

正的大地,获得一个真正的中心。奥西安德尔无疑会认为这反映了一种傲慢:真正的安全只有在上帝那里才能找到,上帝是宇宙和我们生存的真正中心。

三

268

　　就望远镜这样的仪器被发明出来而言,近代早期当之无愧地表明了现代人在某种意义上胜过了古人。为什么古人没有发明望远镜,这个问题的确很有趣。其发明者必须相信人的眼睛有根本不足。假如你确信视觉是足够的,就没有理由对其进行改进。或者,假如你确信视觉是不足的,但认为这种状况是注定的,也许是作为对亚当堕落的惩罚,那么尝试改进人的视觉同样不太可能,因为在这种情况下,这些尝试会让人想起傲慢。于是,发明望远镜的前提是意识到我们眼睛的不完善,意识到(鉴于我们目前的状况)我们视野之外的东西,意识到现在可见的只是潜在可见的一小部分——还要相信眼睛的现况是可纠正的。

　　怀疑论与望远镜就这样联系在了一起。在《为雷蒙德·赛邦德辩护》中,蒙田思考了我们是否缺少感官。例如,倘若人天生就没有视觉,我们是否会知道自己缺少视觉?人是否被置于一个特别有利的位置来观察宇宙?我们的感官能否充分胜任?人的理性呢?哥白尼体系有效地挑战了托勒密体系,路德挑战了传统信仰,帕拉塞尔苏斯(Paracelsus)提供了一种旨在推翻古人医学的新医学,在蒙田看来,所有这些事实都缺乏明确的、令人信服的证据来解决此类问题。这种怀疑论的关键是他与哥白尼共同持有的一种想法：看到人类观察者和认知者处于偏心位置。但正如我所指出的，哥白尼的一部分人文主义信念是，这个地方并不是一个监狱。伽利略又给这一信念增加了另一种确定性，即不必把我们的感官当作一种天生的状况来接受：我们可以采取措施来改进自己。人的本性可以纠正，这种想法就这样与实际进步的观念紧密联系在一起，这种对进步的信仰帮助塑造了现代世界。

亚里士多德和托勒密的宇宙观预设了眼睛能够通达宇宙的极限，即包围一切的天穹。可见世界的边界也是实际世界的边界。但我们难道不应遵照布鲁诺的建议，像库萨的尼古拉那样把天穹看成一种视角的错觉吗？对于这样的问题，传统宇宙论有一个现成的回答：需要天穹将其运动赋予下属的天球。但哥白尼的天文学革命也意味着对亚里士多德运动理论的拒斥。天穹不再需要了。于是，托马斯·迪格斯（Thomas Digges）对哥白尼的宇宙作了拓展，使之成为无限。

伽利略可能因为哥白尼没有活到目睹其体系得到证明而同情哥白尼。然而，倘若宇宙是无限的，我们是否还能把它作为一个整体来把握？我们能否永远摆脱视角性显现？实在就其本质而言难道不是不可见的，需要由精神而不是眼睛来把握吗？因此，伽利略对眼睛的信心是可疑的，柏拉图已经表达了这种怀疑。而且，正如我在第六章所指出的，在许多人看来，改进眼睛的尝试——制作眼镜，更不用说像显微镜和望远镜这样的仪器——必定是傲慢地违犯了上帝所规定的东西。在《星际讯息》中，伽利略驳斥了这样的怀疑。

四

但是，伽利略用他的望远镜看到了什么？

首先，他大大增加了恒星的数目，从而表明可见世界并没有穷尽潜在可见的世界。可见世界成了潜在可见世界中的一个岛屿。甚至连潜在可见的世界也可能仅仅是实际世界中的一个岛屿，实际世界中最大的部分可能永远都看不见。这极大地促进了实际世界与可见世界的逐渐分离，我曾指出，这种分离是我们现代实在观的一部分。

其次，伽利略显示月球表面类似于地球，有山脉和平原。这一发现为宇宙的同质性提供了经验支持，这种同质性在库萨的尼古拉的《论有学识的无知》中已经很突出。《星际讯息》中提到："如果有人想要复兴古老的毕达哥拉斯观念，认为月球就像另一个地球，那么其较亮的部分也许很适合代表地面，较暗的区域代表水面。"[①]宇宙同质性显然很难与《圣经》协调起来，这可见于乔万尼·钱波利（Giovanni Ciampoli）写给伽利略的一封信，他在信中报告了刚刚与红衣主教巴贝里尼（Barberini）进行的一次交谈：

　　您对月亮亮斑和暗斑中光影现象的看法在月球与地球之间建立了某种相似性；有人对此进行了扩展，说您把人类居民置于月球之上；接下来便有人开始争论，这些居民如何可能从

---

①　Galileo, *The Starry Messenger*, p. 34.

亚当传下来，或者如何可能来自诺亚方舟，以及其他许多你做梦都没想到的荒谬想法。①

正如我们已经看到的，道成肉身的教义难以与宇宙的同质性相容。在伽利略看来，宇宙的同质性首先意味着地球从它之前的卑贱地位提升至星体层次。

伽利略说，他会反驳"这样一些人，他们主张，必须把地球从旋转舞动的星体中排除出去，因为地球不动，也不发光。我们将证明，地球是一个光辉超过月亮的美妙天体，而不是汇集了宇宙中所有粗重废物的排污坑；我们将通过取自自然的大量论证来证明这一点。"②我们应该记得，对于一位亚里士多德主义基督徒来说，"上"意味着更好。宇宙体系的中心也是一个邪恶之处，魔鬼之地。在某种意义上，可以说中世纪的宇宙观是以魔鬼为中心的（diabolocentric）。伽利略认为自己是在反对魔鬼中心主义。

第三项发现的隐含意义没有那么重大，那就是认识到银河仅仅是恒星的聚集。伽利略表明，过去所谓的"星云"也是类似的聚集。此外，宇宙的同质性也得到了更好的观测支持。

最后一项发现在伽利略看来是最重要的：他发现了木星的卫星，他把这些卫星称为"美第奇行星"，以纪念其将来的赞助人。在报告这项发现时，伽利略警告读者，只有拥有和他一样好的仪器，

---

① Giovanni Ciampoli, Letter to Galileo, from the end of February 1615 cited in "Introduction: Third Part,"in Galileo, *Discoveries and Opinions*, p. 158.

② Galileo, *The Starry Messenger*, p. 45.

才能复现其观测结果。抱有敌意的读者可能会认为，这一警告是为了预先阻止批评。

当得知伽利略发现了四颗新的行星时，开普勒谈到了自己的困惑。他在《宇宙的奥秘》(*Mysterium Cosmographicum*)中提出，各个行星天球被五种正多面体隔开，这意味着只可能有六颗行星。[①] 事实上，开普勒年轻时曾设想过还有其他行星，一颗在木星和火星之间，另一颗在水星和金星之间，但最终放弃了这种想法。听说有四颗新的行星，开普勒现在依据宇宙同质性原理，直接得出结论说，每一颗行星都必定有自己的卫星。水星的卫星太小，距离太阳太近，以至于无法看到。开普勒一读伽利略的文本，便认为必定存在着其他卫星，并试图想出一条能够说明其分布的原理。在这里，科学思辨同样受到关于宇宙构成的若干假设的支配。

我们可以把开普勒的反应与那位备受指责的切萨雷·克雷莫尼尼的反应作一比较。克雷莫尼尼是帕多瓦大学的哲学系主任，其实是伽利略的一位朋友。在 1611 年 5 月 6 日的一封信中，他说自己将不会透过望远镜观看，因为那只会令其迷惑。伽利略在帕多瓦和比萨的同事朱利奥·利布里也持同一立场，宣称观测是不可能的。利布里去世后，伽利略表示希望，这位曾在有生之年拒绝观看新发现的行星的哲学家至少能在前往天堂的路上看到它们。

但伽利略求助于眼睛是否正当呢？他本人不是怀疑过眼睛的可靠性吗？我们还记得，伽利略拒绝承认，彗星就像第谷·布拉赫所展示的那样，是月上世界的现象，类似于行星。伽利略没有为开

---

① Blumenberg, *Die Genesis*, pp. 758–761.

普勒的椭圆留出余地。因此，在《试金者》中，他对那些想把彗星变成行星的人进行了攻击，指责他们试图仅仅凭借语词的力量来创建事实："倘若他们的观点和声音能使他们命名的东西得以产生，我会请求他们帮我把我房子里的大量器具命名为'金'。不过除了名字，是什么属性诱导他们一度把彗星当成了准行星呢？"[①]伽利略本人的观点是，这些东西在地球上出现，由升至天空的陆地蒸汽272 所产生，最终在极远的地方消散。有趣的是，伽利略在这里反对依赖感官的证据：

> 阁下可以注意到萨尔西（Sarsi）对视觉的极大自信，他认为，我们不可能被一个虚假对象所欺骗，只要它处在一个真实对象旁边。我承认自己并不具备这样一种完美的分辨能力。我更像是一只猴子，它坚信在镜中有另一只猴子。在它看来，图像显得如此真实和生动，以至于只有跑到镜子背后去抓另一只猴子，它才能发现自己的错误。[②]

我们只能看到图像，看到现象。在能够声言其真理性之前，我们需要一种理论来解释它们何以会这样显现。然而在《星际讯息》中，伽利略首先求助于受仪器辅助的眼睛，而没有像开普勒对其光学所做的那样，用理论来解释望远镜的有效性。伽利略信任望远镜的正当性何在？伽利略对待眼睛的态度中存在着张力。

---

① Galileo, *The Assayer*, p. 253.
② Ibid., p. 255.

五

谈论伽利略和新科学的柏拉图主义已成为时尚。这种观点尤其要归功于恩斯特·卡西尔,①它当然是有道理的:现代科学面临的一个主要障碍是亚里士多德的自然哲学,说强调数学的柏拉图提供了一条更适合的进路,这也是正确的。回想一下伽利略《试金者》中那段名言:"哲学被写在宇宙这部大书上。"上帝用数学的语言来写这部书。可以肯定的是,柏拉图会认为这段话有些问题,因为它更符合毕达哥拉斯的看法。正如卡西尔所指出的,柏拉图并不认为哲学被写在自然之中;事实上,他的许多哲学似乎都在规避自然。他笔下的苏格拉底因为花费时间跟随阿那克萨哥拉(Anaxagoras)研究自然哲学而感到遗憾。柏拉图的回忆说教导我们,心灵在自身之内找到了通达那个不可见的理念世界的方式。因此,柏拉图的学说带有一种贬低物质世界的倾向,物质世界当然是由形式赋形的,一如《蒂迈欧篇》的创世论述所表明的那样,但它 273

---

① Ernst Cassirer, *The Individual and the Cosmos in Renaissance Philosophy*, trans. Mario Domandi(New York: Harper and Row, 1964), pp. 168–169. 另见 Cassirer, *Das Erkenntnisproblem in der Philosophie und Wissenschaft der neueren Zeit*, 4 vols. (Darmstadt: Wissenschaftliche Buchgesellschaft, 1994), 1:389–390. 胡塞尔同样强调了伽利略与柏拉图的区别:"对柏拉图主义而言,现实世界或多或少地分有了完美的理念世界。这使古代几何学有可能被原始地应用于现实。[但是]通过伽利略对自然的数学化,自然在新数学的指导下被理想化了,自然本身——以一种现代方式来表达——成了一种数学流形。"Edmund Husserl, *The Crisis of European Sciences and Transcendental Phenomenology: An Introduction to Phenomenological Philosophy*, trans. David Carr(Evanston, Ill.: Northwestern University Press, 1970), p. 23.

总是会阻碍这种赋形。在物质世界中，形式从来没有彻底取得胜利。柏拉图认为物质与形式是对立的，这种对立很容易导向对物质和感官的妖魔化，认为这些东西导致我们疏离了真正的精神家园，把我们拖入了时间。

正是在这一点上，基督教自然观与柏拉图的自然观之间有一种决定性的差别。如果上帝是全能的，是万物的创造者，那么任何东西都不可能抵抗他的创造力。因此，倘若上帝如柏拉图所说是一个几何学家，那么物质就其本质而言难道不也应当是几何的吗？于是，开普勒坚持说，"哪里有物质，哪里就有几何"（*Ubi materia，ibi geometria*）。① 与这种说法密切相关的是伽利略把自然理解成一本用数学语言写成的书。然而有一个重要区别：开普勒的上帝不仅是一位几何学家，而且是一位音乐家，他把宇宙创造成一个和谐整体。② 要想理解宇宙，我们就必须关注它的音乐。在伽利略的科学中，这种音乐没有位置。只有认真的观察和实验才能打开自然之书。

伽利略的看法为什么会让宗教裁判所感到不安呢？我们知道，教皇乌尔班八世（Urban VIII）在成为教皇之前就在佛罗伦萨认识伽利略，而且对他和他的工作都很钦佩。诚然，在此期间哥白尼的《天球运行论》被列入了《禁书目录》。根据莫里斯·菲诺基亚罗（Maurice Finocchiaro）的说法，教皇

---

① Job Kozhamthadam, *The Discovery of Kepler's Laws：The Interaction of Science，Philosophy，and Religion*（Notre Dame，Ind.：University of Notre Dame Press，1994），p. 170.

② Ibid.，pp. 22，73 – 80.

对《禁书目录》法令的解释是,地球的运动是一种危险的学说,对它的研究和讨论需要特别小心和警惕。他认为,永远也无法证明该理论必然为真,这里不妨提到他对于这种怀疑态度最喜欢的论证,该论证乃是基于上帝的全能:乌尔班喜欢争辩说,既然上帝是全能的,他便可能创造出若干世界中的任何一个,例如地球在其中静止的世界;因此,无论有多少证据能够支持地球的运动,我们也永远不能断言它必定如此,因为那将限制上帝不这样做的能力。①

但即使是在这样一位人文主义教皇看来,伽利略在推进对真理的声言方面也走得太远。他的罪过可见于对他的最后判决:

> 我们宣布、判决和声明,你,以上提到的伽利略,因审讯中 274
> 推断的事物以及你所供认的事情,被宗教法庭认为有强烈的
> 异端嫌疑,即持有并相信一种违背《圣经》的错误学说:太阳是
> 世界的中心,并非自东向西运动,地球运动,且不是世界的中
> 心;当一种观点已被宣布和判定为违背《圣经》之后,还能持有
> 它并捍卫其可能性。②

正如《试金者》中那段话所表明的,伽利略确信上帝的知识与

---

① Maurice A. Finocchiaro, introduction to *The Galileo Affair : A Documentary History* (Berkeley: University of California Press, 1989), pp. 32 – 33.

② Ibid. , p. 291. Sentence(22 June 1633).

人的知识有某种相似性。当知识变成数学时，这种相似性最大。当我们想到一个数学命题的真理性时，我们便分有了上帝的思想。人的数学和上帝的数学本质上是相同的，尽管上帝知道的东西要多出无限多，他一瞬间就能直觉到我们可能要用一生才能知道的东西。但人类认知者从根本上并不缺乏阅读自然之书的能力。

　　同样，这种人文主义的人类中心主义的一部分是声言真理。达到真理并不需要以教会这样的人类机构作为中介。但是，这种说法必然会导致伽利略与宗教裁判所发生冲突。那时，宗教裁判所已经愈发清楚地认识到新天文对其权威所构成的威胁。在这方面，红衣主教贝拉闵（Bellarmine）写给伽利略的支持者弗斯卡利尼（Foscarini）的一封信很有意思："尊敬的先生，就像我一直相信哥白尼所做的那样，伽利略满足于假说而不作肯定，这样做是审慎的。说假设地球运动而太阳静止不动可以比均轮和本轮更好地拯救现象，这样说很好。这其中没有危险，对于数学家来说也已足够。"①贝拉闵这里使用的是奥西安德尔的策略：通过不声言真理，他使新天文学可以在意识形态上被接受而且没有害处。虽然伽利略在捍卫真理时有时表现得相当胆怯，但他绝不承认自己是一个只想拯救现象的单纯的计算者。和哥白尼一样，他坚持对真理的所有权。应当注意，当他离开帕多瓦大学的数学教席去科西莫·美第奇的宫廷任职并且在比萨大学担任教授时，他坚称自己的头衔是数学家和哲学家。1616 年的谴责非常清楚地表明，它所谴责

①　Quoted in "Introduction: Third Part," in Galileo, *Discoveries and Opinions*, pp. 162–163.

的是作为哲学家的伽利略，而不是作为数学家的伽利略。

伽利略拒绝了贝拉闵关于满足于数学家角色的建议。在1615年5月写给皮耶罗·迪尼（Piero Dini）的一封信中，他非常直率地说出了危险："我不想让伟人们认为，我仅仅把哥白尼的立场当作一种并非实际为真的天文学假说来拥护。他们把我当成最沉迷于这种学说的人之一，相信它的所有其他追随者都必须同意，它更有可能是错误的，在物理上并不正确。如果我没有弄错的话，这将是一个错误。"[①]伽利略这里关心的不仅是真理，而且也是他作为真理捍卫者的声誉。考虑到他为这种形象所花费的精力，与教会的冲突很难避免，自哥白尼以来，更不用说自库萨的尼古拉以来，这个教会已经变得越来越保守。出自同一信件的以下语句并不能让教会安心："对我来说，要想证明哥白尼的立场并不违反《圣经》，最为可靠和便捷的办法是用一系列论证来证明它是正确的，与之相反的结论根本不可能成立；由于任何两个真理都不可能相互矛盾，因此它与《圣经》必定是完全和谐的。"[②]伽利略当然知道，捍卫传统的人会指出许多明显的矛盾，《圣经》似乎的确持一种地心宇宙论。如果接受伽利略的立场，就必须认为这些"矛盾"仅仅是表面上的。"至于渲染《圣经》是错的，那不是也永远不会是我这样的天主教天文学家的意图；我们的看法是，《圣经》完全符合所证明的物理真理。不过，让那些并非天文学家的神学家们去防范渲

---

① Quoted in"Introduction：Third Part,"in Galileo,*Discoveries and Opinions*，pp. 166-167.

② Ibid.，p.166.

染《圣经》错误的行为吧，他们的办法是对可能为真、并可能被证明为真的命题作出诠释。"①这样一种断言对于神学的含意是显而易见的：科学能够把握真理。作为一位天主教天文学家，伽利略也愿意承认《圣经》的真理性，但他不愿承认《圣经》的诠释者已经把握了这一真理。"在阐释《圣经》时，我们可能会碰到这样那样的困难，但这乃是缘于我们的无知，而不是因为在使《圣经》符合被证明的真理的过程中真的存在或可能存在着无法克服的困难。"②

276　　　　我们应当注意其中的转变。神学家坚持科学的真理要求需要符合《圣经》，而伽利略却倒转了方向：现在，我们对《圣经》的诠释必须符合科学告诉我们的东西。成为真理的优先守护者的是自然哲学家而非神学家。然而，《圣经》的（虽然也许未被发现的）真实含义与表面含义之间的区分，有可能使《圣经》沦为不可靠的真理向导。《圣经》的真实含义被认为原则上与新科学相容，而《圣经》的表面含义则很可能与新科学不相容。我们如何能够确信自己已经把握了《圣经》文本的真实含义，而不仅仅是一种过于人性的因而是可错的诠释呢？这种质疑引发了宗教上的怀疑论。针对这种怀疑论，反宗教改革运动坚持传统的权威性。我们再次引用贝拉闵写给弗斯卡利尼的信：

　　　　　　正如你所知道的，我说，[特伦托]会议将会禁止违背诸位

---

① Quoted in "Introduction: Third Part," in Galileo, *Discoveries and Opinions*, p. 168.

② Ibid.

教皇的共识来阐释《圣经》。如果您不仅阅读他们的所有作品，而且阅读现代作家对《创世记》《诗篇》《传道书》和《约书亚书》的评注，那么您将会发现，所有人都同意作字面解释，即太阳在天上围绕地球迅速旋转，而地球离天很远，在世界中心保持不动。现在请考虑，审慎的教会是否会同意赋予《圣经》一种与诸位教皇以及所有希腊和拉丁解经者相违背的含义。[①]

根据贝拉闵的说法，必须把这种延续的解经传统视为真理的守护者。伽利略的看法则非常不同：他所理解的真理原则上适用于所有不带偏见的观察者。所有声言真理的人，包括神学家在内，都必须满足那种新标准。以上帝为中心的真理观已经让位于一种以人为中心的真理观。

教会试图强迫伽利略承认前者的优先性。于是，当伽利略打算出版他的《关于两大世界体系的对话》时，[②]罗马审查官要求他作几点补充：

1. 补充一篇序言，就像奥西安德尔给哥白尼的《天球运行论》所写的序言一样，应当清楚地说明并没有声称哥白尼体系是真理。

277

---

① Quoted in"Introduction：Third Part,"in Galileo, *Discoveries and Opinions*, p. 163.

② Galileo Galilei, *Dialogue Concerning the Two Chief World Systems—Ptolemaic and Copernican*, trans. Stillman Drake, 2nd ed. (Berkeley：University of California Press, 1967).

2. 伽利略必须给他的潮汐理论补充一句话,表明能力无限的上帝也可以通过与伽利略笔下的萨尔维亚蒂非常不同的方式产生相同的结果。

3. 这部著作的结论必须与坚持上帝的全能相一致。[1]

因此,伽利略被要求放弃的是其人类中心主义的真理观。

六

伽利略的潮汐理论为什么会被挑选出来作特别关注呢?根据伽利略的说法,潮汐产生于地球的绕轴自转和绕太阳公转。他认为,这些运动引起了水的周期性晃动,就像我们端着一盆水时所看到的那样。伽利略认为,潮汐为地球的运动提供了一种令人信服的直接解释。在现代读者看来,这种理论是伽利略盲目性的又一例证,因为当时伽利略已经知道了开普勒的本质上正确的理论。开普勒用其引力理论(即地球和月球的相互吸引)解释了潮汐。但这一论证会剥夺在伽利略看来支持哥白尼体系的最有力论据。开普勒还假定了一种超距作用,能够跨越两物体之间的空间。在伽利略看来,这样一种隐秘力量似乎是不可能的。因此,伽利略提到开普勒的理论只是为了驳斥它。伽利略本人对其潮汐理论非常看重,起初曾打算把这篇对话称为《关于潮汐的对话》。

教会认识到了潮汐理论的重要性,因此命令这部著作的标题

---

[1]　参见 Finocchiaro, *The Galileo Affair*, pp. 206 - 216 中的相关文件。

不要提到潮汐,而只能提到对地球运动的数学表示。巴贝里尼,即现在的教皇乌尔班八世,坚持唯名论所主张的上帝全能。人类永远无法解释上帝如何以及为何会创造世界,因此科学永远也无法陈述自然律。根据这种观点,所谓的自然律仅仅是人的猜想,随时都有可能被撤消。奇迹总是可能发生的。科学无法提供认知的可靠性,试图获得这种可靠性是徒劳的。

伽利略认为,教会作这样的坚持是在滥用权力。他在《致克里斯蒂娜大公夫人的信》(1615)中写道:

> 让我们承认,神学精通最崇高的神圣沉思,以其尊严占据着各门科学中的帝王宝座。但是,既然以这种方式获得最高权威,如果她不降低身份从事更为卑下的从属科学(subordinate sciences)的思辨,并且因为与幸福无关而不尊重它们,那么神学教授们就不应冒称具有权威,能够对他们既无研究也不参与的专业争论进行判定。它就像是一位专制的暴君,既不是医生,也不是建筑师,只知道随心所欲地发号施令,因此会根据一时之兴发放药品和建造房屋——那些可怜的患者的生命危矣,那些建筑物很快就会倒塌。①

把教会比作一位无知的专制暴君很有表现力。这封信无异于新科学的独立宣言。它写于布鲁诺去世 15 年后,次年哥白尼便遭

---

① Galileo Galilei, "Letter to the Grand Duchess Christina," in *Discoveries and Opinions*, p. 193.

到了谴责，当然距离 1633 年的审判还有很久，那次审判强迫伽利略放弃自己的看法，并导致他被软禁在家。在 1632 年出版的《关于两大世界体系的对话》中，伽利略表现得更为谨慎。对话结束时，萨尔维亚蒂把上帝全能的学说称为"一个令人钦佩的天使般的学说"。但他又说，即使人的想象力无法限制上帝的力量，我们也应当被允许"争论世界的结构"，从而赞叹上帝的伟大奥秘。这种训练难道不是"上帝赋予和命令我们的吗"？[①] 这难道不是暗示，即使我们永远发现不了上帝是如何创造世界的，也仍然有可能从不太恰当地表述真理发展到较为恰当地表述真理吗？这种观点与库萨的尼古拉的观点本质上相同。这里讨论的与其说是地心宇宙论与日心宇宙论何者正确，不如说是科学理性的自治问题，科学理性只承认伽利略所谓的物理真理的权威。

　　事实上，伽利略本人并不像他的科学观和真理观所要求的那样自由。他也很难摆脱继承下来的偏见和对眼睛往往天真的信任，一如他与当时另一位大天文学家开普勒的交往所表明的。早在 1597 年 8 月 4 日（此时距离公众知道伽利略是一个哥白尼主义者还有若干年），伽利略就曾致信开普勒，说自己早就是哥白尼的追随者；他已经找到了支持哥白尼立场的新证据，但不敢公布。在这封信中，他并未提及当时正在罗马监狱服刑的布鲁诺，而是谈到了自己的恐惧，他担心这种公布不会产生正面反响，而是会招致嘲笑。1597 年 10 月 13 日，开普勒以近乎布道的热情回信说："坦言，伽

　　① Galileo Galilei, "Ending of the Dialogue" (1632), trans. in Finocchiaro, *The Galileo Affair*, p. 218. Cf. Blumenberg, *Die Genesis*, p. 496.

利略,前进。"(*Confide,Galilaee,et progredere*)[①]直到 1610 年《星际讯息》出版后,他们的通信才恢复。开普勒给伽利略写了一封长信,表达自己的欣赏和赞同。一年前,开普勒发表了《新天文学》(*Astronomia Nova*),提出了行星沿椭圆轨道运行这一革命性观点。伽利略过分固守于柏拉图的圆周运动公理,以致未能认识到这部著作的巨大重要性。

在 1610 年 8 月 10 日写给开普勒的信中,伽利略说他在帕多瓦的同事们如蛇一般固执,闭上眼睛拒见真理之光。[②] 在这里,眼睛的证据成了真理之光。令人惊讶的是,伽利略很快便满足于此种证据。因此,他并未尝试超出对木星卫星的观测而提出支配其运动的定律。假如他这样做了,他可能会预见到开普勒的第三运动定律,该定律将行星周期与行星和太阳的平均距离联系了起来。然而当《星际讯息》出版时,伽利略对于做这种理论似乎已经没有多少兴趣,而是转而关注如何证明哥白尼体系对于眼睛的真理性。当他后来求助于潮汐的证据,不加批判地将海洋比作一个盛满晃动的水的盆子时,其目标仍然相同。

同样不加批判地运用类比还可见于他在《关于两大世界体系的对话》中对天体作匀速圆周运动这一公理的质疑。我们知道,在《关于两大世界体系的对话》于 1632 年出版之前,开普勒已在《新天文学》中打破了这条公理。但伽利略的理论非常不同。伽利略拒绝接受开普勒的行星运动理论,这可能部分是因为开普勒没能

---

① 　Blumenberg, *Die Genesis*, p. 454.

② 　Ibid. , p. 763.

为其附上一种令人满意的（一般）运动理论。在伽利略看来，它并非基于一种恰当的自然哲学，而这种哲学只有牛顿才能提供。如果没有这样的基础，开普勒的理论（这是从第谷·布拉赫那里继承下来的数据硬要他接受的）必然很像中世纪天文学家试图通过纯粹的数学计算来拯救现象的做法，也就是说，在伽利略看来，该理论过于数学而不够哲学。伽利略本人的说明再次依赖于一种熟悉的现象——摆。伽利略曾经注意到，摆的周期随摆长的增加而增大。然后，他将这种范例运用于地球绕太阳的旋转。他认为，月球绕地球运动意味着地月系统与太阳的距离会发生改变——月球越靠近太阳，该距离就越短，越远离太阳，该距离就越长。通过与摆进行类比，这一变化使我们预料，整个系统围绕太阳的运行速度会发生改变。新月时应当最大，而满月时则会小得多。伽利略认为，未来的观测将会证实这一假说。

　　这里的要点是，伽利略因为过于信任眼睛以及天界现象与地界现象的相似性而没能接受开普勒的新天文学。这里有一个有趣的对比：近视的开普勒从来也作不出第谷·布拉赫那样的精确观测，而视力清晰的伽利略虽然配备了望远镜，却在一生中的大部分时间太愿意依靠眼睛。

　　最终伽利略失明了。在这之前很久，他已经开始对眼睛的权威性作更加批判性的反思。在本章开头所引的《试金者》的那段话中，伽利略清楚地认识到数学在自然哲学中扮演的角色。对于开普勒那种缺乏足够物理基础的思辨，伽利略有理由表示怀疑。开普勒太愿意相信自己的数学想象力，为数和几何图形赋予了一种近乎魔法的力量。伽利略的思想则比开普勒实际得多——也许是太多了。那是其盲目性的来源。胡塞尔(Edmund Husserl)指责伽利略用科学构造的世界取代了我们在其中生活和感知的现实世界。[1] 这种对生活世界的省略在部分程度上必然会导致对可见世界的贬低,这是本书的一个持久主题。它的确是科学技术塑造的我们现代实在观的典型特征。因此,将现代人的实证主义与中世纪的观念主义对立起来是错误的。在某种意义上,亚里士多德主义的中世纪科学要比我们现代的科学和世界观更接近生活世界。出于同样理由,很难把伽利略视为这种现代世界观的**唯一**奠基人。他肯定为这种奠基做出了贡献。但在许多方面,他仍然过分束缚于生活世界,太愿意相信眼睛的证据。在这方面,笛卡儿更能代表现代。

---

[1]　Husserl, *Crisis*, pp. 48–53.

第十五章　无限的暗礁

一

　　伽利略的一些批评者，比如朱利奥·利布里，或者伽利略在帕多瓦大学的著名同事和朋友、当时重要的亚里士多德主义者切萨雷·克雷莫尼尼，[1]都拒绝透过望远镜进行观看，克雷莫尼尼认为这只会让他迷惑。我们被教导去嘲笑他们。历史并未一直垂青克雷莫尼尼：他曾被誉为当时的第一哲学家，是"哲学天才"，是"亚里士多德式的天才"，后来却成了顽固守旧的典型，拒绝承认每个人只要愿意睁开双眼就会看到的东西。贝尔托特·布莱希特（Bertold Brecht）在其《伽利略传》（*Life of Galileo*，1938）中讽刺了这位哲学家。[2] 在关于克雷莫尼尼的研究中，海因里希·库恩（Heinrich C. Kuhn）甚至声称，"如果想找出古往今来最糟糕、最无趣的哲学家"，并以二手文献作为判断依据，那么"克雷莫尼尼几乎毫无疑问会当选"。[3] 仿佛是为了支持该评价，约瑟夫·纽曼（Joseph W.

---

　　① 关于克雷莫尼尼，参见 Heinrich C. Kuhn, *Venetischer Aristotelismus im Ende der aristotelischen Welt：Aspekte der Welt und des Denkens des Cesare Cremonini*（1550 – 1631）（Frankfurt am Main：Peter Lang,1996）。

　　② 关于对克雷莫尼尼所受尊崇的更完整的叙述，参见 ibid. ,pp. 17 – 24。

　　③ Ibid. ,p. 17.

Newman)如今在互联网上把克雷莫尼尼拒绝透过伽利略的镜筒观看说成是"'理智不诚实'的标准案例"。[①]

很难说克雷莫尼尼应当受此谴责。他完全有理由在遗嘱中自豪地声称：我受到哲学的召唤，为之奉献了一生（Ad philosophiam sum vocatus，in ea totius fui）。[②] 他对真理的这种热爱和奉献也使这位亚里士多德主义者与宗教裁判所发生了冲突。[③] 令宗教裁判所烦恼的不仅有亚里士多德所教导的世界的永恒性、理智与身体不可分割与上帝的自我沉思之间明显不相容，而且也有克雷莫尼尼想以亚里士多德的名义来批判托马斯·阿奎那。克雷莫尼尼被告诫要抵制住诱惑，不要表现为大哲学家而不是一名优秀的天主教徒，但他基本上没有让步。他承认，亚里士多德仅仅依靠经验和理性，未借助神启进行思考，不能说已经掌握了真理，而只是以一种弱化和可错的方式（modus diminutus & falax）认识了真理。然而，不借助神启进行思考，只给出能被人类理性支持的结论，这不正是哲学的任务吗？

克雷莫尼尼拒绝透过伽利略的望远镜观看，这是否背叛了他本人对哲学家使命的理解呢？他果真如此不理性吗？如果有人声称看到了我们认为不可能的东西，我们会说"他产生了幻觉"（He is seeing things）。很多年前，有人拿给我一些致幻剂，说它会打开知觉之门：我的拒绝是理智不诚实的标志吗？药物所许诺的奇迹在我对

① Joseph Newman(josephnewman@earthlink.net), *The Energy Machine of Joseph Newman*,"Section 1, Special Report," mirrored on a number of sites, February 18, 1996, and later; e. g., 参见〈http://www. angelfire. com/biz/Newman/section1. html〉(accessed September 3, 2000).

② Kuhn, *Cremonini*, p. 51.

③ Ibid., pp. 126 – 131.

实在的理解中没有位置。当伽利略声称看到了月亮上的山脉时,他难道没有产生幻觉吗?哥白尼要求天文学家不能只用特设性假说来拯救现象,而要让解释符合自然的公理,伽利略也在强调哲学家的责任。和他们一样,克雷莫尼尼坚持说,科学论题只有符合自然的本质才值得认真对待。他对自然本质的理解包括了亚里士多德对四元素的理解。伽利略声称透过望远镜可以看到月亮是另一个地球——这种观点并不新颖,普鲁塔克已经有类似的看法。但是,如果月亮确实是另一个地球,它不是应该早已坠落并撞上这个地球吗?伽利略声称透过望远镜所看到的东西与克雷莫尼尼对自然本质(正如他自己承认的)"弱化和可错的"理解之间互不相容,这使得克雷莫尼尼拒绝透过伽利略的望远镜去观看远不是一种纯粹非理性的行为。

伽利略求助于受仪器辅助的眼睛。但这种仪器是否可靠呢?为了推进自己的事业,伽利略送给科隆大主教一架望远镜,但大主教透过它什么也看不到;后来大主教把这架望远镜送给了开普勒,开普勒只看到了明亮的彩色方块。[①] 1610 年 4 月 24 日晚,伽利略在数学家乔万尼·安东尼奥·马吉尼(Giovanni Antonio Magini)家中向 24 位博洛尼亚大学教授展示他的望远镜,据马吉尼的一位学生说,当时没有一个人能够看到木星的卫星;伽利略十分沮丧,第二天一早便悄悄地走了。[②] 一年后在罗马,白天用望远镜观看

---

① Kuhn, *Cremonini*, p. 399, citing P. K. Feyerabend, *Wider den Methodenzwang*, (1983).

② 出自马吉尼的学生 Martin Horky 写给开普勒的一封信(1610 年 4 月 27 日)。马吉尼在 1610 年 5 月 26 日写给开普勒的信中说,有必要除去木星的这些新仆人。参见 Hans Blumenberg, *Die Genesis der kopernikanischen Welt*(Frankfurt am Main: Suhrkamp, 1975), p. 764。

地球上的东西的人兴奋异常,但晚上透过望远镜观看的人却无法对他们看到的东西达成一致。[1] 在 1611 年的《思想天文学、光学、物理学》(*Dianoia Astronomica*, *Optica*, *Physica*)中,弗朗切斯科·西兹(Francesco Sizi)说有一天晚上,他和伽利略以及其他一些知名学者透过望远镜研究木星,得出的结果相当不确定。[2] 这些证据很难让怀疑论者相信伽利略的望远镜能使人看到真相。

更根本的反驳在于:声称真相是某种可以实际看到的东西是否有意义?正如第六章所讨论的,自柏拉图以来,眼睛的权威性一直受到质疑,光学仪器长期以来一直与魔法联系在一起。伽利略的望远镜是否只是一个玩具?它所提供的可疑证据在价值上是否胜过了一门受亚里士多德支持的科学的久经考验的结果?再次考虑西兹的《思想天文学、光学、物理学》,该书是在伽利略的《星际讯息》出版一年之后在威尼斯问世的。西兹对拯救亚里士多德的世界观并不太关心。使他苦恼的是有人宣称发现了四颗新的行星,而他确信行星的数目必定是七颗。这一信念乃是基于一些类比,这些类比把天文学与《圣经》联系起来,把科学与神学联系起来。[3] 西兹的想法毫不奇怪。正如上一章所提到的,甚至连开普勒也怀疑伽利略发现四颗新行星的消息,当时他确信只可能有六颗行星,其轨道被五种正多面体隔开。事实证明,他的怀疑是正确的:所谓新的行星其实根本不是行星,而是卫星。

---

① Kuhn, *Cremonini*, pp. 399 – 400, 依赖于 Feyerabend, *Wider den Methodenzwang*。

② Ibid., pp. 400 – 401, 引用西兹的文本。

③ 关于西兹,参见 Blumenberg, *Die Genesis*, pp. 766 – 781。

　　与克雷莫尼尼或西兹不同,开普勒实际上并不怀疑伽利略所作观测的可靠性。但他们对受陌生光学仪器辅助的眼睛的权
285 威性提出质疑,这有错吗? 在认真对待柏拉图的人看来,伽利略对眼睛的信心必定有些幼稚。反过来,这种对眼睛的信心必定会对数学的使用提出质疑,使用数学的不仅有西兹,还有像开普勒这样的柏拉图主义者。很难想象伽利略会欣赏开普勒对正多面体的使用。这太容易让他想起文艺复兴时期的魔法及其自然科学所依赖的推理了。他会更加认同弗朗西斯·培根对他那个时代自然哲学的谴责,说它"受到了污染和败坏:在亚里士多德主义者那里是被逻辑;在柏拉图主义者那里是被自然神学;在普罗克洛斯等新柏拉图主义者那里是被数学,数学应当赋予自然哲学以确定性,而不是产生它"。① 在每一种情况下,经验都没有受到足够重视。想想西兹的推理就知道了。而开普勒似乎也是被数学引入歧途的绝佳例子。我们是否应把哥白尼甚至伽利略本人也列入受培根谴责的人的名单呢:他们凭什么坚持认为天体作圆周运动?

　　培根试图使科学重新重视经验,这一点很重要。然而,倘若培根的呼吁果真如他所希望的那样被认真对待,那将阻碍现代科学的发展。现代科学不仅要依赖经验,而且也要依赖数学,数学的重要性比培根愿意承认的更大。但是根据培根的说法,数

---

　　① 　Francis Bacon,*Novum Organum*,I,XLI,in *The Works of Francis Bacon*,ed. J. Spedding,R. Ellis,and D. Heath,14 vols. (London:Longmans,1854 - 1874);拉丁文文本在 1:70 - 365,trans. J. Spedding as*The New Organon* in 4:39 - 248。

学所扮演的角色应当不同于新柏拉图主义者（甚至开普勒也可被视为其晚期代表）为其指定的角色，后者被文艺复兴时期的魔法欣然接受。新科学的道路必须介于培根的经验主义与这种柏拉图主义之间。[①]

二

要想对培根进行批判，可以再次利用在柏拉图那里就已出现的对眼睛的批判。迄今为止，关于视角扭曲我已经说得够多了。不过让我们回忆一下这一批判的核心论点：受制于眼睛就是受制于现象。笛卡儿在第三沉思中说："光、颜色、声音、气味、味道、热、冷以及其他触觉性质等这类东西"，"它们在我的思维中是如此模糊不清，以致我简直不知道它们到底是真还是假，也就是说，不知道我对这些性质所形成的观念究竟是否是关于实际物体的观念（或者这些性质仅仅代表着一些幻想出来的、实际上不可能存在的东西）。"[②]当我们信任眼睛时，如伽利略所说，我们便被囚禁在一个现象的迷宫中。如何才能逃离这个迷宫呢？

286

---

①　我对笛卡儿所走道路方向意义的理解得益于 Lüder Gäbe, *Descartes' Selbstkritik: Untersuchungen zur Philosophie des jungen Descartes* (Hamburg: Meiner, 1972)。

②　René Descartes, *Meditation III*, in *The Philosophical Works of Descartes*, trans. Elizabeth Haldane and G. R. T. Ross, 2 vols. (New York: Dover, 1955), 1：164；*Oeuvres de Descartes*, ed. Charles Adam and Paul Tannery, 8 vols. (Paris: J. Vrin, 1964), 7：43——这些版本此后分别缩写为 HR 和 AT。关于这一点，笛卡儿似乎与开普勒看法一致。参见 Kozhamthadam, *The Discovery of Kepler's Laws*, pp. 62–63。

　　我曾在第六章指出一些奇妙的创造物是如何为笛卡儿指明出路的,比如有多个视角的变形图,美丽的外表之下藏有隐秘机制的自动机,等等。在每一种情况下,奇妙的外观都被理解为人工技巧的产物。就我们把自然理解为仿佛是人工技艺的产物而言,我们可以揭示其秘密。作为"工匠人",人自身之中便携带着这一技艺的秘密。因此,年轻的笛卡儿声称,我们自身之中怀有一门科学的种子,它将把我们从欺骗性的现象中解救出来。于是,笛卡儿也持有哥白尼和伽利略那种人文主义的人类中心主义,并试图使其具有合法性。

　　正如我们所看到的,在《指导心灵的规则》中,笛卡儿第一次尝试详细说明我们如何才能逃离现象的迷宫。他指出,我们拥有不受视角扭曲影响的直觉。笛卡儿把这种直觉与对简单性质的领会联系在一起。据说我对我自身存在的直觉就是这种直觉,我对广延或相等的直觉也是如此。应当注意,无论是什么例子,这些简单性质因其简单性都不会使我们对其产生怀疑:我们要么能够领会,要么无法领会,而不能错误领会或部分领会。还应注意,我们领会简单性质所依靠的直觉必定与视觉非常不同:因为我们看任何东西都是从特定的视角来看的,我们所看到的必然不是其本来的样子。视觉只向我们呈现了诸多可能方面之一,其他感官也是如此。笛卡儿的简单性质因其简单性而不能被理解成"可感物"(sensibilia),而一定是"可理解物"(intelligibilia)。

　　笛卡儿进而指出,逃离视角迷宫的出路是用这些简单性质来再现或重建看到的东西。因此,转向简单性质意味着贬低受制于感官的日常经验。它表明,为了正确地接近实在,我们必须先把自已变成正在思维的主体。这并不是说我们可以摆脱经验；经验必须为我们提供材料。但经验所提供的东西需要用一种语言重新加以描述，这种语言的形式确保我们不会成为现象的受害者。它将努力消除那些预设了我们的感官及其歪曲的语词，因此不会为视觉或嗅觉等第二性质留出余地。我们还记得，亚里士多德的物理学在很大程度上依赖于第二性质，依赖于干和湿、冷和热。他的元素表如下：

	干	湿
热	火	气
冷	土	水

亚里士多德还把这些元素归于重和轻两类，并认为这种关系是次要的。新科学将会倒转这一优先等级。冷、热、干、湿等第二性质属于现象领域，过分看重它们的科学注定只能肤浅地理解实在。这里我只想强调，新科学相比于旧科学的优势与其说是因为其特殊的洞见，不如说是因为描述形式的改变——我们不应忘记为这种优势所付出的代价：它掩盖了胡塞尔所谓的生活世界，极大地缩减了经验和存在，使科学真理的领域没有为意义或价值留出任何位置。

　　然而，新科学希望通过转向呈现在人的心灵之中的简单观念而逃离现象的迷宫，这暗含着一种危险：这种转向将会导致与现实脱节，新科学所创造的世界将被证明只是一种虚构，并不比一件艺术品更能声言真理。这种虚构不会赋予我们支配世界的力量。然而，笛卡儿在《方法谈》中寻求并承诺的恰恰是这种力量。他何以会相信，科学所提供的不仅仅是不切实际的虚构呢？首要的回答可以称为笛卡儿的实用主义转向，它促请我们以工匠的形象来设想科学家，他们的专门技能预设了一种与文艺复兴时期的魔法师相当不同的对实在的洞见。于是笛卡儿在《指导心灵的规则》中告诫我们，科学不应满足于数学模型，而应发展到机械模型。我们能在多大程度上重新创造实在，就能在多大程度上理解实在——不是在思想中重新创造，而是实际重新创造。数学确实为我们提供了一种途径，但我们的数学模型并不是对实在的真正重新创造：要想理解实在，就必须知道什么原因引起了什么结果。就自然可以用机械模型来表示而言，自然是可理解的。① 笛卡儿确信，可以把这种理解拓展到生物学。所有自然科学原则上都可以还原为力学——也就是说，还原为物理学。

笛卡儿在《方法谈》中明确表达了他的方法会给我们带来什么回报：

> 可是，等到我在物理方面获得了一些普遍看法并且试用于各种难题的时候，我立刻看出这些看法用途很广，跟流行的原理大不相同。因此我认为，如果秘而不宣，那就严重地违犯了社会公律，不是贡献自己的一切为人人谋福利了；因为这些看法使我看到，我们有可能获得一些对人生非常有益的知识，我们可以撇开经院中讲授的那种思辨哲学，凭着这些看法发现一种实践哲学，把火、水、气、星辰、天界以及周围其他一切物体的力量和作用认识得一清二楚，就像熟知什么工匠做什

---

① Descartes, Rule VIII, in HR 1:26. 参见 Gäbe, *Descartes' Selbstkritik*, p. 90。

么活一样,然后就可以因势利导,充分利用这些力量,成为自然的主人和拥有者了。①

我们将会实现神对亚伯拉罕的承诺(参见《创世记》第17章)。

要使这一承诺的确可以实现,自然必须是什么样子? 要想掌控和拥有自然,要使科学成为可能,需要满足哪些必要条件? 一个条件是,自然必须足够稳定。倘若自然是一个不断变化的混沌,那么我们永远也无法把握它。例如,倘若引力的作用方式在不断改变,那么无论是开普勒还是牛顿都不可能提出引力定律。但我们有什么理由相信自然和自然律不会改变呢? 因此,时间是认知恐惧的一个来源,它有可能暗中破坏对于宇宙可靠性的笛卡儿式的信心。另一个条件是,自然不能无限复杂,它必须能被解释成一个组合体,用我们可以领会的若干要素构造出来。于是,笛卡儿在《指导心灵的规则》中诉诸简单性质来指引我们逃离现象的迷宫。

但是,如果这些所谓的简单性质是我们自己的发明,是只存在于我们心灵中的虚构,那该怎么办? 假如实在并不满足这种对简单性的要求,如果笛卡儿所谓的简单性质仅仅是一些逻辑原子,并无事物的真实属性与之对应,那该怎么办? 我们知道,笛卡儿在撰写《指导心灵的规则》时读过培根的《新工具》,②他所读到的内容必定让他觉得是对其纲领的直接挑战:

---

①　Descartes,*Discourse on Method*,in HR 1:119;AT 6:62.另见培根在 *Instauratio Magna*,"Distributio Operis,"*Works* 1:1 中呼吁一种"行动的科学"(*Scientia Activa*)。

②　参见 Gäbe,*Descartes Selbstkritik*,pp.96－111。

　　人的理解力依其本性容易把世界中的秩序和规则设想得比所看见的多一些。虽然自然中有许多事物是单个的和不相匹配的，但人的理解力却喜欢为它们设计出一些实际并不存在的平行物、配合物和相关物。于是便有了一切天体都沿圆周轨道运动的虚构。①

这是对上帝用数学语言书写自然之书的否定，而笛卡儿需要为这一论题作出辩护。

还有一段话需要作出回应：

　　人的理解力依其本性喜欢作出抽象而赋予流变的事物以一种本体和实在性。然而，把自然分解成一些抽象的东西实不如把自然分解为各个部分更合乎我们的目的，比其他学派探入自然更深的德谟克利特学派就是这样做的。我们的关注对象主要不是形式，而是物质，是物质的结构和结构变化，是简单的作用，是作用定律或运动定律；因为形式是人的心灵的虚构。②

培根认为数学也是心灵的虚构。

　　人的理解力是不安静的；它不能停止或静止，而会一直推

---

① Bacon, *Novum Organum* I, XLV.
② Ibid., LI.

向前去,但却是徒劳的。因此,我们无法设想世界有任何终点或界限,而总是必然想着还有点什么东西在外面。我们也无法设想那永恒是如何流到今天的;把时间划分为过去的无限和未来的无限的那种一般想法是无法成立的,因为那样一来,一个无限就会大于另一个无限,而那个无限就逐渐消失,趋向于成为有限。关于线段的无限可分性也有着类似的微妙情形,它同样缘于思想的无法停止。①

笛卡儿希望借助数学来找到现象迷宫的出口,但他在这里读 290 到,培根的论证使数学本身也成了一种部落偶像。这严重动摇了他与伽利略的共同信念,即上帝用数学语言来写自然之书。

《第一哲学沉思集》解决了这一危机。该书试图重建对数学揭示了实在之结构的信心。为此,笛卡儿必须表明,这种数学化并没有对自然施暴。他需要一种自然的形而上学或本体论。笛卡儿希望通过表明自然是广延实体来提供这种东西,并为开普勒所说的"哪里有物质,哪里就有几何"作辩护。据说我们有一种清晰分明的观念,即自然是广延。几何学不就是基于广延吗?如果的确可以表明自然是广延实体,那么就无疑可以把数学运用于自然。对数学的信心将得以维护。

但笛卡儿有何权利相信简单观念或清晰分明的观念?培根

---

① Bacon, *Novum Organum* I, XLVIII. 参见 Gäbe, *Descartes' Selbstkritik*, pp. 96 – 111. 另见 Descartes's letters to Mersenne of January 23, 1630, December 10, 1630, and May 10, 1632; in AT 1: 109, 195 – 196, 251 – 252。

警告说,人的本性很容易误把自己的虚构当作实在,他明确指出,我们关于空间无限可分的直觉——这正是笛卡儿认为他清晰分明地持有的观念——就是这样一个虚构。为了应对培根的挑战,笛卡儿必须表明,我清晰分明地感知到的一切事物就是我所感知到的样子。在这里,观念与观念之所指、逻辑与本体论之间没有间隙。

考察以下几个简单步骤,它们确保笛卡儿的方法能够应对培根的著作所蕴含的批判:

1.为了获得一个不容置疑、不可动摇的基础,笛卡儿提出要对他认为理所当然的一切事物进行怀疑。

2.他通过对"我思"进行反思而建立了这一基础:我这样一个正在思考的东西存在着,这是我不能怀疑的。这让人想起了奥古斯丁。①

3.由这种确定性导出了一种判别标准:要想真正认识某种东西,什么东西是必需的——我必须能够清晰分明地呈现它。

---

① 但我并不赞同 Stephen Menn 在其出色的 *Descartes and Augustine* (Cambridge: Cambridge University Press,1998)中对笛卡儿与奥古斯丁形而上学相似性的理解。在我看来,柯瓦雷、吉尔松和古耶(Henri Gouhier)的看法要更正确,他们认为笛卡儿是在"追求彻底反奥古斯丁的目标"(p. 8)。我同意吉尔松"把笛卡儿看成本质上是一个数学物理学家,他希望把他的'数学方法'运用于自然界,必须'观念论地'从思想过渡到物体。要想完成这一过渡,笛卡儿需要一种形而上学,'他周围有许多奥古斯丁会修士,只需简短的交谈就能看到一条可以实施其方法的形而上学之路'"(pp. 8-9;引自 Etienne Gilson, *études sur le role de la pensée médiévale dans la formation du système cartésien*[Paris:Vrin,1930], pp. 289-294)。虽然笛卡儿在这里得益于奥古斯丁,但与此密不可分的是他对一种实践哲学的完全非奥古斯丁的兴趣和承诺,这种实践哲学将使我们成为自然的主人和拥有者。

4. 但怀疑又回来了：清晰分明的呈现就不会欺骗吗？

为了应对这些复归的怀疑，笛卡儿认为必须证明有一个不会 291
欺骗的上帝存在着，从而表明人的思想能够切合实在。不幸的是，
整个推理链条不足以证明笛卡儿的信念是正当的，即他的方法将
使我们成为自然的主人和拥有者。我们可以质疑他对"我思"的运
用：我们对自己作为思维实体有清晰分明的观念吗？我们也许可
以同意笛卡儿说，我们确定地知道自己存在着。但这是否意味着
我们也知道自己是什么？这一批评特别由皮埃尔·伽桑狄所提
出，他写了一系列非常深刻的反驳。如果"我思"不能让我们洞悉
我们是什么，那么它也无法让我们洞悉实在，从而无法充当笛卡儿
所需的范例。

说服力更弱的是尝试证明存在着一个不会欺骗的上帝。要想
确定地知道我们的确能够把握真理，那么很可能需要有这样一位
上帝。证明这样一位上帝存在将会确保我所谓的文艺复兴时期认
知的人类中心主义。但除非我有权相信自己清晰分明的观念，我
如何能够证明这样一位上帝存在呢？而且，这种相信不正是该证
明所期望得到的结果吗？也就是说：假如我已经确信我清晰分明
的观念是可靠的，我就无需上帝来支持这一信念；假如我不那么确
信，那么我也同样不能肯定，我证明上帝存在所需的清晰分明的观念
是可靠的。

那么是否应当抛弃笛卡儿的方法呢？是否应该说，笛卡儿并
非那个借助于阿里阿德涅之线走出迷宫的忒修斯？[①] 是否应该像

---

① 参见第五章第六节。

"第七反驳"的作者伯丹神父所暗示的那样,将笛卡儿比作伊卡洛斯呢? 这一结论很难接受。事实证明,这一方法硕果累累。在很大程度上,笛卡儿信念的正当性被它所赋予的那种非常真实的控制力量所证明。那种力量并不是虚构的。笛卡儿并未迷失在无用的思辨之中,而是认识到了将理论付诸实践的重要性——不要忘了他所承诺的实践哲学。他一再援引工匠做例子,因为工匠仅凭制作某物的能力就能理解正在制作的东西。同样,我们必须通过制造或重造自然的能力来证明我们理解自然:只要我们无法制造人心,就不能真正理解人心;在能制造出一个人之前,我们无法完全了解人的本性。这种对制造的强调使代达罗斯比忒修斯和伊卡洛斯更能代表笛卡儿。笛卡儿对自动机的迷恋支持了这种身份,如我们所见,自动机在笛卡儿的思想中起着十分重要的作用。即使承认笛卡儿的方法最终未能完全公平地对待自然特别是人性,我们也必须承认它赋予人类的力量。

292

三

笛卡儿承诺让我们成为自然的主人和拥有者,这远不只是一个无果的承诺(它的确塑造了我们的现实),因此在我看来,尝试从他的"普遍数学"(*mathesis universalis*)退回到库萨的尼古拉的有学识的无知是很重要的。[①] 这种尝试需要对笛卡儿的计划作重新

---

① Karsten Harries,"Problems of the Infinite:Cusanus and Descartes,"*American Catholic Philosophical Quarterly*16,no. 3(winter 1989),pp. 89 – 110.

思考。

我只知道笛卡儿在一个地方提到了库萨的尼古拉的著作。在 1647 年 6 月 16 日写给沙尼（Chanut）的一封信中，笛卡儿为自己对宇宙无限的理解作出了辩护，指出"红衣主教库萨的尼古拉和其他许多博士都猜想世界是无限的而没有遭到教会谴责"，并坚称自己的观点"不像他们的观点那样难以接受，因为我并没有说世界是无限的，而只说它是无定限地（indefinitely）大。这两者之间有一个相当重要的区别。要想说一个事物是无限的，就必须有某种理由来证明这一点，而只有上帝本身的情形才是如此；但是，只要我们没有理由证明某个东西有边界，就可以说它是无定限地大"。① 在《哲学原理》（*Principles of Philosophy*）中，笛卡儿又回到了这一区分，他告诫我们："我们永远不要讨论无限，而只要把我们注意不到界限的那些事物视为无定限的即可，例如世界的广延、物质各部分的可分性、星星的数目等等。"他解释说：

> 因此，我们永远也不要就无限兴起各种争执，使自己生厌。因为由我们这种有限的东西来确定任何涉及无限的东西，那是荒谬的，以有限来把握无限，无异于给无限规定界限。

---

① René Descartes, letter to Chanut, June 6, 1647; in Descartes, *Philosophical Letters*, trans. and ed. Anthony Kenny (Minneapolis: University of Minnesota Press, 1981), p. 221. 在给 Caterus 的回复中，笛卡儿就已经坚持了这种区分。参见 *Reply to Objections* I, in HR 2:17。在那里，笛卡儿进而区分了无限的形式观念（formal notion of the infinite）和无限的事物：我们只能以某种否定的方式，也就是从我们感知不到事物的界限来理解前者；而无限的事物本身则是以肯定的方式来理解的。笛卡儿想声称两者：我们对上帝有一种肯定的理解，但无法把握他的无限（HR 2:17-18）。

293　　　因此，人们如果问起，无限长的线的一半是否还是无限，无限
的数是奇是偶等等，我们可以不必作答，因为只有那些认为自
己的心是无限的人才会思考这些问题。①

　　如此看来，笛卡儿可能会拒斥库萨的尼古拉关于对立面的一
致的思辨，认为它没有给人类理解力本质上的有限性以荣誉。诚
然，他可能会赞同库萨的尼古拉所说的"无限与有限之间不存在比
例，这是不言自明的"。但库萨的尼古拉由此得出结论说，有限的
理智无法"精确获得事物的真相"，②而笛卡儿则否认无限是事物
的本质要素，以至于只要我们试图理解事物，就会陷入关于无限的
令人生厌的争执。这种不予理会掩盖了一个深渊，它处在据说安
全的真理领域之下。

　　让我回到宇宙的无限。与库萨的尼古拉和布鲁诺一样，笛卡
儿也从空间的无限性推出了宇宙的同质性（II.21）。他从广延与
有形实体在感觉上的同一性推出，"天界物质与地界物质并无不
同；即使存在着无数个世界，它们也都是由同一种物质构成的"
（II.22，p.49）。与库萨的尼古拉不同的是，笛卡儿自信地断言，我
们无法想象空间的边界，因此可以说空间"实际上"没有界限。库
萨的尼古拉可能会质疑实在与想象之间据信的可公度性，并坚持
说，在反思中呈现的无边界宇宙本身仅仅是人的猜测——这里的

　　① René Descartes, *Principles of Philosophy*, trans. Valentine Rodger Miller and Reese P. Miller(Dordrecht, Boston, Lancaster: Reidel, 1983), I. 26, p. 13.

　　② Nicholas of Cusa, *De Docta Ignorantia* I. 3, trans. Jasper Hopkins as *On Learned Ignorance* (Minneapolis: Banning, 1981), p. 52.

"猜测"介于真正的呈现与用来拯救现象的假说之间。库萨的尼古拉主张关于实在的绝对真理只属于上帝。当我们试图把握它时，必定会以二律背反和悖论而告终。驶过这些赫拉克勒斯之柱，就会失去一切方位。我们所能知道的一切都带有我们人类量度和视角的印记。

　　笛卡儿也认识到我们关于广延的据信清晰分明的知觉是如何使我们陷入无限的。然而，正是在无限这块暗礁上，笛卡儿的解决方案——使人的理解力成为实在的量度，只承认完全已知且无可怀疑的东西为真——失败了。于是，笛卡儿不得不在《哲学原理》294的结尾处承认，自然科学中不可能获得绝对的确定性，我们不得不满足于"盖然确定的"东西，它们"在一定程度上是确定的，足以满足日常生活的需要；尽管与上帝的绝对能力相比，它们是不确定的"(IV.205,p.287)。有人指出，他从早先更强的真理断言中后退一步只是权宜之计：笛卡儿想避免伽利略(更不用说布鲁诺)的命运。几乎毋庸置疑，笛卡儿并不希望把自己打造成科学殉道者的形象(这是他决定离开法国，定居于更为自由的荷兰的原因之一)。但是当笛卡儿声称"我们无论怎样想象上帝作品的伟大也不为过"，"我们必须留神，不要自以为是，认为已经理解了上帝创世的目的"(III.1-2,p.84)时，我们应该相信他。笛卡儿的上帝观始终接近于唯名论者。但那样一来，我们便没有理由认为上帝创世是为了让我们恰当地理解它，没有理由认为我们的理解力是实在的量度。物理学家不是只能构造现象的机械模型，并用这些模型来预测将要发生的事情吗？这种预测能力并不必然意味着我们已经理解了真正的原因。事实上，鉴于物质无限可分，我们有限的

模型几乎不可能精确地复制自然进程:

> 正如同一个工匠所做的两块表,虽然都同样正确地指示时间,虽然外表完全一样,但其内部齿轮的构造和组合却可能全然各异,因此,最伟大的造物主无疑也可以通过无数方式制造出我们所看到的所有事物。事实上,我很愿意承认这一点。只要我写下的那些东西精确符合所有自然现象,我就已经如愿以偿了。(IV.204,p.286)

笛卡儿将科学家比作试图阅读密信的人:

> 比如有一段用拉丁词写成的话,但其中各个字母的真正含义并未给出,一个人想对此作出猜测。当他把 A 猜为 B,B 猜为 C,如此等等,用字母表中后一个字母来代表前一个字母时,他发现通过这种方法能够看到,一些拉丁词可以由这些猜出的字母所组成,他就会相信,这段话的真正含义包含在这些词当中,即使他能发现这一层只是由于猜测,即使写这段话的人可能并没有用相继的字母次序而是用别的次序来代替正确的排序,因而这段话隐藏着别的含义。(IV.205,p.287)

如果我们相信上帝的能力是无限的,甚或只是接受物质的无限可分性,那么科学就不能成为自然的量度。

根据笛卡儿本人的绝对真理观,对于大多数科学命题,笛卡儿最多只能声称它们是有充分根据的猜想。诚然,笛卡儿说"即使在

自然事物中,也有一些是绝对确定的而非盖然确定的",比如数学
证明、认识到有物体存在以及"关于物体所作的一切明显证明"。
他进而指出,尽管他没有作出承诺,但"我们的这些推理也许可以
被归入那些绝对确定的事物,倘使人们考虑到,它们是由最原初、
最简单的人类认识原理在连续序列中推导出来的"(IV.206,p.
287)。但是在《哲学原理》中,证据和推导在哪里停止,而猜想从哪
里开始呢?

四

　　空间的无限可分性表明笛卡儿通过机械模型来重建自然是人
为的,而空间的无界限也使我们无法断言绝对运动或绝对静止。
因此,笛卡儿对运动的相对主义看法追随了库萨的尼古拉的看法:
"严格说来,运动只涉及与运动物体相邻接的物体。"(II.28,p.52)
在这个意义上可以恰当地说,站在一艘远洋客轮甲板上的人并没
有运动。在同样意义上,笛卡儿会同意哥白尼的看法,但他认为地
球严格说来是不动的,因为根据笛卡儿关于流动天界的构想,地球
被其涡旋携带着一起前进。笛卡儿知道自己坚称地球严格来说静
止不动,被涡旋携带着绕日运转,这不大可能让那些批评哥白尼体
系的人感到满意,他们不久前还曾试图让伽利略闭嘴。正如笛卡
儿本人所指出的,除了固有运动,一个物体"就其属于作其他运动
的其他物体的一部分而言,还可以参与无数其他运动"。(II.31,
p.54)他要我们设想一位戴着表的水手。虽然表上的每一个齿轮
相对于表盘都有其自身的固有运动,但它也参与水手、船、海洋、地

296

球——我们还可以继续说太阳系、银河系——的运动。是否有一
个最终的、无所不包的整体使我们能够谈及每一个齿轮的绝对运
动？考虑到笛卡儿清晰分明的广延观念，此问题和"无限大的数是
奇还是偶"一样无意义。因此，坚信地球静止的人最终不会被天文
学所驳倒：

> 由于理智的本性使它感知不到宇宙的界限，因此，只要注
> 意到上帝的伟大和我们知觉的弱点，任何人都会判断说，更为
> 恰当的是相信在我们看到的所有恒星之外还有这样一些天
> 体，地球相对于它们是静止的，所有星星一起移动，而不是猜
> 想不可能有这样的天体存在。(III.29, p.96)

考虑到布鲁诺的命运，康帕内拉的被囚，伽利略与信仰卫道士
的冲突，以及教会最近把哥白尼的《天球运行论》列入《禁书目录》，
这些无疑都导致笛卡儿拒绝直接声称哥白尼体系是真理。但我们
也要认识到，他同样无法将这样一种声明与宇宙的无限协调起来，
而他所理解的对广延实体清晰分明的知觉蕴含着这种无限。

正如我们所看到的，库萨的尼古拉由我们无法思考绝对的极
大而推出宇宙是无限的。尽管宇宙的无界性因此而无法被把握，
但它依然体现在这样一种认识中：我们可以自由地越过任何边界
（至少是在思想或想象中）。但这种认识预设了我们能够最终企及
那些总是把握不到的东西。尽管我们的理解力是有限的，但思想
的自由是无限的。笛卡儿也认识到，人类依其本性会（和广延一
样）与无限相纠缠。

举例来说，如果我考虑我所拥有的领会能力，我会发现它的范围很小，极为有限，同时我也发现，关于另一种能力的观念要广阔得多，甚至是无限的；鉴于我可以形成关于它的观念，由这一事实我就可以认识到，它属于上帝的本性。[1]

事实上，如果我们不能用一种"广阔得多，甚至是无限的"的能力来衡量我们的领会能力之所及，我们就认识不到它的有限性。在这种情况下，视角原理同样适用，即理解一种视角本身就已经超越了该视角（至少在思想中）；为了把我们的领会能力之所及看成本质上有限，就必须在某种意义上超越我们这些有限的认知者。无论上帝存在与否，我们能够形成关于上帝无限性的某种观念，都预设了人的自我超越能力能够达到无限。在这方面，笛卡儿指向了意志：

> 我发现，在我之内只有自由意志或选择的自由是大到我无法设想有什么别的观念比它更大的。的确，在很大程度上正是这种意志使我认识到，我带有上帝的形象，与上帝相似。因为尽管意志的力量在上帝之内要比在我之内无可比拟地大，不论是在认识和能力方面（因为认识和能力与意志结合到一起会使意志更为强大和有实效），还是在其对象方面（因为在上帝之内，意志可以扩展到更多的东西上），但如果我从形式上就意志本身进行考虑，那么在我看来它（上帝的意志力

---

① Descartes, *Meditations* Ⅳ, in HR 1:174.

量)并非更大。①

　　表现为意志的心灵朝着无限超越了有限的理解力。正如我对上帝有清晰分明的认识并不意味着我能理解上帝，我对作为思想实体的自我拥有一种清晰分明的观念也并不意味着我能完全理解自己。自我超越了它自身的理解力。任何自由活动都显示了人的自我超越性。一切人类行为就其是自由的而言最终都是不可理解的。

298　　　在《灵魂的激情》(*The Passions of the Soul*)中，笛卡儿谈到了这一困难，他指出：

　　　　　身体机器的构造使得这个松果腺被灵魂或其他什么原因以不同的方式移动，使得它周围的精气冲向脑部空穴，并通过神经进入肌肉，造成四肢的运动。②

　　这引出了一个已经令伽桑狄感到困惑的问题："倘若你没有形体、没有广延、不可分割，你怎么会有那种结合和显而易见的混合或者混杂呢？"③鉴于思想实体与广延实体的区分，如何能说灵魂是身体活动的原因？这里的"原因"指什么？

　　关于如何切入这个问题，笛卡儿对阿尔诺的问题"笛卡儿说上

---

①　Descartes，*Meditations* Ⅳ，in HR 1：175.

②　Descartes，*Passions of the Soul* Ⅰ．34，in HR 1：347.

③　Descartes，*Objections* Ⅴ，in HR 2：201.

帝是他自己的动力因时指的是什么"的回复或许可以提供一些线索。① 有趣的是,笛卡儿的回答依赖于库萨的尼古拉在《论有学识的无知》中提出的象征主义,但他并没有提及库萨的尼古拉。

然而,为了清楚地给出回答,我认为必须显示在严格意义上的动力因与没有原因之间有某种别的东西,即一个东西的正面本质,我们可以像在几何学中习惯地那样把动力因概念拓展到它。在几何学中,我们把要多大有多大的一条弧线的概念拓展成一条直线的概念,或者把一个边数无定限的多边形的概念拓展成圆的概念。②

当笛卡儿说上帝是他自己的动力因时,"动力因"不应作字面理解,而要在一种拓展的意义上来理解,其前提是愿意追随库萨的尼古拉,无限地上升到"对立面的一致"。

我想说的是,要想理解笛卡儿所说的灵魂是身体活动的原因,就必须对"原因"的含义作类似的拓展,它与一种朝向无限的运动有关。笛卡儿在重新构造身体机器时转向了"生命精气"(animal spirits),此时我们应当注意尺度的变化。"生命精气"是指流经神经和大脑的"某种非常精细的气或风"——只有最精细的流入了大脑空穴。这些生命精气不过是一些物体,它们的一个特性是"极其微小"。③ 灵魂据说只在"某个很小的腺"中起作用,"这个小腺里

299

---

①　Descartes,*Objections* Ⅳ,in HR 2:89.

②　Descartes,*Reply to Objections* Ⅳ,in HR 2:110.

③　Descartes,*Passions of the Soul* I.7,10;in HR 1:334,335,336.

最轻微的运动也会极大地改变这些精气的行进；反过来，精气行进过程中的微小变化也会大大改变这个小腺的运动"。① 笛卡儿的身体机械学无法完全恰当地解释人的活动，因为要想做到这一点，就必须建立关于无限小的东西的模型，而这必定是不确定的。这种不确定使伽桑狄指责笛卡儿混淆了身体和灵魂。也许追随库萨的尼古拉谈谈它们的一致性会更好。

五

朝着超越性敞开是我们与实在之相遇的一部分。这意味着我们有限的理解力永远无法像笛卡儿所承诺的那样完全主宰和拥有自然。我们的概念或词语不足以描述实在，其根源在于思想和语言的本性，它通过为某物在人为建立的概念空间或语言空间中指定一个位置来确定该物之所是，因此是通过一种并非属于实在本身的量度来度量实在。语言最终是与实在不可公度的（这不是语言的错，而是语言的特点）。但如果不是在某种意义上，我们的命题在事物的真理（*rerum veritas*）中没有量度②——如果我们的理解力在一种化身为可感物（我们并非其创造者）的逻各斯中失去了其量度，那么语言也会失去意义。逻各斯无法理解地化身为物质是负责任的言说的一个前提，这里的"责任"是指能对这样一种逻各斯作出回应。

---

① Descartes, *Passions of the Soul* I. 31, in HR 1：345,346.
② 参见第三章第五节。

在某种意义上，我们只能恰当地认识我们所能创造的东西。因此，根据库萨的尼古拉的说法，数学中存在着恰当的认识。这种说法也迫使我们认真对待笛卡儿的看法：我们能在多大程度上重构自然，就能在多大程度上理解自然。但我们也必定会受制于这种理解力所受的限制。笛卡儿的方法促使我们借助库萨的尼古拉的"有学识的无知"来重新思考。

第十六章　哥白尼革命

一

　　在《真理与方法》(*Truth and Method*, 1960)中，伽达默尔(Hans-Georg Gadamer)把对偏见的偏见称为启蒙运动的根本偏见，他指出，这种偏见必定剥夺了传统的力量。[①] 支配哥白尼思想的正是这种偏见，正如它也支配了伽利略和笛卡儿的思想一样。而且不只是他们的思想；事实上，这种偏见是一种信念的前提，即相信任何理性存在者原则上都能把握真理。它特别明显地表现在近代早期对自学成才者的称赞上。于是，虽然苏格拉底和库萨的尼古拉笔下的无知者曾经预示过笛卡儿，但笛卡儿掩盖了他从传统中得到的益处。汉斯·布鲁门伯格让我们注意另一个这样的例子：它来自一个未透露姓名的人写的 18 世纪科学家和哲学家约翰·海因里希·兰伯特的传记，刊登于克里斯托弗·马丁·维兰德(Christoph Martin Wieland)主编的文学杂志《德意志信使》

---

　　① Hans-Georg Gadamer, *Truth and Method*, trans. [William Glen-Doepel, ed. Garrett Borden and John Cumming](New York: Seabury, 1975), p. 235.

(*Deutscher Merkur*,1773)上。[1] 现在我们几乎不知道,兰伯特曾被誉为当时的大思想家,有位作者把他与卢梭、哈勒(Haller)和伏尔泰相并列。我曾在第四章提到过兰伯特一次,当时我指出,正是兰伯特在其《新工具》(*Neues Organon*)中把他所谓的"现象学"称为主要哲学分支之一。兰伯特所说的现象学意指"关于现象(Schein)及其对人类知识正确与否的影响的理论",[2]它研究作为获取知识的必要组成部分的现象所遵循的逻辑。他称自己的现象学为一种"超越的光学"。他对这种现象学的兴趣与对透视法数学的兴趣密切相关。今天,兰伯特的确更容易被数学家记住,而不是被哲学家记住;其现代译者宣称,他真正持久的成就是在纯数学和几何学方面,比如证明自然对数的底 e 以及圆的周长与直径之比 π 都是无理数。他距离提出一种非欧几何已经不远。[3]

早在 1764 年,兰伯特已被提名担任腓特烈大帝创建的柏林科学院的院士。这位开明的君主要见他。"当时的场面极不寻常。这位候选人坐在那里,国王进来之前,几乎所有蜡烛都熄灭了。"[4]

301

---

① Hans Blumenberg, *Die Genesis der kopernikanischen Welt* (Frankfurt am Main: Suhrkamp, 1975), p. 611. 关于兰伯特的生平和成就,参见 Stanley L. Jaki, introduction to Johann Heinrich Lambert, *Cosmological Letters on the Arrangements of the World Edifice*, trans. with notes by Stanley L. Jaki(New York: Science History Publications, 1976), pp. 1 - 7.

② Johann Heinrich Lambert, *Neues Organon oder Gedanken über die Erforschung und Bezeichnung des Wahren und dessen Unterscheidung von Irrtum und Schein*, 2 vols. (Leipzig: Wendler, 1764), 2:220.

③ Jaki, introduction, p. 7. 参见 Johann Heinrich Lambert, *Schriften zur Perspektive*, ed. and intro. Max Steck(Berlin: Luttke, 1943); Blumenberg, *Die Genesis*, pp. 616 - 621。

④ 以下论述参见 Jaki's introduction, pp. 1 - 2。Jaki 依赖的是 Dieudonné Thiébault 在 *Mes souveniers de vingt ans de séjour à Berlin* 中的论述,它于 1804 年在巴黎出版,次年出版了英译本。另见 Blumenberg, *Die Genesis*, pp. 611 - 615。

已经有人提醒腓特烈大帝，兰伯特的举止、长相或衣着都不会让人喜欢。兰伯特的一幅肖像表明，他的确长得很难看；他是一个裁缝的儿子，没受过什么正规教育。国王不愧是真正的开明君主，据说他回答道，他想在黑暗中会见这位名人。腓特烈大帝不想看见兰伯特，而是想听他说什么。这里，可见光被视为精神之光——逻各斯——的一个障碍。我们在柏拉图那里就已碰到的眼睛的贬值在这段趣闻中得到了引人注目的表达。然而，兰伯特并没有给腓特烈大帝留下深刻印象。

　　"请告诉我，你最擅长哪些学科？"国王问，他充其量只能看到客人的一个黑暗轮廓。"所有学科，"黑暗中传来了回答。"你也是一个熟练的数学家？"国王又问。"是的，"客人回答说。"教你数学的是哪位教授？"国王追问。"我自己"，答复和以前一样生硬。"那么，你是另一位帕斯卡咯？""是的，陛下。"此时国王转过身去，几乎笑了出来，然后返回了办公室。后来国王在晚宴上说，他刚刚见到世界上最大的傻瓜想当科学院院士。①

　　没过一年，国王就改变了自己的判断。无疑，俄国大使邀请兰伯特担任圣彼得堡科学院院士促进了这一改变。国王承认，这个"傻瓜"
302 的学问似乎没有边界，并特许他可以在科学院所有部门阅读论文。②

---

① Jaki, introduction, p. 1.

② Ibid. , p. 2.

这里，兰伯特是按照启蒙运动所理解的苏格拉底形象来刻画的：相貌丑陋，对上流社会毫不适应，是心不在焉的哲学家的典型代表。然而，与这种怪异（eccentricity，字面意思是"偏心性"）相伴随的是丝毫不受制于传统及其偏见。这种修辞是哥白尼革命的一部分。哥白尼不是也生活在远离 16 世纪科学文化中心的地方吗？与偏心性修辞相伴随的是转向内心（inwardness）的修辞。哥白尼和笛卡儿在自身之中找到了真理的钥匙，兰伯特也被公道地说成是自学成才。通过设想不同于一般被视为理所当然的那些可能性和视角，哥白尼解放了自己的思想，兰伯特也是如此。正是这种想象的自由使兰伯特成为非欧几何和一种新宇宙论的奠基人之一，这种宇宙论将哥白尼的太阳系图景扩展到银河系甚至更广。

兰伯特在《宇宙论书简》（*Cosmological Letters*）中对视角的反思至关重要。在"第十二封信"中，银河被解释为一个类似透镜的恒星团的视角性显现，[1]托马斯·莱特（Thomas Wright，1750）和康德也是这样解释的。但兰伯特大大扩展了哥白尼图景，他指出，我们的太阳系本身只是一个大得多的系统的一小部分，而该系统又只是我们银河系的一部分，银河系又只是一个超级系统的成员之一，其黑暗的中心物体使其所有成员都沿轨道运转。就这样，兰伯特保留了一个巨大但有中心的有限宇宙的观念。

在这方面，兰伯特意味深长地指出：我们也许仍然不够哥白尼（Copernican）。[2] 哥白尼革命在这里被认为有待于得到更充分的

---

[1]　Lambert, *Cosmological Letters*, pp. 120 - 127. Cf. Blumenberg, *Die Genesis*, p. 617.

[2]　Lambert, *Cosmological Letters*, p. 62；另见 pp. 174 - 175。Cf. Blumenberg, *Die Genesis*, p. 647.

利用，它向我们（尤其是科学家）提出了至今依然面临的挑战。它在部分意义上是说，我们仍然需要从既有的视角和偏见中解放出

303 来，这是一项尚未完成的任务，但这里设想的进展以宇宙中尚未发现的黑暗中心为目标。因此我们不会感到惊讶，康德虽然主张宇宙是无限的，却在《论证明上帝存在的唯一可能根据》[①]一文中提到了《宇宙论书简》，并想把《纯粹理性批判》题献给兰伯特，他觉得作为哲学家，兰伯特与他最相近。然而，兰伯特在拓展哥白尼革命的同时也会使哥白尼革命遭到质疑：对太阳系的类似拓展将在何时终止？它会终止于兰伯特所设想的黑暗物体吗？但为什么这个黑暗物体不会是为确定宇宙中心所作的又一次准备，它所回应的更多是理智需求而非实在的本质呢？我们是否永远也达不到宇宙中心的观念，就像布鲁诺和库萨的尼古拉所认为的那样？

根据兰伯特的说法，一切理论，包括哥白尼的理论以及兰伯特所处的 18 世纪的天文学理论，都受制于特定的历史时期。事实证明，哥白尼所谓的真理也没有彻底摆脱视角性显现，而只是朝着更高层次的视角性显现迈进了一步。更深入的反思表明，太阳也不应被视为宇宙的中心。银河系亦是如此。然而，认识到理论不可避免会受制于特定的历史境况和历史视角，认识到某一时期所说的真理甚至是自然的形而上学不可避免会受制于那一时期的历史偏见，正是由哥白尼所引发的、启蒙运动所导致的日益加深的祛魅

---

① Immanuel Kant, *Der einzig mögliche Beweisgrund zu einer Demonstration des Daseyns Gottes*, A 13, footnote. Jaki, introduction, p. 23.

的一部分。因此，兰伯特不仅在问我们是否还不够哥白尼，而且还问了一个棘手得多的问题："我们是否"从一开始就"不应变得哥白尼？"[1]也就是说，坚持客观性是否是错的？因为它没有充分顾及人类总是受制于特定的视角，还鼓励他们徒劳地追求上帝的真理——或者远离神学讨论，追求真正的客观性。

二

虽然兰伯特无疑是启蒙运动最有思想的代表人物之一，但我这里关注的并不是他，而是他所提出的两个问题：

1. 我们是否还不够哥白尼？

2. 我们是否从一开始就不应变得哥白尼？

304

考虑第一个问题。问我们是否还不够哥白尼，即暗示哥白尼革命将会一遍又一遍地重复下去，将会有一系列的哥白尼革命发生。这一修辞现已变得相当常见。在哲学史上，最有名的"哥白尼"革命当然是康德的革命。

康德在援引哥白尼时意指什么？伯特兰·罗素（Bertrand Russell）明确反对把康德的成就解释成一种哥白尼式的革命。他在《人类的知识》（Human Knowledge）中写道，假如康德说自己完成了一次"托勒密式的反革命"（Ptolemaic counterrevolution），那会更加确切，因为他试图恢复已被哥白尼废黜的人类认知者的中心地位。[2]

---

[1]　Lambert, *Cosmological Letters*, p. 175. Cf. Blumenberg, *Die Genesis*, p. 650.

[2]　Bertrand Russell, *Human Knowledge: Its Scope and Limits*(New York: Simon and Schuster, 1948), p. 9. Cf. Blumenberg, *Die Genesis*, p. 709.

事实上，康德本人并未采用"哥白尼式的革命"这一表述，尽管他的话无疑会促使人们说他引发了这样一场革命。还是回到罗素：他说的难道没有道理吗？如果我们把哥白尼革命及其后继革命（如达尔文革命和弗洛伊德革命）理解为削弱了人类特有的中心地位，那么似乎确实很难认为康德的哲学革命是哥白尼式的革命。

然而，正如我们所看到的，哥白尼本人对自己的成就有着极为不同的理解。哥白尼革命难道不是以一种认知上的人类中心主义为前提，而不是对它的挑战吗？我们不应认为拒斥地心说就一定也会拒斥人类中心主义。不仅如此，罗素的说法乃是基于对康德意思的一种误解。康德指的是他所谓的哥白尼的"最初思想"（first thought），①即地球的周日旋转。罗素想到的是从地心说转向日心说，而康德则暗示，如果假定恒星视运动是地面观察者实际运动所产生的一种错觉，我们也许可以做得更好。类似地，康德促请读者们思考，被我们归于周围物体的东西是否实际上出自我们的认识能力？就这样，对视角的反思被提升到一个更高层次：人的认识能力要基于视觉能力来解释。由于经验受主体视角的支配，或许经验到的只可能是现象？根据康德的说法，正如眼睛无法看到客观实在，认知也无法把握事物本身或物自体。

康德认为哥白尼并未证明他的假说，只有开普勒和牛顿的物理学才提供了接近于这样一种证明的东西。同样，康德在序言中说他自己的先验唯心论仅仅是一个假说，而整个《纯粹理性批判》（尤其是关于二律背反的讨论）则提供了证明。如果此证明能够成

---

①　　Immanuel Kant, *Kritik der reinen Vernunft*, B xvi.

功,大概就可以说康德证明了人文主义的人类中心主义是正确的,
从而可以说康德继续了笛卡儿未竟的工作——但这种人文主义的
人类中心主义同时也遭到了严重挑战。对事物本身的理论认识据
说是不可能的。康德也只能满足于笛卡儿所说的"盖然真理"。于
是,哥白尼试图描述的实在仅仅是现象上的实在,也就是一种与认
知者有关的实在,这里不应把认知者理解成某个特殊的人类主体
(康德并不持主观唯心论),而应理解成任何理性存在者。康德并
未由此得出结论说,客观性是徒劳的梦想。恰恰相反:笛卡儿就已
经转向主体,特别是转向一个纯粹的先验主体,思想者从中排除了
偶然的个人、位置和时间,以确保一种真正客观的自然认识。根据
康德的说法,在知性的范围内,人能够从视角中解放出来以追求客
观知识。但问题是,如果康德是正确的,那么科学所关注的对象就
并非事物本身。

三

对康德的方案可以作出一个明显反驳:人果真能变成康德所
要求的纯粹认识主体吗? 他难道不会永远困在"人性,太人性"
(human,all too human)之中吗? 这个问题导向了另一次哥白尼
革命。如果可以把康德的革命称为第二次哥白尼革命,那么也许
会有第三次哥白尼革命。① 其思想同样是认为较早的革命不够彻

---

① 　参见 Karsten Harries,"Meta-Criticism and Meta-Poetry:A Critique of Theo-
retical Anarchy,"*Research in Phenomenology* 9(1979),pp.54–73。

底，不够自我批判，自身有太多偏见没有受到质疑。第三次哥白尼
革命的关键是认为，笛卡儿或康德错误地相信有一个纯粹的认识
主体，能在把握客体的同时避免一切文化扭曲或主观扭曲。我们
始终受制于我们自身的文化境况，受制于它的偏见和视角；我们始
终受制于一定历史条件下的语言游戏。因此，我所说的第三次哥
白尼革命的一个核心主题就是对语言和历史的反思。语言并非思
想的恭顺仆人，而是它的统治者。可以使语言变得非常纯粹，以摆
脱作为人类经验一部分的视角扭曲。但在罗兰·巴特（Roland
Barthes）那样的思想家看来，摆脱主体偏见是不可能的：

> 一切言辞都暗含其主体，不论这个主体是通过直接地使
> 用"我"、间接地指称"他"来表达，还是通过非人称结构来完全
> 避免。这些都是纯粹的语法把戏，只不过改变了主体在话语
> 中的构成方式，也就是说，主体是出场还是作为一个不在场的
> 幻象；它们全都与想象中的形式有关。其中最徒有其表的是
> 表"非"成分（privative），它们一般出现在科学话语中，科学家
> 出于对客观性的关注而从中排除了自身。①

可以认为，巴特的话代表着康德哥白尼革命的彻底化，这影响
了 20 世纪的许多哲学，并使康德与自己作对。

哀叹于"对人称（the person）的惊人排除"，并坚称由此产生的

---

① Roland Barthes, "Science versus Literature," in *Introduction to Structuralism*, ed. Michael Lane(New York: Basic Books, 1971), p. 414.

客观性是一种幻觉或想象的绝非巴特一人。在第六章，我提到了海德格尔《存在与时间》中的这段引文：

> 　　一个"纯我"的观念和一种"一般意识"的观念远不包含"现实的"主观性的先天性，以至于跳过了或根本不曾看见此在的存在论性质。……主张存在着"永恒真理"，以及把此在的基于现象的"理想性"与一个理想化的主体混为一谈，这些都是哲学问题内部尚未彻底肃清的基督教神学残余。①

　　海德格尔的指控是，通过用纯粹主体（无论是康德的先验主体还是笛卡儿的思维主体）观念来为认识客体的可能性奠基，为科学的客观性奠基，哲学家不正当地利用了其神学先驱。我们的科学以神学为前提，同时又掩盖了这一前提。海德格尔在这里呼吁一种能够摆脱此重负的思想。

　　一般观点其实很清楚。赫尔德（Herder）在 18 世纪就已提出这一观点，他在《对〈纯粹理性批判〉的元批判》一文中批评康德遗漏了人称和日常语言。②与康德相反，赫尔德坚称我们是用语词而非抽象概念进行思考，我们只能用自己的语言来思考。我们需要用一种关于人的官能的生理学和对实际语言的研究来取代《纯

307

---

　　①　Martin Heidegger, *Being and Time*, trans. John Macquarrie and Edward Robinson(New York: Harper, 1962), p. 272(translation modified).

　　②　Johann Gottfried Herder, "Eine Metakritik zur Kritik der reinen Vernunft" (1799), *Aus Verstand und Erfahrung*, in *Sprachphilosophie, Ausgewählte Schriften*, ed. Erich Heintrel(Hamburg: Meiner, 1960), pp. 183 - 227.

粹理性批判》。尼采、海德格尔和维特根斯坦均以不同形式重复了
这一论点。这里的关键是声称人类永远也无法摆脱语言的限制。
果真如此，那么就不可能有真正的客观性。语言永远不会是纯粹
的或中立的。

　　所有这些都表明，要想变得比康德更具批判性，将其关键洞见
从基督教真理观的残余中解放出来，不再认为真理奠基于上帝那
种创世的、非视角的视觉，那么就必须认识到，我们不得不把主体
和逻各斯都沉浸在世界之中，使二者都受制于时间。这种认识使
得那些被康德赋予先验地位的结构被时间化了。我们声称，构成
我们经验的是具体的语言而非范畴（康德认为范畴是一切可能经
验必不可少的要素）。尼采现在广为流行的片段《论道德意义之外
的真理与谎言》阐明了我所谓的第三次哥白尼革命，对可能获得真
正客观知识的所有信念都提出了挑战。

　　我曾在本书导言中引述过这一片段，它的开头讨论了我们对知
识的要求与我们实际状况之间的不相称。以宇宙那浩瀚无垠的时
空来衡量，人类生存的处所和寿命微不足道。宇宙既非为了人类而
创造，亦非为了让人认知而创造。这里，我们以世俗化的形式回到
了奥西安德尔的立场，回到了他对声言真理的拒绝。正如我们所看
到的，现代性在认知上的人类中心主义，其前后两端都是怀疑论。
如果尼采是正确的，那么真正对人类重要的其实并非真理，而是人
类自身的幸福，当然对尼采而言，这已经与神的恩典无关了。

　　　各种不同语言的共存表明，对于语词来说，从来就没有什
　　么真理问题，从来就没有什么恰当表述的问题，否则就不会有

如此之多的语言了。同样,对于语言的创造者来说,"物自体"
(这恰恰是纯粹真理的定义,不论其后果如何)是完全不可理
解的,而且根本不值得追求。语言的创造者只是指明了事物
与人的关系,为了表达这些关系,他运用了最大胆的隐喻。首
先是神经刺激被转变成视觉形象,这是第一个隐喻;而视觉形
象又在声音中被模仿,这是第二个隐喻。每一次都是从一个
领域跳入另一个全新的不同领域。①

　　当尼采说纯粹真理是物自体时,他仍然遵循着对真理的传统
理解,即认为最完满意义上的真理专属于上帝。根据这种看法,只
有上帝才能完全恰当地把握事物,因为他的创世知识使得思想与
实在之间没有鸿沟:对上帝而言,知识就是创造。他关于事物的思
想就是事物本身。但人类无法拥有这种知识,事物本身甚至不能
作为我们知识的量度。

　　迄今为止,我们还没有真正超越康德的第二次哥白尼革命。
但是根据尼采的看法,康德对客观性的要求乃是建立在一种幻觉
的基础之上,即我们能够逃离主观现象的迷宫,即使他承认,客观
知识永远只能是关于现象的知识。鉴于这种神圣的真理完全无法
获得,事实上也毫无用处,那么真理是什么呢?尼采给出的被广为

---

　　①　Friedrich Nietzsche,"Über Wahrheit und Lüge im aussermoralischen Sinne,"
in *Sämtliche Werke*:*Kritische Studienausgabe*,ed. Giorgio Colli and Mazzino Montina-
ri,15 vols. (Munich:Deutscher Taschenbuch Verlag;Berlin,de Gruyter,1980),1:879;
此后本版简写为 KSA. Trans. as"On Truth and Lie in an Unmoral Sense,"in *Philoso-
phy and Truth*:*Selections from Nietzsche's Notebooks of the Early 1870's*,trans. and
ed. Daniel Breazeale(Atlantic Highlands,N. J.:Humanities Press,1979),p. 82.

引用的回答是：

309　　　　　数量不定的一些隐喻、转喻和拟人，简而言之就是已经被诗歌和修辞所强化、转移和修饰的人类关系的总和，经过长时间使用，它们已经成为对一个民族有约束力的固定准则。真理是我们已经忘记其为幻觉的幻觉，是已经用旧的、耗尽了感觉力量的隐喻，是已经磨去了浮饰、现已不被当作硬币而只被视为金属的硬币。①

从诗意的隐喻转向理论抽象在这里被默认为一种贫困。

四

如果说康德提升了哥白尼革命的层次，那么转向语言和历史（众多现代哲学以之为特征）则将对视角的反思提升到了更高层次。但随着这一新近转向，对视角的反思也削弱了哥白尼对人类能够获得真理的信心。在这个意义上，我指出现代性的前后两端都是怀疑论：现代性产生于奥西安德尔等人的仍然属于中世纪的怀疑论的失败，而随着现代性在认知上的人类中心主义遭到破坏，

---

① Friedrich Nietzsche, "Über Wahrheit und Lüge im aussermoralischen Sinne," in *Sämtliche Werke: Kritische Studienausgabe*, ed. Giorgio Colli and Mazzino Montinari, 15 vols. (Munich: Deutscher Taschenbuch Verlag; Berlin, de Gruyter, 1980), 1: 879; 此后本版简写为 KSA. Trans. as "On Truth and Lie in an Unmoral Sense," in *Philosophy and Truth: Selections from Nietzsche's Notebooks of the Early 1870's*, trans. and ed. Daniel Breazeale (Atlantic Highlands, N. J.: Humanities Press, 1979), pp. 880 – 881; trans. , p. 84.

并且不再声言真理,可以说现代性已经结束了。

认为人类无法把握真理,这种观念在今天确实变得越来越流行,比如以托马斯·库恩和保罗·费耶阿本德(Paul Feyerabend)为代表的新科学哲学就是如此。追随着尼采,我们甚至学会了赏识科学文本中的虚构人物。于是,理查德·罗蒂(Richard Rorty)坚持认为,今天我们不再能够因为哥白尼理论与《圣经》对天界结构的解释相冲突而把红衣主教贝拉闵称为"不合逻辑或不科学"。① 其《自然之镜》(Mirror of Nature)一书典型地表达了我所谓的第三次哥白尼革命。根据这位后哥白尼时代的后现代哲学家的说法,我们根本不知道应当如何在神学话语和科学话语之间划界。这里我要重申我在导言中已经表述过的不同观点:今天的哲学要想超出一种华而不实的把戏,就必须能够解释为什么我们必须拒斥红衣主教贝拉闵的反思——不是斥之为不合逻辑,而是斥之为不科学。迫使我们站在伽利略一边反对贝拉闵的是对客观性的承诺,这是科学的一个前提。该承诺不仅是科学的前提,而且也是我们生活于其中的世界的前提,是我们对实在的理解的前提。正如我试图表明的,现代性赋予客观性的特权是以一种或可称为"哥白尼式反思"的思维模式而获得的。

让我们回忆一下其关键特征。至关重要的是,它涉及这样一种反思:我们对事物的认识首先受制于一种视角,该视角与我们在

310

---

① Richard Rorty, *Philosophy and the Mirror of Nature* (Princeton: Princeton University Press, 1979), pp. 328 - 333. 另见 Karsten Harries, "Copernican Reflections and the Tasks of Metaphysics," *International Philosophical Quarterly* 23, no. 3 (September 1983), pp. 235 - 250。

时空中的位置、与我们的感官构成密不可分；也就是说，我们首先只能认识现象。但这种反思不可避免会暗示，有可能超越这些现象并且更好地把握实在。正如我们已经看到的，哥白尼本人明确区分了现象和不可见的实在。对视角现象的反思会一次次地产生现象与实在的区分，前者是主观的和视角性的，后者则不那么依赖于视角扭曲，在这种意义上要更为客观。与此同时，这种反思导向了实在与可见世界的分离。物体本身本质上是看不见的；实在本身并不向我们呈现。只有在科学重构中才能把握实在本身。

这种对实在的现代理解依赖于对经验的双重还原，我们必须牢记其本质和代价。

大多数时候，我们发现自己身陷于世界之中。我们遭遇事物的方式与我们所从事的活动联系在一起。事物的显示方式与我们的情绪、兴趣以及由此产生的不可避免的扭曲密切相关。第一重还原试图把思想从这些太过个人的兴趣和视角中解放出来。自我摆脱了世界的约束，成为不偏不倚的观察者。存在向这一主体静默地呈现。世界变成了一些静默而无意义的景象。正如叔本华指出的，事物的真正意义丧失了，"借助于这种真正的意义，〔出现在我们面前的〕这些景象才不至于完全陌生地、无所云谓地在我们面前掠过——不借助于这种意义，那就必然会如此——而是直接向我们言说，为我们所理解，并使我们对它发生一种兴趣，足以使我311 们全神贯注"。① 为这第一重还原必须付出的代价是将意义从世

---

① Arthur Schopenhauer, *The World as Will and Representation*, trans. E. F. J. Payne, 2 vols. (New York：Dover, 1966), 1：95.

界中驱逐出去。这样理解的话,追求真理不可能与虚无主义相分离。

第一重还原把意义与可感事物分离开来,第二重还原则把可感事物与实在分离开来。对视角的反思再次成为关键。虽然我们经验事物的方式受制于我们偶然的时空位置,但身体为我们指定的视角并不是一座监狱。我们可以尽可能地摆脱特定的视角和视点作出描述。如我们所见,数学为这种描述提供了钥匙。

也许有人会反驳说,如果眼睛看不到事物本身,那么无身体的精神更做不到;事实上,精神根本不去观看。于是尼采指出,我们不具备揭示真理的器官。① 同样,奥西安德尔也坚称真理是上帝的特权。像奥西安德尔这样怀有宗教动机的怀疑论者想要维持人与上帝之间的无限距离,与他们相对应,像尼采这样的现代怀疑论者则不再听说过上帝或原罪,而是再次坚称,希望把握实在本身,希望找到一个可靠的基础来自信地建立起知识大厦(用笛卡儿的隐喻来说),这是徒劳的。但我们不应忘记,相信我们没有完全与真理隔断,这种信念是现代科学的起点和支撑。笛卡儿试图证明,我们有权持有这一信心或信念。

尼采也许会回答说,如果哥白尼坚信我们能够把握实在,那么他的坚持只是表明他还不够哥白尼。对于笛卡儿和康德,我们不是也必须这样说吗?由此,我们对视角的反思必然反对一切认知上的乐观主义。第三次哥白尼革命使哥白尼式的反思转而反对那种哥白尼式的信念,即人能够把握实在本身。如我所说,如果这种

---

① Friedrich Nietzsche, *Die fröhliche Wissenschaft* V. 354, KSA 3:593.

信念处于现代世界的起源处,从而也处于虚无主义的起源处,那么这种破坏似乎承诺了一种超越了虚无主义的人文主义——用杰弗里·哈特曼(Geoffrey Hartman)的话说,这种后现代的人文主义"透露了具体化(reified)思考或超客观(superobjective)思考的秘密",①将其自身从现代逻各斯中心主义中解放了出来,使理论变得更加有趣,使它比起工作更像是娱乐。

312

五

现代浪漫派一直梦想有一个后现代乐园,在那里,理论变得像诗,科学与人文之间的割裂在更高层面得以弥合。不幸的是,这与我们实际生活的现代世界并不相符。只要想想我们技术成就的含意是多么模糊不清,就能从这种迷梦中醒过来。就人文屈从于这种游戏而言,人文使自己变得边缘而不起作用,共同参与掩盖和逃避这个有缺陷的现实世界。我们也许很想逃离这个可怕的现代现实,它迫使人文日趋防御,并且变得边缘化;我们可以躲进梦想,希望艺术和人文征服科学。但这些仍然只是梦想。人文主义者必须理解和尊重致力于理解客观实在和致力于维护人性这两种话语之间的鸿沟。换句话说,人文主义者要想发挥真正重要的作用,就必须理解科学的正当性和现代的正当性。在这样说时,我预设了我所谓的第三次哥白尼革命及其对客观性的攻击已经失败。但这种

---

① Geoffrey Hartman, "Literary Criticism and Its Discontents," *Critical Inquiry* 3, no. 2 (Winter 1976), p. 216.

预设合理吗？

　　再次考察第三次哥白尼革命的论据。关键说法是，实在永远不会以未受视角污染的方式呈现给我们，永远不会有不带任何偏见的描述。我认为这两种断言都必须承认：事物永远不会把它们本身呈现给我们，而只会提供其视角性显现。但如果是这样，我们如何能够宣称客观真理呢（这里的真理是指我们的思想或命题与客体本身相一致）？虽然这种客体的观念必定是我们构建的一种观念，从而受制于我们的偏见，但这并不意味着我们不能要求客观性，不能有标准来区分客观性程度的强弱。如果可以作出这一区分，那么启蒙运动对偏见的偏见就不仅仅是又一个偏见了。它只是重申了一种与反思生活不可分离的承诺。

　　再次考察海德格尔在《存在与时间》中的说法，即诉诸一个理 313 想化的或纯粹的主体来建立客观性，是不正当地依赖于对上帝的传统理解。现代科学受一种实在观的指引，而这种实在观依赖于与基督教神学密切相关的一些预设，为什么因此就应当怀疑现代科学呢？人类如何可能像彼特拉克、埃克哈特或库萨的尼古拉那样把上帝看成一位非视角的认知者呢？正如笛卡儿所认识到的，这种可能性以人不会沉湎于有限为前提。正因为人在反思中超越了作为有限认知者的自己，才可能把上帝看成一位无限的认知者。对上帝无限性的反思必定会唤醒人自身之中的无限性。第三次哥白尼革命——选择海德格尔、尼采还是其他什么人作为代表并不重要——并没有足够认真地对待反思的力量。传统观点把一位非视角的认知者当作有限的、视角性的人类认知者的量度，这当中有某种深刻的道理。这种观点的正当性乃是基于一种对知识和真理的反思,这种反思的基本结构与哲学本身一样古老:我们知道,泰勒斯就在探究万物究竟由什么构成。可以说,指导现代科学的客观性理想的根基就在于传统的真理符合论。它与人类精神的自我超越和自我提升密不可分。① 中世纪的神学反思只是将哲学(比如在柏拉图那里)所熟知的思辨提升到了更高水平。

客观性理想已经为并将继续为知识特别是自然知识指引方向。我们不知道未来还会发生什么科学革命,但无法设想科学将不再承诺客观性,不再使用数学语言。贝拉闵的话正因为不符合这种理想,才被认为不科学——但它并不因此就不合逻辑。说无法设想科学将不再致力于客观性,并不是说不可能避开科学本身,或者有某种自然灾难或人为灾难将使科学成为不可能。但是,仅314 凭其描述形式,即仅凭其更强的客观性,就可以说现代科学已经超越了之前的亚里士多德科学。这也就是说,我们的现代文化不仅仅是又一种现在即将结束的文化,现代性之所以将其自身解释为一切历史都趋向于它的一种文化,不仅仅是出于沙文主义偏见或盲目的力量。黑格尔不无道理地坚持认为,反思之中存在着进步,这种进步帮助塑造了历史的进程。

尽管国内外的基要主义作出了强烈反应,但整个世界都在屈从于西方文化,这并非偶然。我们说不出有哪种文化能够作出有效的抵抗,这同样并非偶然,尽管我们希望能够找到这样一种文化,希望今天世界各地发起的对客观性的攻击比实际情况更为有

---

① 参见 Theodor Litt, *Mensch und Welt: Grundlinien einer Philosophie des Geistes*(Munich: Federmann, 1948), pp. 214 - 231。

效。这些希望背后的关切和严肃性必须得到尊重。因为正如尼采所看到的，现代科技的进步必定伴随着虚无主义的幽灵。追求客观性的代价似乎是，赋予人类生存以意义的任何东西逐步丧失了。难怪后现代主义的梦想长期以来一直是现代性的一部分，尽管有时也被命名为别的东西，比如浪漫主义。

然而，我所说的这些难道不是前哥白尼时代错觉（即我们或幸运或不幸地处于中心）的又一个例子，标志着我们仍然不够哥白尼吗？现如今，这种文化沙文主义不是应该由于历史反思而变得不再可能了吗？诚然，我们在试图为认识事物建立基础时，总是会诉诸中心，寻求真正的要素，寻找能够支撑知识大厦的基础。但无垠的时空不是已经否定了所有中心吗？只要进一步反思，一切假想的根基不是都要被抛弃，迫使我们重新寻求真正的要素吗？

即使对每一个问题都作出肯定的回答，也不会得出结论说，追求客观实在因此就是徒劳的。它解放了我们的理解力，使我们能够更自由地（如果不是彻底自由地）理解事物，更恰当地理解自然的运作，这里的"恰当"与力量联系在一起。技术每天都在展示我们通过追求客观性而获得的实际力量。当然，我们也越来越清楚地看到这种力量的可怕。但是，如果我们遁入一种修辞来寻求庇护，暗示我们的科学其实并不优越于之前的所有科学，或者我们的技术生活方式仅仅是众多生活方式之一，那么我们就是在威胁面前放弃了自己的责任。技术并不是我们能够完全掌控的一种单纯工具：它是一种危险的力量，有可能将其接触到的一切（包括人类在内）都还原为由技术规划加以组织的物质材料。但这种还原是一种趋势，而不是我们必须屈从的命运——这种趋势得到了一种存在论的支持，它将人理解和控制的能力（即再造事物的能力）当作我们存在的量度。实在越来越意味着科学在其构造中可以把握的东西。要对技术进行负责任的批判，则需要一种不同的、更为丰富的存在论。这里我所说的"存在论"主要不是由哲学家设想出来的东西，而是一种对存在的理解，它具体表现于我们对人和事物的关切方式。要想对人性有所认识（追求客观真理必然会忽略人），负责任地应对虚无主义的威胁，这种批判就是必要的。如我所说，今天无涉人类生活价值的虚无主义开始以非常具体的方式威胁每个人的生活。

我并不是说这样一种更具包容性的存在论要求我们远离技术世界。那样做将是完全不负责任的。还有无数问题有待技术去解决，其中也包括由技术导致的问题。但技术无限进步的想法必须受到质疑，那种将实在归结为科学所追求的客观实在的存在论也必须受到质疑。换句话说，我们需要重新理解康德把客观现象和物自体区分开来的真理，这里的"真理"并非指客观真理。我们别无选择，只能尽力提醒技术注意自己的位置：我们必须肯定它，甚至欢迎它，但同时又要与之保持距离——正如海森伯（Heisenberg）在《当代物理学的自然图景》（*Das Naturbild der heutigen Physik*）中引用一则古老的中国故事时所认识到的，这则故事警告说"有机事者必有机心"。①

但是，如果说今天的技术甚至有统治人类的危险，那也只是因

---

① Werner Heisenberg, *Das Naturbild der heutigen Physik* (Hamburg: Rowohlt, 1955), pp. 15 – 16.

为人类想要这样,因为技术所许诺的力量和安全仍被看得比担忧技术所带来的威胁更重要。然而,当自然和人类沦为仅仅是技术流程的材料时,生活也就失去了它的意义。哪里有敬畏,哪里才有意义,认识到这一点,也就认识到我们今天不仅要引导技术的进步,而且也要确定技术进步的界限,这是一项远为困难的任务。笛卡儿声称,我们的科学将使我们成为自然乃至我们自己本性的主人和拥有者,就这一承诺决定了我们现代世界的面貌而言,只有当我们有能力放弃这一承诺并学会克服它背后的那种对不安全感和死亡的恐惧时,才能完成这项任务。这种放弃预示并呼吁一种新的存在论,它以克服传统所说的傲慢之罪为前提。傲慢使我们把自己置于上帝的位置,认知上的傲慢使我们用自己构造的东西来取代自己。人的理性成了万物的量度。

我们很难回避这种看法。特别是,现代性倾向于用理想化的科学家——或者说是理想的科学研究者共同体——来取代上帝。传统的傲慢概念使我们理解了那种使人和物沦为科技再造材料的存在论为何会牢牢地控制我们。这种傲慢的另一面是,我们无法接受自己是脆弱的凡人,而不是自身存在的主人。然而,把存在归结为客观实在的这种存在论必定会剥夺存在的价值。傲慢是虚无主义的起源。

我们需要一种并非源于傲慢的存在论。这种存在论将会意识到,追求真理以一种人类永远无法达到的理想为量度,追求真理要求有一种客观性,即使我们永远无法达到完全客观。但这种存在论也将意识到,如果整个实在完全受制于对客观真理的追求,那么这种追求必将走向虚无主义。因为追求客观性与我前面概述的双

317　重还原密不可分，第一重还原剥夺了世界的意义，第二重还原则将
　　　世界变成了一些幽灵般的事实。也就是说，这种存在论将会意识
　　　到（正如每一个热恋中的人都会知道的），理论虽然在其界限内有
　　　其正当性，但并非我们理解事物的唯一通道。单凭理论永远无法
　　　克服虚无主义。那种克服以敬畏，尤其是对地球及其居民的敬畏
　　　为前提。尽管哥白尼式的反思有去中心的力量，但在某种意义上，
　　　这种敬畏将使地球重新回到被哥白尼废黜的中心位置。

第十七章　尾声:宇宙航行学和宇宙心智学

一

"宇宙心智学"(astronoetics)一词需要作些解释。我是在汉斯·布鲁门伯格的遗著《星星的悉数性》(*Die Vollzähligkeit der Sterne*)一书中发现这个词的,这本书主要收集了他在近 30 年里围绕"理论"概念所写的文章。[①] 自从我在 20 世纪 60 年代末第一次看到《现代的正当性》(*Legitimität der Neuzeit*),布鲁门伯格的思想就一直伴随着我的工作,像神灵一样帮助我找到自己的道路。

我从未见过布鲁门伯格。诚然,很多年前,我的确尝试邀请他到耶鲁大学访问一年或一个学期。我确信,他的声音需要被听到。起初一切顺利。耶鲁大学哲学系伸出了橄榄枝,布鲁门伯格的第一反应是积极的。但随着日期的临近,他的简短通信变得越来越让人灰心,每过一周,他离开德国的可能性距离成为现实就更远了

[①]　Hans Blumenberg, *Die Vollzähligkeit der Sterne*, 2nd ed. (Frankfurt am Main:Suhrkamp,1997). 本章括号所引页码均指这部著作。

本章的一个版本曾在 1998 年 4 月 23 日纽约大学的研讨会"奇特的不可见:布鲁门伯格研究"(*Curiously Invisible:Work on Blumenberg*)上宣读。

一分。最终他还是没有来。是因为健康问题吗？我不记得了。但这种心态转变很符合我对其工作的印象：首先是遥远的诱惑，对旅行的迷恋，远离明斯特，远离威斯特伐利亚，远离德国；最终决定只把这样的旅程留在心中，闭门不出。这里，离心力与向心力同样在角力，最终向心力胜出。在我看来，他的思想也是类似。夸张地说：布鲁门伯格总是不愿用"宇宙航行学"（astronautics）来代替"宇宙心智学"。我理解并认同他的这种不情愿。

　　《星星的悉数性》最后一节的标题是"何为宇宙心智学"。该书前面有一节的标题是"利希滕贝格也是宇宙心智学家"（Auch Lichtenberg ein Astronoetiker），这使读者可以初步预见到后面的内容。在这一节，布鲁门伯格引用了关于牛顿和苹果的那个常见故事的利希滕贝格版本。"故事是这样的：一天，一个不足拳头大的苹果从树上掉下来砸中了伦敦造币厂一个老检查员的鼻子，于是他推想，为什么没有钉子或绳子的固定，月亮也能悬挂在那里。"（p. 66）苹果的掉落促使牛顿提出了他的定律。

　　一件平凡的琐事引发了某个重大事件，对此深有感触的不是科学家牛顿，而是讲故事的这位迷恋天文学的讽刺作家利希滕贝格，他在这里被称为"也是宇宙心智学家"。当布鲁门伯格在该书最后一节自称建立了"宇宙心智学"时，他认为自己类似于利希滕贝格。布鲁门伯格在此节开头告诉我们，倘若不是没有题献的爱好，他会把这本书献给沃尔夫冈·巴格曼（Wolfgang Bargmann），后者是著名的脑解剖学家，爱管闲事，善于写基金申请，并且无休止地教促他在基尔大学的同事们也这样做。这种教促在1958年达到了新的高度。苏联第一颗人造卫星于前一年发射上天，目前正围绕地球快乐地窥视着,这使西方对俄罗斯航天的进步产生了极大恐慌。巴格曼极力鼓动他的同事们通过制定和提交研究计划来帮助消除这种研究滞后(这个德国人把它渲染得更加不祥)。布鲁门伯格当然知道,纯粹的思想并无实际用处,尽管有泰勒斯垄断橄榄油市场的故事——这个故事无疑旨在表明,哲学家只要愿意,也可以非常实用和世俗。当布鲁门伯格被要求为帮助西方赶上苏联作出贡献时,他的反应与泰勒斯不太相同。但他决定至少假装像巴格曼一样关心。于是他也写了一份基金申请,要求资助一项研究,即仅仅通过纯思想来研究当时尚不可见的月亮背面。成果将发表在一份杂志上,名为"宇宙心智学的当前主题"。这样就有了"宇宙心智学"这一名称,尽管其最早发展阶段至少可以追溯到泰勒斯。事实上,哲学和宇宙心智学有相同的起源。

320

1958 年,没有人怀疑,人类很快就会拍摄到月亮的背面,宇航员将会实际登上月球。宇宙航行学似乎已经使宇宙心智学变得无关紧要,就像科学的进步似乎已经使哲学变得无关紧要一样。但布鲁门伯格提醒我们:"'宇宙心智学'并非'宇宙航行学'的替代——不仅仅是以思考旅行到某处取代实际旅行到某处。'宇宙心智学'也意指深入思考是否要去那里旅行,以及这种旅行是否有意义。很有可能,甚至在成功往返之后,也不能确定这种努力是否值得。"(p.320)因此,宇宙心智学不仅在宇宙航行学之先,而且也在宇宙航行学之后。在布鲁门伯格的宇宙心智学中,离心的好奇心被向心的关爱地球所平衡。这样理解的宇宙心智学的确值得资助:通过给需要花费数百万美元的项目偶尔泼泼冷水,有可能对人类福祉作出重要贡献。

二

　　和利希滕贝格一样,布鲁门伯格也是一位宇宙心智学家——事实上可以预料,作为这个名称的发明者,他是我们这个时代最重要的宇宙心智学家。但是在宇宙航行学的时代,宇宙心智学这样一门成问题的学科(它也是本书大部分章节所涉及的内容)真的有必要吗? 在这里,宇宙航行学也是技术的一种隐喻,于是又引出了另一个密切相关的问题:在科学-技术时代,哲学是否还有必要? 321 正如布鲁门伯格所说,面对着科学家如此严肃的工作,坚持没有实际用处的、往往显得毫无意义的纯思维的艺术,难道不是傲慢和固执地依靠讽刺和幽默来躲避实证科学吗? 但是,让我们再次引用布鲁门伯格,“那些被宇宙航行学留在家里的人,还有什么留给他们吗?”(p.548)

　　布鲁门伯格认为自己被宇宙航行学留在了家中,正因为如此才需要宇宙心智学。他促请我们这些后来的现代人也这样来理解自己。被留在家中——这可能意味着被留在后面,一如苏联宇航员尤里·加加林(Yury Gagarin)似乎曾把西方留在了尘土中。宇宙心智学家难道没有被宇宙航行学的进展留在地球的尘土中吗? 并非全然如此,因为尽管人类已经多次往返月球,尽管有人操纵和无人操纵的卫星正在围绕地球旋转,但是,被宇宙航行学留在地球家园的不仅是宇宙心智学,而且是我们所有人,包括尼尔·阿姆斯特朗(Neil Armstrong)和他的宇航员同事在内。想一想,这种努力是否值得。

指出宇宙航行学把我们留在家中,这绝非琐碎的老生常谈。这一评论是带有遗憾的。离开家园(这是我们的本性为我们指定的地方)寻找某个更奇妙的地方,这一梦想早就是自由之梦的一部分:自由之梦乃是诺斯替主义的梦想,它把这个世界看成一个拒不满足我们最深切愿望的世界,看成一座监狱,而根本不是家。科学似乎能使我们最终逃离这座监狱。诺斯替主义把世界理解成监狱——当今就是一种典型的后现代的诺斯替主义——的另一面是梦想从这个世界中得救,梦想回到"彼岸"(other)。这个拯救性的"彼岸"难道不能在某个地方找到吗?也许是在遥远的太空?布鲁门伯格帮助我们避免被这种彼岸之梦所诱惑。

早在宇宙航行学成为现实之前很久,当它仍然只是宇宙心智学的一个梦,是库萨的尼古拉和布鲁诺,开普勒和康德等思想家的一个梦时,天文学和一般科学的进步就已经使这个地球变得越来越不像家——如布鲁门伯格所说,"这个此在不想变得更舒适"(dieses Dasein wollte nicht gemütlicher werden, p. 548),其中的 322 "不想"一词既暗示我们身陷进步之中,又暗示我们自己想要、从而要为其承担责任的某种东西。这种不断增强的"不舒适"体现在本书导言所引用的尼采的悲叹中,他说,自哥白尼以来,我们已经越来越快地从中心滑向虚无。按照尼采的理解,这个中心的丧失(Verlust der Mitte)①以及对失去之物的怀恋给现代世界蒙上了阴影。自哥白尼以来,我们不是已经流离失所了吗?但我们应该把这单纯看成一种损失吗?它难道不是我们内心中想要的某种东

---

① Hans Sedlmayr, *Der Verlust der Mitte* (Munich: Ullstein, 1959).

西吗？什么样的归家能够满足我们的自由呢？

　　自我脱离原位（self-displacement）的倾向，自我去中心（self-decentering）的倾向，似乎与人的自由密不可分地联系在一起。表明这种关联一直是本书的一个要点。这种自我去中心在泰勒斯的故事中得到了经典表达，据说他在仰望星空时掉到了井里，遭到了那个漂亮的色雷斯侍女的嘲笑——宇宙心智学家汉斯·布鲁门伯格曾多次谈到这个故事，并把它称为《理论的史前史》（*Urgeschichte der Theorie*），他本人无疑很熟悉这样的嘲笑。星星对泰勒斯有何意义？对我们这些世人有何意义？

　　维特鲁威在解释建造第一座房屋的原始人如何不同于蚂蚁、蜜蜂、燕子和獾等等建造住所的动物时，或许同样想到了泰勒斯的故事。他首先提到的不是他们非凡的动手能力，也不是他们模仿、借鉴和改进其所见所闻的能力，而是其直立的状态和挺拔的身姿，使他们从水平的大地上立起身来，不再俯视地面，而是"凝望着繁星点点的灿烂天穹"。① 壮美而崇高的星空唤醒了维特鲁威的原始建筑师沉睡的精神吗，就像蛇所承诺的"你将会像神一样"使亚当和夏娃睁开了眼睛？当他们的眼睛和精神看到天穹的秩序亘古不变，梦想有一个不受制于时间的、更加完美和人性的居所时，他们是否也意识到了自己受制于时间，意识到了自己会死？

323　　维特鲁威把人描述成仰望天空的存在者，这与希腊人把人理解成"会说话的动物"（*zōon logon echon*）、或拉丁语中的"有理性

---

　　① Vitruvius, *The Ten Books of Architecture*, trans. Morris Hicky Morgan（New York：Dover，1960），2.1.1，p. 38.

的动物"(animal rationale)是类似的。作为有理性的动物，人是时间的水平线和把时间与永恒连接起来的竖直线的交点：直立人(erecti homines)并不像俯卧的动物(prona animalia)那样受制于特殊的地点。人站起身来，凝视苍穹，赞叹它的秩序，超越了他的自然位置。因此在《斐德罗篇》(Phaedrus)中，柏拉图把翅膀赋予了灵魂。有翅膀的灵魂让我们梦想飞翔，梦想离开这个地球监狱。气球、飞机和现在的宇宙飞船都是这种解放的有力象征，象征着"一种不受尘世束缚的自由，即使这种自由被视为灵魂转世或升入天堂"(p. 210)。

　　与这种竖直性相关的是，《圣经》把按照神的形象创造的人理解成这样一种存在者，他们仰望神从而超越了自己，通过一种无时间的、永恒的逻各斯来衡量自己。正如我曾试图表明的，任何言说真理的尝试都见证了这种自我超越性，因为当我声称自己的话是真理时，我所说的并不仅仅是对我现在如何碰巧看到了某种东西的准确描述：我所声称的真理原则上适合于所有人。诚然，对真理的追求从一开始就被亚里士多德所引用的西莫尼德斯的警告蒙上了阴影，即人永远也无法认识真理。然而，即使事实证明西莫尼德斯是正确的，即绝对真理只为上帝所拥有，仅仅是尝试言说真理也足以表明，我们的确是通过一种不属于任何人或属于所有人的、既无时间亦无位置的逻各斯来看待和衡量自己的。

　　我指的是《圣经》对人的理解，即人是按照神的形象创造的。但这种理解以及蛇的许诺暗藏着一种警告：通过要求一个更高的位置，要求人无法获得的一种永恒和圆满，人就像柏拉图的《会饮篇》中阿里斯托芬所讲述的傲慢的球形人，有失去其固有位置和完美性

的危险；人不会超越其终有一死的境况，而是会变得大不如前。让
我们再次考虑伊卡洛斯，他受太阳光芒的引诱，在地球上方展翅高
324　飞，最终却坠落而死："骗子飞到星空之上便会坠落"（*cadet im postor*
dum super astra vehit）是阿尔恰托斯（Alciatus）寓意画册中题为"反
对占星学家"（*In Astrologos*, *Wider die Sterngucker*）的伊卡洛斯寓意
画上方的题词。伊卡洛斯寓意画也许很适合作为布鲁门伯格那个
"宇宙心智学的当前主题"项目的封面图片（pp. 49 - 51）。

　　我们能否给 *In Astrologos*, *Wider die Sterngucker* 补充另一
种可能的翻译："驳宇宙心智学家"呢？然而，宇宙心智学家并非实
际尝试在地球上空高高飞翔，尽管他的确乐于思考和阅读关于这
些飞行的报道，即使它们以灾难而告终。这种飞翔不会诱使他离
开地球；他们宁愿让这个地球显得更珍贵，更像家，正如外面肆虐
的暴风雪可能使屋内的温暖更让人惬意一样。

三

　　我已经谈到了一种越来越深的不舒适感，它伴随着科学进步
尤其是天文学的进展，后者有可能把地球改造成一艘在无边无际
的空间中漂浮的宇宙飞船。在导言中，我引述了叔本华《作为意志
和表象的世界》第二卷开头的话，以及尼采在《论道德意义之外的
真理与谎言》中引用的这位伟大的悲观主义者阴沉而又崇高的看
法：宇宙并不是为人而创造的，宇宙被创造出来也不是为了能被人
认知。正是关于宇宙冷漠的这种思想导致了虚无主义，现代主义
怀恋那个业已丧失的中心，而后现代主义则拒绝一切所谓的中心，

这种拒绝伴随着对一种前所未闻的自由的承诺。

　　但是,我们有什么权利可以从科学所导致的各种去中心结论推断说,人将不再是他自己的兴趣中心呢(p.493)？布鲁门伯格指出,地心说与人类中心主义之间并无逻辑关联——科学上的去中心与生存论上的去中心之间并无逻辑关联。由此,他教给我们宇宙心智学的一个重要教益,在这个意义上,我的书同样意在为宇宙心智学作出贡献。整个哥白尼革命或许质疑了我们处在宇宙的中心位置,但这种质疑并没有剥夺我们的家。在某种 325 意义上,不只是宇宙航行学,而且科学也已经把我们远远抛在后面,抛得是如此之远,以致已经看不到整个人类;同样道理,它既把我们留在家中,又给我们留下了家。在这双重意义上,布鲁门伯格帮助我们把自己理解和确认为"被宇宙航行学留在家里的人"(die Daheimgebliebenen der Astronautik)。

　　对于那些梦想到远处某个崇高之地旅行的人来说,"被宇宙航行学留在家里的人"这种说法似乎带有遗憾的意味。我们这些被留在家里的人难道不是被宇宙航行学的进展抛在后面了吗？许多人还记得1969年7月20日人类首次登月的电视画面。我们被抛在后面了吗？当时我在缅因州。我和我的妻子叫醒了孩子们,希望他们不要错过这一重大事件。他们很困,没有表现出很大兴趣。只有7岁的儿子一直盯着黑白的电视屏幕,最后他说,"瞧,那些外星人"。我们送他回屋睡觉了。我们看到的东西当然并非如此有趣。正如宇宙心智学家汉斯·布鲁门伯格所指出的,这种对美国技术能力的展示要比旨在恐吓苏联、让西方重新相信民主生活方式优越性的一次宏大阅兵更有价值吗？把这一事件与发现美洲相比较不过是一厢情愿;并没有什么新世界展现给我们;尽管尼尔·阿姆斯特朗说出了那句名言,但人类并没有迈出一大步。阿姆斯特朗和奥尔德林(Edwin Aldrin)对我们说的话远远没有哥伦布甚至是19世纪的非洲探险家带给我们的故事令人兴奋。宇航员不仅没有在那里看到上帝,甚至也没有看到外星人,而只看到了死寂的物质。登月使太空失去了长久以来被赋予的另一部分光环——我们知道,在首次登月的仅仅前一年,斯坦利·库布里克(Stanley Kubrick)的电影《2001年太空漫游》(*2001:A Space Odyssey*)发布了。正如那部电影再次展示的,太空的光环从一开始就被两种相互矛盾的渴望支持着:一方面是渴望崇高,渴望兴奋地遇到某种完全不同的东西,这种兴奋源于一种诺斯替主义渴望,即超越这个太过熟悉的世界到达彼岸;另一方面则是渴望美好,渴望在那里遇到像我们一样的智能生命,从而不再迷失于太空,在这个大大扩展的宇宙中再次感受到家的感觉。

仰望星空时,维特鲁威所说的原始建筑师觉得自己正在回应一种更高的精神。认为那里的精神会对我们的精神作出回应,这种想法并没有随着托勒密的宇宙论而死去,也没有随着以前的上帝而死去。恰恰相反:关于智慧生命(先是月球上,然后是某颗行星上,再不然至少是在这个宇宙沙漠的某个地方)的宇宙心智学猜测一直伴随着天文学的进展,成为启蒙运动的一部分;这些猜测似乎得到了一种信念的保证,即生命和智能必定会从宇宙汤中产生,物质势必会产生精神。坚称智能只出现过一次,也就是在这个地球上,这难道不是一种人类中心主义偏见吗? 随着探测距离的扩大,天文学和宇航学的每一项进展都使我们愈发怀疑,我们在宇宙中毕竟是孤独的:即使有某个地方存在着智慧生物,它们好奇、慈悲或愚蠢地想与我们交谈,偌大的宇宙距离也使我们不大可能有足够的时间与我们既恐惧又好奇的这些未知的外星人进行沟通——1977年8月20日,我们送给他们一份宇航学礼物。这是一张铜制唱片,上面载有关于地球生命的各种有代表性的音乐和信息,包括60种语言的问候语,还包括唱机、唱针和易于破译的指令,由旅行者2号太空探测器带到未知世界。1989年,旅行者2号经过了海王星(pp.501–504)。

只要我们在自己的世界中没有体验到精神的化身,我们在其中就不可能有家的感觉。于是,维特鲁威让他的原始建筑师凝视繁星点点的苍穹,按照秩序井然的宇宙形象建造自己的房屋,使其更有家的感觉。这种天地之间的呼应可见于布鲁门伯格在《星星的悉数性》开头引用的汉斯·卡罗萨(Hans Carossa)的诗句:

> 夜幕降临,天色昏暗,
> 笼罩了群山、市镇和幽谷。
> 但黑暗中仍有光点闪闪,
> 从千家万户的窗棂射出。
> 愈发明亮,愈发柔缓,
> 这尘世间的群星图案,
> 沿着蜿蜒曲折的轨迹,
> 闪闪烁烁,上达天穹。(p.33)

327

随着夜幕降临群山、城市和幽谷,人造光所形成的万家灯火与天上的群星相映成辉。但对于那些生活在人造光过剩的现代化大都市的人来说，天上的群星意味着什么？布鲁门伯格问道："那些能把汉斯·卡罗萨的诗句与自己的经验联系起来的人会住在哪个省份？""也许诗人想说的东西在当时已经不再自明，因为它表达了对世界的一种信任，对迟来的读者而言，它已经变成了难以理解的文本，有一种不再被允许的'舒适'（Behaglichkeit）之嫌。""但是也必须牢记，"布鲁门伯格接着说，"诗人不知道也没有预料到，通过从太空看地球，看我们自己的星球在漆黑的天空中是什么样子，那些再晚来一点的人会获得安慰。"——"人类生活的这个宇宙绿洲，"正如他在《哥白尼世界的起源》中所描述的，"这个异乎寻常的奇迹……在天界沙漠中不再'也是一颗星体'，而是看起来唯一配得上这个名称的星球。"①

　　宇宙航行学介于诗人和宇宙心智学家的这两种体验之间，无论是它的承诺还是它所带来的令宇宙心智学家布鲁门伯格更感兴趣的祛魅。这种祛魅为一种新的地心说和新的人类中心主义开辟了道路。从这个角度来看，1962年，当约翰·格伦（John Glenn）成为第一个环绕地球的美国人时，雷切尔·卡逊（Rachel Carson）出版的《寂静的春天》（*Silent Spring*）在这个国家发动了环境保护主义运动，这似乎不仅仅是巧合；布鲁门伯格提醒我们注意这样一个事实：就在人类首次登月的当年，德国人创造了"环境保护"（Umweltschutz）一词来命名内政部的一个部门（p.

---

① Hans Blumenberg, *Die Genesis der kopernikanischen Welt* (Frankfurt am Main；Suhrkamp，1975)，pp. 793-794.

439)。不久前,戈尔副总统建议我们发送卫星到太空以传回地 328
球的影像,他引用苏格拉底在 2500 年前所说的话:"人必须上升
到大气顶部或者更高的地方,因为只有这样,他才能了解他生活
的地球。"①他也可以引用《哥白尼世界的起源》的结论:"只有重新
转向地球才会认识到,对于人来说,没有什么东西可以替代地球,
正如没有什么理性能够替代人的理性一样。"②由这种认识可以产
生一种新的责任。

四

"没有什么东西可以替代地球,正如没有什么理性能够替代人
的理性一样",这一断言促使我们思考什么样的哲学会认真对待宇
宙心智学的质疑。声称"没有什么理性能够替代人的理性"是要认
识到,尽管有此断言,但我们不仅梦想有一种理性能够超越我们自
己的理性——梦想有一种不被自然语言和隐喻所污染的纯粹理
性,梦想一种哲学上的回家——而且还采取步骤来实现这样的梦
想。隐藏在这些步骤背后的是这样一种希望:通过把我们提升到
自然和历史为我们指定的位置之上,我们最终将彻底认识自己。
布鲁门伯格很清楚,笛卡儿对一种能使我们成为自然(包括我们自
己的本性)的主人和拥有者的实践哲学的承诺并非徒然。这一承
诺见证了那种自我超越能力,它不仅把无限空间与我们碰巧所处

---

① Al Gore, quoted in *New York Times*, March 14, 1998, p. A7.
② Blumenberg, *Die Genesis*, p. 794.

的位置对立起来，把无限时间与分配给我们的时间对立起来，而且把一种尚未有人说的纯粹语言与我们的思想碰巧在使用的语言对立起来，把我们碰巧所是的那个始终处于某个位置的自我与一个绝对主体——这意味着相信有一种切入事物的方法，能够揭示事物实际之所是——对立起来。试图实际把握这种自我超越所承诺的东西，必定会抛弃让我们在大部分时间里都有家的感觉的那个世界。但追求真理需要这样的尝试。它也承诺为那个被抛弃的家作出补偿吗？

329　　正如我们所看到的，弗朗西斯·培根和笛卡儿都认为他们的新科学会把那个因亚当的傲慢而失去的伊甸园还给我们。并非只有他们怀有这种期望：告别那种被我们起初体验为家的东西，与此相伴随的是希望回到我们未知的真正的家。我们如何思考这个家？显然，它必定完全不同于我们的地球家园，我们找不到语词为其命名。无家可归感是这些梦想的一个前提，用隐喻来表达这种无家可归感要简单得多。

　　一则这样的隐喻是海上的一条船，它来源不明，去向亦不明。布鲁门伯格详细探讨了这则隐喻。① 在这方面，他引述了保罗·洛伦岑(Paul Lorenzen)，后者用海上的航船来比喻我们的语言："如果没有可以抵达的陆地，那么这条船必定是由我们的先人所造。他们必定会游泳，并且亲自建造——也许是用四处漂浮的木头——某种木筏，一次次地改进它，今天它已被打造成一条非常舒

---

① 参见 Hans Blumenberg, *Schiffbruch mit Zuschauer：Paradigma einer Daseinsmetapher*(Frankfurt am Main：Suhrkamp，1979)，pp. 70–74。

适的船，以至于我们不再有勇气跳入水中，再次从头开始。"①但这是否意味着跳入水中是不可能的呢？甚至根本就不应该跳？正如布鲁门伯格指出的，洛伦岑的比喻让我们很难理解，那些已经习惯于在船上生活的人会受到何种诱惑，竟然会想弃船从头再来。他还谈到，这则比喻只会"让人更想继续待在这条舒适的船上"，从安全距离处观看那些敢于跳入水中并且希望传播这种勇气的人，他们也许确信，回到那条仍然未受损伤的船，回到"那个可鄙历史的保存之处"②总是可能的。这里我们感到了布鲁门伯格与一些现代主义者的区别之所在，比如笛卡儿或者（在一种相当不同的意义上）写《艺术作品的起源》的海德格尔，他们会用我们自己造的船来替换我们碰巧所在的那条船。笛卡儿明智地告诫我们，在新家园建成之前，不要因为建设一个新世界家园的造物渴望和革命热情而推倒旧家园，在其中我们毕竟过得很舒适。但布鲁门伯格对洛伦岑比喻的反应也清楚地表明了他与那些后现代主义者更深刻的分歧，相比于美，后者更看重崇高，他们会让我们跳入水中，不是为了前往一条新船，而是因为他们迷恋游泳者的自由，所以让我们放弃舒适的家——当然只是在理论上放弃，他们相信，一旦厌倦了游泳，他们永远有机会回到原来的船上。

　　当布鲁门伯格说洛伦岑的比喻只会"让人更想继续待在这条舒适的船上"时，他引出了一个问题：是什么在引诱那些想要离船

330

---

　　①　参见 Hans Blumenberg, *Schiffbruch mit Zuschauer：Paradigma einer Daseinsmetapher*(Frankfurt am Main：Suhrkamp, 1979)，p. 74, citing Paul Lorenzen, "Methodisches Denken,"*Ratio* 7(1965)，pp. 1-13.

　　②　Ibid. , p. 74.

的人亲自建造一条新船或者只是去游泳呢？我们为什么要去月球旅行？仅仅回答说因为月球存在着,而我们现在有办法到那里,这是否太简单了？是因为被亚里士多德视为人类本性的那种好奇心,即渴望为了求知而求知吗？如果求知是人类的本性,那么一次次地呼吁超越自己在世界中的偶然位置为其指定的观点和视角,呼吁远离曾被其称为家的地方,也是人类的本性。人类的好奇心将会导致伊甸园一次次地失去。追求真理要求客观性,但是正如布鲁门伯格所指出的,这种客观性必定会消除所有那些让我们对这个世界感兴趣的东西,必定会把它改造成一个"**对所有事物漠不关心的球体**"。① 与世界的这种冷漠相对应的是认知者自身主体性的丧失:两者都基于世俗主体的那种自我超越性,世俗主体"通过作出所有可以预期的妥协中最困难的妥协来完成自己:让它的世界变成唯一的世界(the world),眼看着它的生活时间(lifetime)变成多个生活时间中的一个,即世界时间(world-time),从而与自身相疏离"。② 就我们生活的世界实际上已被这种放弃和克己(renunciation)所塑造而言,它绝非惬意(gemütlich),这也是我们今天需要布鲁门伯格的宇宙心智学的一个原因。他告诉我们,通过把回家的向心渴望和宇航员的离心渴望相对立,宇宙心智学同样以惬意为目标。

在这方面,汉斯·布鲁门伯格希望我们记住,地球曾因处于有

①　Hans Blumenberg, *Lebenszeit und Weltzeit* (Frankfurt am Main: Suhrkamp, 1986), p. 306.

②　Ibid.

限宇宙的中心而被视为人类静观(*theōria*)宇宙的优先位置,这个位置使人可以对所有重要的东西进行实际观察,而到了后来,地球却仅仅被看成无数星体中的一颗,"太空旅行技术已经出人预料地'显示'了一种属性,它向我们提供了某种很像恩典的东西:如果一个人足够好奇和自我肯定以至于离开了地球,他是有可能回到地球这个家的。奥德修斯(Odysseus,此时身着太空服)需要作最远的绕行才能再次回到伊萨卡(Ithaca),这是值得的。"(p.383)作为宇宙航行学的结果,宇宙心智学引出了一种全新的后现代地心说。

索　引

（页码指原书页码，即本书页边码）

译　后　记

卡斯滕·哈里斯（Karsten Harries），1937 年生于德国耶拿。美国耶鲁大学哲学博士，现为耶鲁大学哲学系教授，研究领域包括艺术哲学与建筑哲学、现象学、近代早期哲学等。近年来主要关注主导科学技术的客观化理性的正当性和限度问题。其主要著作有：《真理：世界的建筑》（*Wahrheit : Die Architektur der Welt*，2012）、《艺术关系重大：海德格尔〈艺术作品的起源〉评注》（*Art Matters : A Critical Commentary on Heidegger's "The Origin of the Work of Art"*，2009）、《虚无主义与信仰之间：〈非此即彼〉评注》（*Between Nihilism and Faith : A Commentary on Either/Or*，2010）、《无限与视角》（*Infinity and Perspective*，2001）、《建筑的伦理功能》（*The Ethical Function of Architecture*，1997）、《现代艺术的意义》（*The Meaning of Modern Art*，1968）等等，编著有《马丁·海德格尔：艺术、政治与技术》（*Martin Heidegger : Kunst , Politik , Technik*，1992）。

《无限与视角》是哈里斯的代表作之一。它并非严格的科学史著作，也不是严格的哲学史著作，而是把科学史、哲学史、神学史、艺术史等诸多方面结合起来的一种广义的思想史。这也决定了它必然带有较为浓厚的思辨性，也许不符合许多学者所要求的"严格性"。但它极具启发性，非常有助于我们扩展视野，打破学科界限，从更高更广的角度看待思想的发展和演进。读这样的书会使我们觉得人类精神的确具有统一性,同一时代的"时代精神"会在科学、哲学、宗教、艺术等各个领域反映出来,它们之间有机地联系在一起。本书的问题意识极为深刻,作者的意图并不在于还原过去的事件,而在于立足当下的困境来爬梳历史的线索。此外,本书具有精妙的神学维度。这不仅体现在作者对于近代早期神学争论(及其对近代科学的塑造作用)的准确把握上,而且体现在作者始终将现代性看成神学问题的后果——基督教上帝的全能所蕴含的"究极"思维方式常常表现为催动科学问题之展开的引擎。在这些方面,本书可以大大加深读者对西方文明和科学之根基的理解,书中对理智的好奇心、客观化理性以及追求绝对真理的批判都非常发人深省,而且充满现象学意味。从以上种种意义上讲,像《无限与视角》这样的书实在稀少,把它译介给中国学界很有必要。

为了方便读者理解,接下来我对全书的总体思路作一简要概述。

后现代主义对现代文明的诸多质疑的前提是对现代世界的广泛不满。这种不满也许根源于,现代人不再能把世界体验为一个万物各居其位的、秩序井然的有限宇宙(cosmos)。我们的精神世界似乎布满了缝隙和裂痕,它更像是一座废墟而不是房屋。可以预见,这种质疑也时常包括对康德、笛卡儿和哥白尼等现代奠基人的批判。他们的遗产现在受到质疑,是因为无法回答我们深切的渴望。本书的一个目的便是帮助我们理解这一所谓的失败。

人们往往把现代世界的兴起与科学态度在16、17世纪的出现尤其是哥白尼联系在一起。难怪德国20世纪大思想家汉斯·布鲁门伯格(Hans Blumenberg,本书正是献给他的)在完成其权威著作《现代的正当性》(*The Legitimacy of the Modern Age*)之后，会开始写那部更加伟大和不朽的论著《哥白尼世界的起源》(*The Genesis of the Copernican World*)。本书的目标与此相关。不过，虽然哈里斯也关注如何为现代的正当性作辩护，但他更看重理解那种正当性的限度，理解现代的自我肯定(self-assertion)为何必然笼罩着虚无主义的阴影，并且暗示走出这一阴影可能意味着什么。哈里斯的做法也有所不同：他认真考察了中世纪和文艺复兴时期的少量文本和绘画作品，希望由此得出一个虽然有限但却清晰的关于现代世界起源的模型，从而不仅阐明将现代与前现代分开的门槛，而且阐明将现代与后现代分开的门槛。

虽然亚历山大·柯瓦雷(Alexandre Koyré)对哈里斯的反思产生了重大影响，但哈里斯不同意柯瓦雷所说的"人们普遍承认，17世纪经历并完成了一场非常彻底的精神革命，现代科学既是其根源又是其成果"。他认为更准确的说法应当是，"现代科学并非既是革命的根源又是革命的成果，而是只是成果，或者更恰当地说，只是成果之一。关于其根源，我们必须追溯得比16、17世纪的科学发现和思辨更远"。新科学的前提条件是对世界有了一种不同的理解。要想理解这种转变，我们必须超越皮埃尔·迪昂(Pierre Duhem)所详细阐述的宇宙论学说史。与世界理解的转变密不可分的是人的自我理解的转变，后者与对上帝、上帝与人、上帝与自然的关系的不断变化的理解密切相关。它更清晰地反映在埃克哈特大师(Meister Eckhart)的布道中，而不是反映在同时代的那些更具科学倾向的人当中。在对科学革命史前史的这一叙事中，埃克哈特并非唯一角色，彼特拉克(Petrarch)关于攀登旺图山(Mount Ventoux)的自述也值得有一席之地。文艺复兴时期对透视法的兴趣是理解这种发展的一把钥匙,阿尔贝蒂的《论绘画》对此作了简洁表达。但与此兴趣密切相关的是关于上帝无限性的神学思辨,与阿尔贝蒂同时代的库萨的尼古拉(Nicolaus Cusanus)的工作特别清楚地反映了这种关联。

如果牢记这一史前史,柯瓦雷提醒我们注意的革命似乎就远不那么具有革命性了。现代科学和现代文化是中世纪基督教文化自我演进的一种产物。现代的自我肯定(self-assertion)必然笼罩着虚无主义的阴影,后现代思想已经对现代世界的发展提出了质疑。然而,只有理解了现代世界的正当性,我们才能开始理解和面对其非正当性。正是本着这一精神,本书最后呼吁一种或可称为后后现代的(post-postmodern)地心说。飞向太空,仅仅是为了在反观地球这个无可取代的出发点时,有一种更为强烈的归家渴望。

翻译这本书是我长久以来的一个愿望。我大约十年前第一次读到它,当时便被其深刻的启发性和深切的思想关怀所吸引,遂产生了翻译它的想法。但由于本书翻译起来非常不易,以及其他种种原因,这项任务直到今天才完成。需要说明的是,标题中的"perspective"一词在不同语境下应分别译为"视角"和"透视[法]",读者在读到相关译名时应想到它们本是同一个词。

感谢哈里斯教授欣然为中译本撰写了精彩的序言。刘任翔师弟认真阅读了全书译文初稿,提出了许多很好的建议和意见。在本书翻译过程中,吴国盛老师、王哲然师弟以及其他一些师友给予了很大支持和鼓励。在此向他们表示深深的谢意!

张卜天

2013 年 10 月 13 日

图书在版编目(CIP)数据

无限与视角/(美)卡斯滕·哈里斯著;张卜天译.—
北京:商务印书馆,2020(2025.4重印)
(科学史译丛)
ISBN 978-7-100-18958-3

Ⅰ.①无… Ⅱ.①卡… ②张… Ⅲ.①科学哲学—
研究 ②艺术哲学—研究 Ⅳ.①N02 ②J0-02

中国版本图书馆 CIP 数据核字(2020)第 166079 号

权利保留,侵权必究。

科学史译丛
无限与视角
〔美〕卡斯滕·哈里斯 著
张卜天 译

商 务 印 书 馆 出 版
(北京王府井大街36号 邮政编码100710)
商 务 印 书 馆 发 行
北京中科印刷有限公司印刷
ISBN 978-7-100-18958-3

2020 年 11 月第 1 版　　　开本 880×1230　1/32
2025 年 4 月北京第 4 次印刷　印张 15¼ 插页 4
定价:88.00 元

《科学史译丛》书目